Informatik-Fachberichte 148

Subreihe Künstliche Intelligenz

Herausgegeben von W. Brauer in Zusammenarbeit mit dem
Fachausschuß 1.2 „Künstliche Intelligenz und
Mustererkennung" der Gesellschaft für Informatik (GI)

Frank Puppe

Diagnostisches Problemlösen mit Expertensystemen

Springer-Verlag
Berlin Heidelberg New York
London Paris Tokyo

Autor

Frank Puppe
Institut für Logik, Komplexität und Deduktionssysteme
Universität Karlsruhe
Postfach 6980, 7500 Karlsruhe

CR Subject Classifications (1987): I.2

ISBN-13: 978-3-540-18342-6   e-ISBN-13: 978-3-642-95544-0
DOI: 10.1007/978-3-642-95544-0

CIP-Kurztitelaufnahme der Deutschen Bibliothek. Puppe, Frank: Diagnostisches
Problemlösen mit Expertensystemen / Frank Puppe. – Berlin; Heidelberg;
New York; London; Paris; Tokyo: Springer, 1987.
(Informatik-Fachberichte; 148)

NE: GT

Repro– u. Druckarbeiten: Weihert-Druck GmbH, Darmstadt
Bindearbeiten: Druckhaus Beltz, Hemsbach/Bergstraße
2145/3140–543210

Vorwort

Diagnostisches Problemlösen ist der bisher erfolgreichste Anwendungsbereich von Expertensystemen. Es bezeichnet das häufig erfahrungsgesteuerte Auswählen von Problemlösungen aus einer vorgegebenen Menge möglicher Alternativen, wie z.B. in der medizinischen Diagnostik, bei der Fehlersuche in technischen Systemen oder allgemein beim Erkennen von Stereotypen. Die bisherigen Erfahrungen mit Diagnostik-Expertensystemen und die Ergebnisse von psychologischen Studien haben die Bedeutung einiger zentraler Mechanismen gezeigt, die zur Lösung diagnostischer Probleme nützlich sind. Dazu gehören die hypothetisch-deduktive Vorgehensweise, die erfahrungsgesteuerte Vorausplanung diagnostischer Untersuchungen, die Differentialdiagnostik, die Trennung in Vorverarbeitung und eigentliche diagnostische Auswertung der Symptomatik und die Kombination verschiedener Kriterien zur Diagnosebewertung.

Nach einer ausführlichen Einführung in Expertensysteme und in diagnostisches Problemlösen wird im Hauptteil des Buches detailliert ein allgemeines Werkzeug zur Entwicklung von heuristischen (assoziativen) Diagnostik-Systemen beschrieben (MED2 = MetaEbenen-Diagnosesystem 2) und seine Funktionsweise anhand von Demonstrationswissensbasen illustriert. Die effiziente Integration und Realisierung der Diagnosetechniken in MED2 basiert neben den Darstellungsmöglichkeiten des diagnostischen Mittelbaus wesentlich auf der situationsspezifischen Auswahl einer kleinen Gruppe aktueller Verdachtsdiagnosen im Arbeitsspeicher ("Working-Memory") und auf der Zusammenfassung von verwandten Einzelsymptomen zu größeren Gruppen ("Questionsets"), die eine geeignete Abstraktionsebene zur Dialogsteuerung und zur Vorverarbeitung der Symptomatik darstellen. Für die Bewertung von Diagnosen werden kategorisches, probabilistisches und Default-Schließen kombiniert und durch eine Plausibilitätskontrolle der Enddiagnosen mittels Überprüfung unerklärt gebliebener Symptome ergänzt. Zur Rücknahme voreiliger Schlußfolgerungen aufgrund des Bekanntwerdens von Ausnahmen oder anderer Korrekturen wurde ein effizienter Algorithmus ("ITMS") entwickelt, dessen Korrektheit auf der Blockade zirkulärer Begründungen basiert. Er wird auch zur Auswertung von Folgesitzungen benutzt, bei denen die zeitliche Änderung der Symptome mit oder ohne Therapieeinfluß zusätzliche diagnostische Informationen liefert. Die Grenzen von MED2 liegen in der Beschränkung auf heuristisches Wissen, das durch statistisches, fallvergleichendes und kausales Wissen ergänzt werden sollte.

Aufbau, Änderung und Testen einer Wissensbasis werden durch die Wissenserwerbskomponente, deren Bedienung keine programmiersprachlichen Kenntnisse erfordert, und durch die Erklärungskomponente, die zwischen Experten- und Benutzermodus unterscheidet, unterstützt. Zwei größere Demonstrationswissensbasen aus dem medizinischen und dem technischen Bereich dienten zum Testen der Allgemeingültigkeit der Wissensrepräsentation. MED2 läuft in verschiedenen LISP-Dialekten einschließlich GOLDEN COMMON LISP auf dem IBM-AT und hat eine Größe von ca. 800 K Byte. Es wird derzeit in verschiedenen Industrieprojekten zur Entwicklung von Expertensystemen zur Geräte- und Prozeßdiagnostik technischer Systeme eingesetzt.

Dieses Buch ist eine überarbeitete Version meiner Dissertation "Assoziatives diagnostisches Problemlösen mit dem Expertensystem-Shell MED2" an der Universität Kaiserslautern. Für die Anregungen zur Überarbeitung bedanke ich mich vor allem bei Prof. Bernd Neumann. Weiterhin gilt mein Dank allen, die meine Dissertation ermöglicht haben:
Dr. med. Bernhard Puppe für seine aktive Mitarbeit, die die Grundlage für dieses interdisziplinäre Projekt bildete, und für die Entwicklung einer großen medizinischen Wissensbasis;
Horst Peter Borrmann für den Aufbau einer Kfz-Wissensbasis, die zur Erprobung der Allgemeingültigkeit der Mechanismen von MED2 unerläßlich war;
Ute Gappa für die Implementierung der Wissenserwerbskomponente und zahlreiche Anregungen;
Uwe Jacob und Michael Dreiucker für die Implementierung der Erklärungskomponente;
Hans Voss, Michael Reinfrank, Prof. Jörg Siekmann und Prof. Bernd Neumann für ihre Beiträge in zahlreichen Diskussionen, die Ideen der Arbeit zu konkretisieren und ihre Ausformulierung zu präzisieren;
allen Mitarbeitern der Arbeitsgruppe Künstliche Intelligenz von 1983 bis 1986 und besonders auch dem Fachbereich Informatik der Universität Kaiserslautern für die Schaffung geeigneter Rahmenbedingungen sowie der Studienstiftung des deutschen Volkes für die finanzielle Unterstützung.

Inhaltsverzeichnis

Verzeichnis der Abbildungen:

Verzeichnis der Tabellen:

1. Einleitung

Für viele Probleme hat der Mensch im Laufe der Zeit genügend Erfahrung gewonnen, die ihm eine effiziente Problemlösung ermöglicht. In einer bedeutenden Teilklasse sind die möglichen Problemlösungen bereits bekannt und es muß "nur" noch die zutreffende Lösung aufgrund von Merkmalen des konkreten Problems selektiert werden. Beispiele dafür finden sich in nahezu allen Bereichen der Wissenschaft und Technik:

- Medizinische Diagnostik
- Fehlersuche in komplexen technischen Geräten (z.B. Autos, Computer)
- Prozeßdiagnostik (z.B. in einer Lackieranlage)
- Qualitätskontrolle in der Produktion
- Katalogselektion
- Auswahl von Skelettplänen (z.B. beim Planen von Experimenten)
- Uiedererkennen von Objekten (z.B. in der Bildverarbeitung)
- Erkennen von Alarmzuständen (Überwachung)
- Auswahl von Axiomen und Sätzen zur Durchführung von Beweisen

Alle diese Problembereiche haben einige gemeinsame Merkmale:

- Das Problem kann durch eine begrenzte Anzahl von relevanten Merkmalen charakterisiert werden.
- Die Menge der potentiellen Problemlösungen ist von vornherein bekannt und überschaubar.
- Aufgrund von früheren Erfahrungen beim Problemlösen existieren Heuristiken (Assoziationen), die angeben, bei welchen Merkmalen welche Problemlösungen geeignet sind.

Diese Problemstellung nennen wir assoziative (heuristische) Diagnostik (Klassifikation, Selektion), die relevanten Merkmale des Problems Symptome (Manifestationen) und die Problemlösungen Diagnosen (Pathokonzepte). Trotz seiner großen Bedeutung wurde die Klassifikation erst 1984 von Clancey [Clancey 84a, 85] allgemein charakterisiert und von Konstruktionsproblemen (z.B. Design, Planung) abgegrenzt, bei denen die Lösung aus kleineren Bausteinen schrittweise zusammengesetzt wird, statt als eine Einheit selektiert zu werden. Allerdings ist die Grenze zwischen beiden Problemtypen fließend, da sich manche Probleme mit Kombinationslösungen auch noch mit den Methoden der assoziativen Diagnostik als Mehrfachdiagnosen lösen lassen.

Assoziative Diagnostik wird durch die modellbasierte Diagnostik ergänzt, bei der mit Hilfe von kausalen Modellen des Anwendungsbereiches auch die strukturellen und funktionalen Beziehungen zwischen Symptomen und Diagnosen dargestellt werden können. Zur Routinediagnostik sind kausale Modelle meist nicht nötig, sie spielen aber eine große Rolle bei der Lösung von schwierigen oder neuen Problemen, bei der Erklärung und beim Bewerten neuer Assoziationen (Lernen).

Die Identifikation und Formalisierung der Vorgehensweise und der Wissensrepräsentation, die Experten zur Lösung von Selektions- und Konstruktionsproblemen in spezialisierten Anwendungsgebieten benötigen, ist seit ca. fünfzehn Jahren Gegenstand intensiver Forschung unter dem Schlagwort Expertensysteme (XPSe). Nach den ersten bekannten XPSen DENDRAL (Interpretation von Massenspektrogrammen [Lindsay 80]) und MYCIN (Diagnose und Therapie von bakteriellen Infektionen des Blutes [Shortliffe 76]) Anfang der siebziger Jahre wurde eine inzwischen unüberschaubare Anzahl von wissensbasierten Systemen entwickelt, von denen einige im routinemäßigen praktischen Einsatz sind. Zur Verkürzung der Entwicklungszeit von XPSen werden in den letzten Jahren in zunehmendem Maße Werkzeuge gebaut. Das historisch erste Werkzeug war EMYCIN [van Melle 80], das die Vorgehensweise und die Wissensrepräsentation von MYCIN beibehalten hat, aber dessen Wissensbasis über Infektionskrankheiten gegen Wissensbasen in anderen medizinischen und nichtmedizinischen Bereichen ausgewechselt werden kann. Während die ersten Werkzeuge nur eine Wissensrepräsentationsform unterstützten (z.B. Produktionsregeln von EMYCIN und OPS5 [Forgy 81], Frames von FRL [Roberts 77]) werden in jüngster Zeit hybride Werkzeuge angeboten, die verschiedene Wissensrepräsentationsformen (z.B. Regeln, Frames, Logik) kombinieren (die ersten waren LOOPS [Bobrow 83] und KEE [KEE 84]).

Das hier beschriebene, in etwa drei Jahren entwickelte XPS-Werkzeug MED2 (Meta-Ebenen-Diagnosesystem 2) unterscheidet sich von den meisten übrigen Werkzeugen dadurch, daß es speziell auf einen Problemtyp zugeschnitten ist, nämlich assoziative Diagnostik. Aus der Sichtweise des Entwicklers von Expertensystemen besteht der Unterschied darin, daß er bei den hybriden Werkzeugen auf der Abstraktionsebene von Frames, Vererbungshierarchien, Regeln, Horn-Klauseln, Kontrollblöcken (Regelmengen), Forward- und Backward-Abarbeitung etc. denken muß, während in MED2 Begriffe relevant sind wie Symptome, Symptomgruppen (Questionsets), Diagnosen, Therapien (Reparaturen), Regeln, hypothetisch-deduktive Abarbeitung (Generierung und Überprüfung von Verdachtsdiagnosen) und Differentialdiagnostik (systematischer Vergleich zwischen leicht verwechselbaren Diagnosen) etc., deren interne Darstellung auf der nächstniedrigeren Abstraktionsebene für den Experten unwichtig ist (vgl. "the knowledge level" [Newell 82]). Insbesondere braucht der Experte keine Kenntnisse der zugrundliegenden Programmiersprache (LISP), um mit MED2 eine Wissensbasis aufzubauen. XPS-Werkzeuge, die dieses Kriterium erfüllen, nennen wir auch "Shells".

Die Konzeption von MED2 beruht auf folgenden Einflüssen, die ausführlich im dritten Kapitel dargestellt sind:

- Erfahrungen mit bekannten assoziativen D-XPSen (Diagnostik-Expertensystemen), vor allem INTERNIST, MYCIN, PIP, CASNET, MDX (s. Kap. 3.1.2)
- Erfahrungen mit dem Einsatz des D-XPS-Shell MED1 zur Entwick-

wicklung verschiedener Wissensbasen (s. Kap. 3.1.2.7).
- Ergebnisse psychologischer Studien über medizinische Diagnostik (s. Kap. 3.2)

Ein zentrales Entwurfsprinzip für MED2 war die Integration von Mechanismen, die sich in den existierenden D-XPSen bewährt haben. Zum Beispiel zeigt der Vergleich zwischen INTERNIST [Pople 82] und PIP [Pauker 76], den Sherman [Sherman 81] mit einer gleichen Wissensbasis durchgeführt hat, daß (1) die Differentialdiagnostik von INTERNIST dem Schwellwertentscheidungskriterium von PIP zur Etablierung von Diagnosen überlegen ist, und (2) die hypothetisch-deduktive Verdachtsgenerierung in PIP mittels in der Wissensbasis ausgezeichneter "Trigger-Symptome" wesentlich effektiver als die von INTERNIST arbeitet, bei der jedes Symptom alle mit ihm assoziierten Diagnosen aktiviert.

In MED2 ist die Kombination beider Mechanismen (hypothetisch-deduktive Vorgehensweise und Differentialdiagnostik) mit dem Working-Memory-Konzept realisiert, das sich am Vorbild des menschlichen Kurzzeitgedächtnisses orientiert und immer nur eine kleine Anzahl von Verdachtsdiagnosen enthält. Diese werden gezielt überprüft und können als Differentialdiagnosen untereinander verglichen werden. Die Aufnahmebedingungen, wann eine Diagnose ins Working-Memory kommt, bestimmt der Experte beim Aufbau der Wissensbasis, wodurch er eine effizientere Suchstrategie als das reine Forward- oder Backward-Reasoning realisieren kann. Zur weiteren Effizienzverbesserung in großen Wissensbasen kann die Kontextabhängigkeit von Regelwissen repräsentiert werden.

Ähnlich wie MDX [Chandrasekaran 79] trennt MED2 zwischen Vorverarbeitung (database reasoning) und eigentlicher diagnostischer Auswertung (diagnostic reasoning) der Daten. Die Vorverarbeitung umfaßt die Ableitung lokaler Symptominterpretationen, z.B. arithmetische oder von quantitativen zu qualitativen Werten abstrahierende Schlußfolgerungen, und stellt eine angemessene Datenabstraktionsebene für die (heuristische) Diagnosebewertung bereit. Die Datenvorverabeitung ist mit dem neuartigen Questionset-Konzept realisiert. Ein Questionset besteht aus einer Gruppe von üblicherweise zusammen zu erfragenden Symptomen. Der dadurch gegenüber Einzelsymptomen gewonnene höhere Abstraktionsgrad führt zu einer übersichtlichen Strukturierung der Symptomatik, die den modularen Aufbau einer großen Wissensbasis begünstigt. Ein Questionset kann als ein Modul aufgefaßt werden, dessen interner Aufbau (Detaillierungsgrad der Fragen und Herleitung der Symptominterpretationen) verändert werden kann, ohne daß die Schnittstellen zur Datenerfassungsstrategie und diagnostischen Auswertung der Symptominterpretationen davon betroffen sind. Das Vorbild für das Questionset-Konzept sind die Leitsymptome in der Medizin (z.B. Brustschmerz, Luftnot, etc.; eine leitsymptomorientierte Strukturierung der Inneren Medizin findet sich in [Heisig 82]).

Da bei der Diagnostik meist nicht alle Symptome von Anfang an bekannt sind, ist die Fähigkeit zur kosteneffektiven Datenerfassung eine wesentliche Anforderung an D-XPSe. Dazu stellt MED2 mehrere Datenerfassungsstrategien bereit, die auch kombiniert werden können, um in einer konkreten Anwendung eine angemessene Vorgehensweise zu ermöglichen: der einfachste Fall ist die Auswertung vom Benutzer oder von Meßgeräten vorgegebener Daten. Wenn dies nicht ausreicht, kann MED2 die Initiative übernehmen, indem es Daten erfahrungsgesteuert (zur Indikation von Standarduntersuchungen), zielgerichtet (zur Überprüfung der Verdachtsdiagnosen im Working-Memory) oder systematisch (zur vollständigen Erfassung der in einem Kontext relevanten Daten) anfordert. In allen Fällen werden nicht Einzelsymptome, sondern Questionsets indiziert.

Diagnostik wird auch als Kunst bezeichnet, mit unsicherem Wissen und unvollständigen Daten eine sichere Diagnose zu stellen. Es verwundert daher nicht, daß bisher eine Vielzahl von Bewertungsschemata vorgeschlagen bzw. in Systemen realisiert sind. Sowohl die Erfahrungen damit als auch die Ergebnisse psychologischer Untersuchungen [Elstein 78] haben gezeigt, daß Menschen, die meist die Stärke von Symptom-Diagnose-Beziehungen abschätzen müssen, dies nur sehr grob tun (z.B. haben experimentelle Manipulationen der Sicherheitsfaktoren in den MYCIN-Regeln von 30 % des originalen Wertes keine Änderungen der Endergebnisse bewirkt [Doyle 83]). MED2 enthält deswegen nur ein grobes Bewertungsschema. Zusätzlich stellt es Mechanismen zur Verfügung, mit denen verschiedenartige Bewertungskriterien dargestellt und kombiniert werden können, die insbesondere eine klare Trennung zwischen der Repräsentation von unsicherem und unvollständigem Wissen ermöglichen. Unsicheres Wissen wird durch Symptom-Diagnose-Regeln mit relativ wenigen Evidenzkategorien bewertet, wobei zwischen absoluten und verstärkenden (prädisponierenden) Faktoren unterschieden wird. Vor ihrer Etablierung wird eine Diagnose systematisch mit ihren Differentialdiagnosen verglichen, wobei als Etablierungskriterium sowohl eine absolute Minimalevidenz als auch ein genügender Vorsprung zu ihrer besten Differentialdiagnose vorhanden sein muß. Nach Abschluß der Diagnostik wird eine Plausibilitätskontrolle durchgeführt, in wie weit die etablierten Diagnosen die vorhandenen Symptome erklären können.

Unvollständiges Wissen kann durch ein Diagnosenetzwerk repräsentiert werden, in dem der Detaillierungsgrad der Symptomatik den Verfeinerungsgrad der Diagnosen bestimmt. Weiterhin können für alle Regeln Ausnahmen angegeben werden, die ein Default-Schließen ermöglichen: die Ausnahmen blockieren eine Regel nur dann, wenn sie explizit bekannt sind; solange die Ausnahmen noch unbekannt sind, wird angenommen, daß sie nicht zutreffen.

Wenn eine Ausnahme einer "gefeuerten" Regel bekannt wird, muß die Regel mit allen daraus abgeleiteten Konsequenzen zurückgezogen werden. Dieses "Belief-Revision" ist für große, stark verknüpfte Wissensbasen mit den bisherigen Algorithmen (TMS

[Doyle 79, Goodwin 82] und ATMS [deKleer 86]) nicht effizient realisierbar. Wir haben deswegen einen neuen Algorithmus entwickelt, der im Gegensatz zum THS die Relevanz von Änderungen in der Begründung einer Schlußfolgerung direkt überprüft und nicht-signifikante Änderungen erkennt und abfängt (ITMS = Immediate-Check Truth Maintenance System). Das Hauptproblem dabei ist das Vermeiden von Verzerrungen durch zirkuläre Begründungen, bei denen eine Schlußfolgerung über Zwischenstufen sich selbst bestätigt. Unsere Lösung basiert auf der Markierung zirkulärer Ableitungspfade beim Aufbau der Wissensbasis, was möglich ist, da die Regeln keine Variablen enthalten.

Oft lassen sich Diagnosen erst im Laufe der Zeit stellen, da Änderungen in der Symptomatik und insbesondere Reaktionen auf Therapiemaßnahmen entscheidende Hinweise liefern. Die Auswertung daraus resultierender Folgesitzungen ist in MED2 möglich und beruht auf dem ITMS, mit dem die alten Konsequenzen veränderter Symptome gezielt revidiert werden. Zusätzlich werden die alten Werte eines Symptomes abgespeichert und mit speziellen Regelprädikaten Schlußfolgerungen aus der zeitlichen Veränderung gezogen. In einer Folgesitzung braucht der Benutzer nur die geänderten Daten eingeben, die übrigen werden als unverändert angenommen, wobei Zeitangaben, die sich auf den alten Untersuchungszeitpunkt beziehen, automatisch auf den neuen umgerechnet werden.

Fehler in der Diagnostik sind häufig auf Fehler bei der Symptomerhebung zurückzuführen. Daher muß eine sorgfältige Plausibilitätskontrolle der Eingabedaten vorgenommen werden. Benutzereingaben können in MED2 durch Einschränkung des Wertebereiches in Fragen und durch Konsistenzprüfungen mittels Vergleich mit anderen Daten auf Plausibilität überprüft werden. Außerdem kann die Auswertung fehlerhafter Daten blockiert werden, indem der Experte für die Regeln, die im Rahmen der Datenvorverarbeitung fehleranfällige Rohdaten interpretieren, Ausnahmebedingungen angibt. Die Ausnahmebedingungen repräsentieren globale Fehlersituationen (z.B. defekte Meßgeräte), die als Diagnosen hergeleitet werden.

Die skizzierten Problembereiche der assoziativen Diagnostik und ihre Behandlung sind in Tab. 1.1 zusammengefaßt. Die darin vorgenommene Zuordnung der Mechanismen zu Problembereichen ist jedoch eine notwendige Vereinfachung; der tatsächliche Interaktionsgrad ist wesentlich höher. Zentrale neuartige Konzepte, auf denen die Architektur von MED2 basiert, sind die Questionsets, das Working-Memory und der ITMS.

Assoziative Diagnostikprobleme	Ihre Behandlung in MED2
Plausibilitätskontrolle der Eingabedaten	- Einschränkungen des Wertebereichs und Konsistenzregeln - Blockade der Auswertung falscher Daten
Diagnosebewertung mit unsicherem Wissen (probabilistisch)	- Symptom-Diagnose-Regeln mit Kategorien zur Bewertung der Evidenz - Separate Diagnoseprädisposition - Differentialdiagnostik - Plausibilitätskontrolle mit Diagnose-Symptom-Regeln
Diagnosebewertung mit unvollständigem Wissen	- Diagnosenetzwerk zur Repräsentation partieller Ergebnisse - Ausnahmen von Regeln - Rücknahme von Schlußfolgerungen
Auswertung von Folgesitzungen (einschl. Therapieauswertung)	- Abspeichern und Auswertung der Geschichte von Symptomen - Automatische Umrechnung aller auf den alten Untersuchungszeitpunkt bezogenen Zeitangaben
Kosteneffektive Datenerfassungsstrategie	- Auswertung vom Benutzer vorgegebener Daten - Erfahrungsgesteuerte, standardisierte Datenanforderung - Zielgerichtete, hypothetisch-deduktive Datenanforderung - Systematische, vollständige Datenanforderung
Modularität der Wissensbasis	- Strukturierung der Symptome in Module (Questionsets) und ihre modulinterne Vorverarbeitung - Direkte Erfassung numerischer, zeit- und lokalisationsbezogener Symptome
Effizienz	- Hypothetisch-deduktive Kontrollstruktur - Explizite Repräsentation der Kontextabhängigkeit des Wissens

Tab. 1.1: Probleme der assoziativen Diagnostik und ihre Behandlung in MED2.

Durch eine geeignete Integration dieser Mechanismen stellt MED2 einen Versuch dar, die Routine-Diagnostik zu formalisieren und das Ergebnis als Shell für Anwender verfügbar zu machen. Wie weit diese Formalisierung brauchbar ist, wird sich jedoch erst bei der Entwicklung und insbesondere dem Einsatz von Wissensbasen in verschiedenen Anwendungsbereichen herausstellen. Bisher existieren zwei größere, parallel zum Shell entwickelten Wissensbasen aus dem Bereich der Inneren Medizin und der KFZ-Diagnostik, von denen Beispieldialoge im Anhang gezeigt werden.

Eine Wissensbasis wird mit dem MED2-spezifischen "Wissenseditor" aufgebaut, der dem Experten ein einfaches, schnelles und syntaktisch fehlerfreies Eingeben seines Wissens ohne Kenntnisse der zugrundeliegenden Programmiersprache (LISP) ermöglicht. Das (semantische) Austesten der Wissensbasis wird durch die Erklärungskomponente wesentlich erleichtert, die alle vom System durchgeführten Inferenzen nachvollziehbar macht. Darüber hinaus ermöglicht die Erklärungskomponente dem Benutzer des Expertensystems eine Plausibilitätskontrolle der Vorgehensweise und der Zwischen- und Endergebnisse.

1.1 Aufbau der Arbeit

Im zweiten Kapitel geben wir einen allgemeinen Überblick über Expertensysteme und erläutern die wichtigsten Konzepte und Begriffe. Die bisherigen Ansätze zum assoziativen diagnostischen Problemlösen sowie die Ergebnisse von bekannten psychologischen Studien im Bereich der medizinischen Diagnostik werden im dritten Kapitel zusammengefaßt. Die Beschreibung von MED2 im vierten Kapitel erfolgt in vier Stufen:

(1) Erläuterung der Benutzeroberfläche von MED2 und Einführung anhand von einem Beispieldialog (weitere Beispiel im Anhang).
(2) Diskussion der Mechanismen von MED2 im Hinblick auf die Erfüllung der Diagnostikanforderungen, die im dritten Kapitel entwickelt wurden.
(3) Illustration des Aufbaus einer Wissensbasis anhand eines kleinen, aber vollständigen Beispiels und formale Beschreibung der Syntax und Semantik der Wissensrepräsention.
(4) Darstellung der Grundzüge der objektorientierten Implementierung.

Im fünften Kapitel diskutieren wir Einsatzmöglichkeiten und Pläne für die Weiterentwicklung von MED2. Insbesondere die Repräsentation und Integration von kausalen Modellen des Anwendungsgebietes halten wir für sehr wichtig, da kausale Modelle bei der Diagnosebewertung in schwierigen Fällen, bei der Erklärung und beim Lernen von assoziativem Wissen eine zentrale Rolle spielen.

2.   Übersicht über Expertensysteme

Expertensysteme sind Computerprogramme, die Fähigkeiten von Experten simulieren sollen. Dazu gehören:

- ein Problem verstehen und lösen
- die Lösung erklären
- Wissen erwerben und strukturieren
- seine Kompetenz einschätzen
- Randgebiete überblicken

Bisherige Expertensysteme können nur Probleme in sehr spezialisierten Anwendungsgebieten lösen und ihre Lösung in begrenztem Umfang erklären. Trotz ihrer bescheidenen Erfolge (gemessen an ihrem Anspruch) haben Expertensysteme als erste industriell verwertbare Anwendung von Techniken der Künstlichen Intelligenz in den letzten Jahren weltweit Aufsehen erregt und zahlreiche Forschungs- und Industrieprojekte stimuliert. Die Faszination, die von Expertensystemen ausgeht, ist wohl auch durch ihre Vielfältigkeit und ihre fruchtbaren Wechselwirkungen mit anderen Disziplinen bedingt: ein erfolgreiches Expertensystem integriert Wissen aus dem Anwendungsgebiet (z.B. Medizin, technische Anwendungsgebiete, Jura usw.), der kognitiven Psychologie (menschliches Problemlösen), aus fast allen Bereichen der Künstlichen Intelligenz und vielen Teilgebieten der traditionellen Informatik (u.a. Software-Engineering, spezielle Hardware, Datenbanken).

Expertensysteme lösen Probleme in "diffusen" Anwendungsbereichen, die bisher für den Einsatz von Computern ungeeignet schienen. Diffuse Bereiche (z.B. medizinische Diagnostik, Entwurf von Schaltkreisen, Planen von Experimenten) sind schlecht strukturierbar, anstatt einer einheitlichen Theorie enthalten sie sehr viel fragmentarisches, empirisches, "heuristisches" Wissen, dessen Rechtfertigung Erfolge in der Praxis sind.
   Wegen des Fehlens einheitlicher Lösungsverfahren führt in diffusen Bereichen nur eine opportunistische Strategie zum Erfolg, indem immer der vielversprechendste Lösungsansatz abhängig von den gerade vorliegenden Daten gewählt wird. Zur Simulation dieser flexiblen Vorgehensweise sind Problemlösungsstrategien von Expertensystemen im Vergleich zu den Algorithmen konventioneller Programme sehr allgemein gehalten und werden durch Wissen aus dem Anwendungsgebiet gesteuert. Das Hauptmerkmal von Expertensystemen ist also die explizite Repräsentation von Wissen (Fig. 2.1).

konventionelle Programme	Expertensysteme
Algorithmen	Problemlösungsmethoden Wissen
Daten	Daten

Fig. 2.1: Vergleich zwischen konventionellen Programmen und XPSen

Als **Nebeneffekt** besitzen Expertensysteme die Fähigkeit, ihre Ergebnisse durch Angabe des benutzten Wissens in begrenztem Umfang verständlich zu erklären.

Fig. 2.2 zeigt den allgemeinen Aufbau von Expertensystemen.

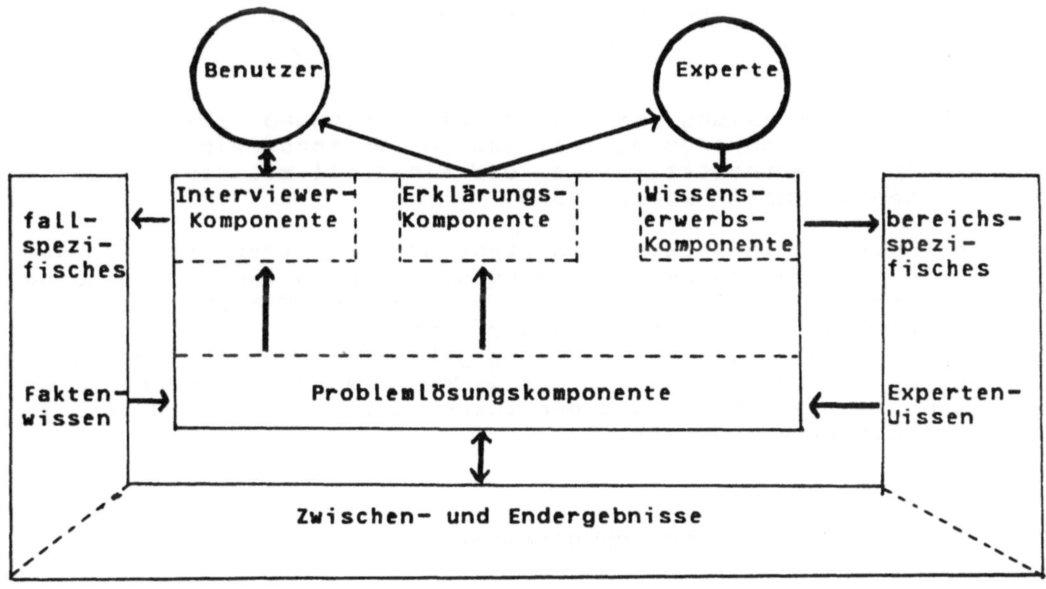

Fig. 2.2: Struktur eines Expertensystems

Die beiden Hauptbestandteile sind die anwendungsspezifische Wissensbasis (außen) und das bereichsunabhängige Steuersystem (Shell, innen).

Die Wissensbasis enthält drei Typen von Wissen:

- bereichsspezifisches Expertenwissen, das sich während einer Konsultation nicht ändert.
- fallspezifisches Faktenwissen, das der Benutzer während einer Konsultation eingibt.
- Zwischen- und Endergebnisse, die das System während einer Konsultation herleitet.

Das Steuersystem besteht aus folgenden Komponenten:

- Die Wissenserwerbskomponente ermöglicht dem Experten, sein Wissen in das Expertensystem einzugeben und später zu ändern.
- Die Interviewerkomponente führt den Dialog mit dem Benutzer und/oder liest automatisch erhobene Meßdaten ein.

- Die Problemlösungskomponente wendet das Expertenwissen auf
  die vom Benutzer eingegebenen Fakten an, um eine Lösung
  seines Problems zu finden. Häufig müssen dazu weitere Daten
  angefordert werden.
- Die Erklärungskomponente macht die Vorgehensweise des Expertensystems für den Benutzer (z.B. zur Plausibilitätskontrolle
  der Lösung) und für den Experten (z.B. zur Fehleranalyse)
  nachvollziehbar.

Bei ihrer Entwicklung hat sich die Trennung zwischen dem
Shell und der anwendungsspezifischen Wissensbasis als sehr
vorteilhaft herausgestellt, so daß ein Shell mit verschiedenen
Wissensbasen gekoppelt werden kann.

Die Wissensbasis eines Expertensystems unterscheidet sich von den
Daten eines Datenbanksystems hauptsächlich in ihrer Verwendung
und weniger in ihrer internen Repräsentation: Wissen sind Daten
plus "Wissen" über die Bedeutung der Daten, d.h. Wissen ist immer
mit Prozeduren über seine Verwendung gekoppelt. Während man Daten
nur abfragen kann, kann man aus Wissen zusätzlich andere Daten
herleiten (das bedeutet, daß der Übergang von Daten zu Wissen je
nach Gebrauch fließend ist).

2.1 Anwendungsgebiete

Die Besonderheiten des Anwendungsgebietes bestimmen die
Eigenschaften eines Expertensystems. Diese Erkenntnis ist
keineswegs trivial, wie die Geschichte der Problemlösungsprogramme zeigt, die man als einen Trend von den universellen zu
den bereichsspezifischen Problemlösern interpretieren kann:
während in den sechziger Jahren noch versucht wurde, den "General
Problem Solver" [Newell 63] zu bauen, wandte man sich in den
siebziger Jahren der Kodierung von bereichsspezifischem Wissen
unter den Maximen einer einheitlichen Wissensrepräsentation und
eines einfachen Problemlösungsmechanismus [Feigenbaum 77] zu, die
bei den zunehmend komplexer und leistungsfähiger werdenden
Expertensystemen der achtziger Jahre immer vielfältigeren
Wissensrepräsentationen und Architekturprinzipien weichen müssen
("Specialization is worth the cost of translation" [Davis 82]).

2.1.1 Geeignete Anwendungsbereiche

Expertensysteme eignen sich für Anwendungsgebiete, bei denen der
Erfolg des Problemlösens von der Anwendung von heuristischem
Wissen abhängt. Ihre derzeitigen Grenzen werden durch folgende
Kriterien angedeutet, die - wenn sie alle erfüllt sind - den
Stand der routinemäßigen Machbarkeit von Expertensystemen
beschreiben (s. auch Kap. 4.3.1):

- gut abgrenzbares (kein Allgemeinwissen erforderlich) und
  überschaubares (kleines) Gebiet
- hauptsächlich heuristisches Wissen vorhanden
  (algorithmisches Wissen läßt sich anders besser darstellen)
- Verfügbarkeit von Expertenwissen und gute Testmöglichkeiten
  (kooperativer Experte, Fachliteratur)
- einfach verbalisierbarer Input und Output (keine komplizierte
  Sensorik oder Motorik oder Gebrauch von natürlicher Sprache)

2.1.2   Einteilung in Problemklassen

Eine grobe Einteilung in vier allgemeine Problemklassen gibt
Fig. 2.3, für die wir in Kap. 2.2.1 Problemlösungsmethoden angeben.

Input	Problemklasse	Output
Befunde, Meßwerte	Selektion oder ass. Diagnostik	Wiedererkennen bekannter Muster
Anforderungen	Design	Objekte, die den Anforderungen genügen
Ausgangs- und Zielzustand	Planung	Sequenz von Aktionen, die den Ausgangszustand in den Zielzustand überführen
Ausgangszustand	Simulation	(zukünftige) Folgezustände

Fig. 2.3: die wichtigsten Problemklassen

Die am besten untersuchte Klasse ist die "assoziative
Diagnostik", wo es darum geht, aus teils gegebenen teils zu
suchenden Symptomen (Befunden, Meßwerten) ein bekanntes Muster
(Fehlerursache, Systemzustand, Objekt) wiederzuerkennen, z.B
medizinische Diagnosen fehlerhafte Bauteile, Alarmzustände usw.
Für viele andere Probleme können die Lösungen nicht ausgewählt,
sondern müssen konstruiert werden. Dazu gehören "Design"-Proble-
me, wo ein Objekt gesucht wird, das bestimmten Anforderungen
(constraints) genügt, z.B. relativ einfache Design-Probleme wie
Konfigurierung von Rechenanlagen, Erstellen von Stundenplänen,
und komplexe Probleme wie CAD und VLSI-Design.

Ebenfalls zu den Konstruktionsproblemen gehört die "Planung", d.h. die Suche nach einer Sequenz von Aktionen, die einen Zielzustand erreichen. Eine typische Schwierigkeit beim Planen ist das "frame-problem", nämlich eine effiziente Repräsentation dafür zu finden, welche Fakten bei der Durchführung einer Aktion sich ändern bzw. unverändert bleiben.

Die Berechnung der vollständigen Auswirkungen von Ereignissen ist Aufgabe der "Simulation" (z.B. Vorhersage von Therapieeffekten in Long's System; s. Kap. 5.6.4). Simulation ist zum Problemlösen wichtig, wenn bei Diagnostik-, Design- oder Planungs-Systemen auf einer abstrakten Ebene argumentiert wird und die konkreten Zustandsveränderungen abgeleitet werden müssen. Dies gilt insbesondere für die Simulation kausaler Modelle (s. Kap. 5.6).

Die Einteilung der Problemklassen von Stefik [Stefik 82, Hayes-Roth 83, Kap. 3] entspricht im wesentlichen der hier verwendeten, mit dem Unterschied, daß wir die Problemklassen "Interpretation", "Diagnostik" und "Überwachung" zur Klasse "Selektion" zusammengefaßt haben, da sich ihre Problemlösungs- methoden nicht wesentlich unterscheiden. Eine andere Einteilung findet sich in [Hayes-Roth 83, Kap. 1], die in [Clancey 85, Kap. 5.2] ausgebaut wurde, und in der mehr Klassen unterschieden werden als in [Stefik 82]. Die grundlegende Einteilung in Selektions- und Konstruktionsprobleme ist jedoch in allen Klassifikationsversuchen implizit oder explizit vorhanden.

2.2   Methoden

Bei der methodischen Beschreibung von Expertensystemen wird meistens (z.B. im "Handbook of Artificial Intelligence" [Barr 81]) zwischen "Wissensrepräsentation" und "Inferenzstrategie" unterschieden, wobei die Wissensrepräsentation die formale Sprache ist, in die das Expertenwissen abgebildet werden muß und die Inferenzstrategie angibt, wie die Problemlösungskomponente aus den Benutzerdaten schrittweise eine Lösung herleitet. In den meisten Anwendungsgebieten ist wie beim Schachspiel der Lösungsraum viel zu groß, als daß die "Brute-Force"-Methode, ein systematisches Generieren und Überprüfen aller Möglichkeiten, machbar ist. Um trotzdem eine Lösung zu finden, wird der Inferenz-Prozeß heuristisch (mit Hilfe des Expertenwissens) gesteuert, so daß immer nur die aussichtsreichsten Lösungswege berücksichtigt werden.

Methode	Komplexitätsreduktion	Beschreibung	Beispiel
Forward- & Backward- Reasoning	erschöpfende Breiten- bzw. Tiefensuche	daten- bzw. zielgerichtete (Regel-)Abarbeitung	EXPERT MYCIN
Con- straint Propa- gierung	Schrittweises Ein- grenzen der Lösung	Constraint 1 ... durch Constraints beschränkter Constraint 2 Lösungsraum	EL
Means- Ends- Analysis	Feststellen von Dif- ferenzen zwischen An- fangs- und Endzustand	Auswahl von Operatoren zur Verminderung der Diffe- renzen	Stefik's MOLGEN
Phasen- einteilung	Zerlegung in Teilauf- gaben	Phase 1 Phase 2 ... Phase n	R1
Establish- Refine	Hierarchisches Vorgehen	Abarbeiten eines hierarchischen Lösungsbaumes	MDX
Generate- and-Test	frühes Erkennen schlechter Lösungs- zweige (early pruning)	ähnlich wie Establish-Refine; Unterschied: der Lösungsbaum muß generiert werden.	DENDRAL
Hypothe- zise-and- Test	direktes Aktivieren der interessantesten Hypothesen (flexibler als Establish-Refine)	Initialisierung ↓ Verdachtsgenerierung Verdachtsüberprüfung	MED1
Differen- tial- Diagnostik	Reduktion eines Pro- blems auf eine ge- schlossene Menge von Alternativen.	etabliert Diff.- D1 D2 D3 D4 Diagnosen ausgeschlossen	INTERNIST
Skeletal Planning	Auswahl und Verfei- nerung von Skelett- plänen	Auswahl des Skelettplanes durch eine Diagnostikstrate- gie; Verfeinerung z.B. durch Establish-Refine	Fried- land's MOLGEN
Black- board Archi- tektur	Koordination unab- hängiger Wissens- Quellen (WQ) über die Blackboard (BB)	WQ1 H3 Die BB ist das einzige Kommu- WQ2→H1 H2 nikationsmittel zwischen den WQ. Jede WQ kann Hypothesen auf die BB schreiben bzw. von ihr lesen.	HEARSAYII
mehrere Abstrak- tions- ebenen	Auswahl der dem Pro- blem angemessenen Ab- straktionsebene; bei Bedarf Verfeinerung	Ebene 1 Ebene 2 Ebene 3	ABEL

Tabelle 2.1: Problemlösungsmethoden für Expertensysteme

Da die Inferenzstrategie häufig auf verschiedenen Detaillierungs-
ebenen dargestellt wird, haben wir das Beschreibungsschema um
zwei zusätzliche Aspekte erweitert: die "Architektur", die einen
Überblick über die Inferenzstrategie vermittelt und "spezielle
Mechanismen", die bereichsspezifische Besonderheiten der Inferenzstrategie darlegen.

2.2.1   Architektur

Die Architektur von Problemlösungskomponenten realisiert meist
eine Problemlösungsstrategie oder kombiniert mehrere. Die
wichtigsten sind in Tabelle 2.1 zusammengefaßt. Das Hauptkriterium zur Strategieauswahl ist die Problemklasse und die
Komplexität des Anwendungsbereichs.

Für kleine Anwendungen aus allen Problemklassen sind reines
"Forward-Reasoning", das alle Schlußfolgerungen aus den gegebenen
Daten herleitet, bzw. "Backward-Reasoning", das zu einem
vorgegebem Ziel mittels Tiefensuche alle Lösungswege überprüft
und dabei gegebenfalls unbekannte Daten erfragt, ausreichend. Die
Idee der "Phaseneinteilung" ist die sukzessive Abarbeitung von
einfacher zu lösenden Teilproblemen. Sie ist nur anwendbar, wenn
die Zerlegung in die isoliert voneinander bearbeitbaren
Teilaufgaben unabhängig vom konkreten Problem immer in der
gleichen Reihenfolge vorgenommen werden kann.

Speziell für Diagnostik-Probleme eignen sich die "Establish-Refine-Strategie", die von allgemeinen Diagnosekategorien entlang
einer Diagnose-Hierarchie zu immer spezielleren Diagnosen
voranschreitet (wie bei der Bestimmung von Pflanzen) und die
"Hypothezise-and-Test-Strategie", die opportunistisch immer die
verdächtigste (allgemeine oder spezielle) Diagnose zuerst
untersucht. Die Hypothezise-and-Test Strategie erfordert zusätzliches Wissen zur Verdachtsgenerierung. Mit ihr lassen sich
andere (Diagnostik-)Strategien als Spezialfälle auffassen und wie
folgt simulieren:

- Forward-Reasoning: durch Auswerten aller Daten in der Ver-
  dachtsgenerierungsphase und Wegfall der Verdachtsüberprüfung.
- Backward-Reasoning: durch die (triviale) anfängliche Verdachtsgenerierung des globalen Zieles und dessen anschließende umfassende Überprüfung (z.B. ist das Ziel in MYCIN, die Identität
  des Erregers der Infektionskrankheit festzustellen).
- Establish-Refine: durch anfängliche Verdachtsgenerierung der
  Diagnosen auf der obersten Hierarchieebene, deren anschließen-
  der Überprüfung, und Generierung der Feindiagnosen der
  etablierten Diagnosekategorie auf der nächsten Hierarchieebene,
  etc.

Die Idee der mit allen anderen Diagnostik-Strategien kombinier-
baren "Differential-Diagnostik" besteht darin, leicht verwechsel-

bare Diagnosen mit ähnlicher Symptomatik relativ zueinander zu bewerten und die beste Diagnose nur dann zu etablieren, wenn sie erheblich besser bewertet wird als die übrigen Differentialdiagnosen.

Bei Design-Problemen ist die Anzahl der potentiellen Lösungen wesentlich größer als bei Diagnostik-Problemen. Die beiden wichtigsten Strategien sind:

- "Generate-and-Test" (Generieren und Testen von Lösungskandidaten). Diese Strategie ist nur praktikabel, wenn durch Heuristiken frühzeitig die schlechten Lösungszweige des Lösungsbaumes abgeschnitten werden können.
- Die flexiblere "Constraint-Propagierung". Constraints sind eine Wissensrepräsentationsform (s.u. Kap. 2.2.2), mit der lokale Bedingungen, die eine Lösung erfüllen muß, durch Relationen über lösungsrelevanten Parametern dargestellt werden (z.B. beim Entwurf eines Vorlesungsverzeichnis: Vorlesung1 und Vorlesung2 dürfen sich nicht überschneiden). Die Idee der Constraint-Propagierung besteht nun darin, zuerst alle Wechselwirkungen zwischen den Constraints zu berechnen und dann den Parameter zuerst zu instantiieren, dessen Wertebereich am stärksten eingeschränkt ist (d.h. man fängt mit der am schwierigsten festzulegenden Vorlesung an). Die Konsequenzen der Festlegung eines Parameters werden über die Constraints an die anderen Parameter propagiert, deren Wertebereich dadurch weiter eingeschränkt wird, etc., bis alle Parameter instantiiert sind. Diese Vorgehensweise der Abarbeitung von Constraints ist eine Form des Forward-Reasonings.

Für Planungsprobleme ist eine der verwendeten Techniken die sogenannte "Means-Ends-Analysis", d.h. man sucht zunächst Differenzen zwischen Ausgangs- und Zielzustand (z.B. ein paar tausend Kilometer bei einer Reise von Kaiserslautern nach Boston), wendet dann geeignete Operatoren (z.B. Flugzeug) zur Verringerung der Differenz an und versucht in ähnlicher Weise die Voraussetzungen zur Anwendung des ausgewählten Operators herzustellen (z.B. wie kommt man zum Flughafen?).

Ein anderes, wesentlich effizienteres Verfahren, das "Skeletal Planning", nutzt vorhandenes Erfahrungswissen aus, indem ein Rohplan, der für die Klasse des gegebenen Problems anwendbar ist, verfeinert wird. Ein Beispiel ist folgender Rohplan für lange Reisen: 1) Bahnhof vom Heimatort erreichen, 2) mit der Bahn zum Flughafen, 3) in die Zielgegend fliegen, 4) vom Zielflughafen zum Zielort gelangen; der Rohplan wird im konkreten Fall mit Orten sowie Bahn- und Flugverbindungen verfeinert.

Zur Kombination unterschiedlicher Wissensquellen (z.B. beim Verstehen gesprochener Sprache: Phonetik, Grammatik und Diskurs-Wissen über den Inhalt des Gesprächs) eignet sich die "Blackboard-Architektur", die zwischen den ansonsten unabhängigen Wissensquellen (die in sich Expertensysteme sein können) eine Schnittstelle als "Blackboard" definiert.

Die Repräsentation verschiedener Abstraktionsebenen ermöglicht zum einen, den Lösungsprozeß an den Detaillierungsgrad der Problembeschreibung anzupassen, zum anderen, die Erklärungsebene entsprechend den Vorkenntnissen des Benutzers auszuwählen.

Eine ausführliche Beschreibung von Expertensystem-Architekturen gibt [Stefik 82].

2.2.2   Wissensrepräsentation

Die Wahl einer geeigneten Wissensrepräsentation hängt von dem Gebrauch des Wissens ab. Dabei lassen sich zwei Pole unterscheiden: aktiv-prozeduraler Gebrauch zur Problemlösung und passiv-deklarativer Gebrauch zur Zustandsbeschreibung. Obwohl jede Wissensrepräsentation beide Pole vereint (dies war Gegenstand vieler Diskussionen während der siebziger Jahre z.B. [Winograd 75]), setzen verschiedene Repräsentationen verschiedene Akzente. Dies gilt auch für die beiden wichtigsten Repräsentationsformen von Expertensystemen: "Produktionsregeln" [Davis 78], die mehr den prozeduralen Gebrauch betonen (z.B. wenn 1. hohes Fieber (> 40') und 2. Nackensteife und 3. Bewußtseinstrübung, dann besteht Verdacht auf Meningitis), und "Frames" [Minsky 75], mit denen in eher deklarativer Weise stereotypische Situationen und Objekte beschrieben werden. Beide Repräsentationsformen (in der von Nilsson gewählten Darstellung [Nilsson 80]) lassen sich als verschiedene Sichtweisen des Prädikatenkalküls erster Ordnung verstehen und durch semantische Netze graphisch veranschaulichen.

Die Grundidee bei Produktionsregeln ist eine klare Trennung zwischen dem Inhalt und der Anwendung einer Regel. Deswegen eignen sich Regeln gut zur Codierung von diffusem Wissen, wo bei vielen "Daumenregeln" ihr Inhalt zunächst klarer ist als ihre Anwendungssituation. Die Aktivierung einer Regel wird durch die Problemlösungsmethode (s. Tab. 2.1) und den Regelinterpreter (s. Fig. 2.6 in Kap. 2.2.3) festgelegt. Während Regeln wie Assoziationen nur in einer Richtung abgeleitet werden können (Bedingung --> Aktion), repräsentieren Constraints (s.o.) Beziehungen zwischen Objekten, die nach allen Richtungen hin auflösbar sind (wie mathematischen Gleichungen).

Viele Expertensysteme sind reine Produktionsregelsysteme (z.B. R1) mit mehreren hundert bis mehreren tausend Regeln. Allerdings ist die Anzahl der Regeln kein Meßinstrument für den Umfang des Wissens eines Expertensystems, da sie die Aussagekraft einer Regel nicht berücksichtigt, die u.a. durch die Ausdrucksstärke des Regelformalismus bedingt ist (Fig. 2.4.2), z.B. halbiert das Muster "auf der gleichen Seite" die notwendige Regelmenge zur Diagnostik von paarigen Körperorganen. Das Erkennen solcher Muster durch den Regelinterpretierer erfordert den Vergleich von einem Muster (Pattern) mit Variablen (z.B. x + c) mit einem

Ausdruck ohne Variablen (z.B. A + B + C). Wenn der Mustervergleich (Pattern-Matching) erfolgreich ist, werden die Variablen instantiiert (z.B. x = A + B). Da Mustervergleiche sehr rechenintensiv sein können, wird die Evaluation von Regeln häufig durch Aktivierungsbedingungen kontrolliert (Fig. 2.4.1).

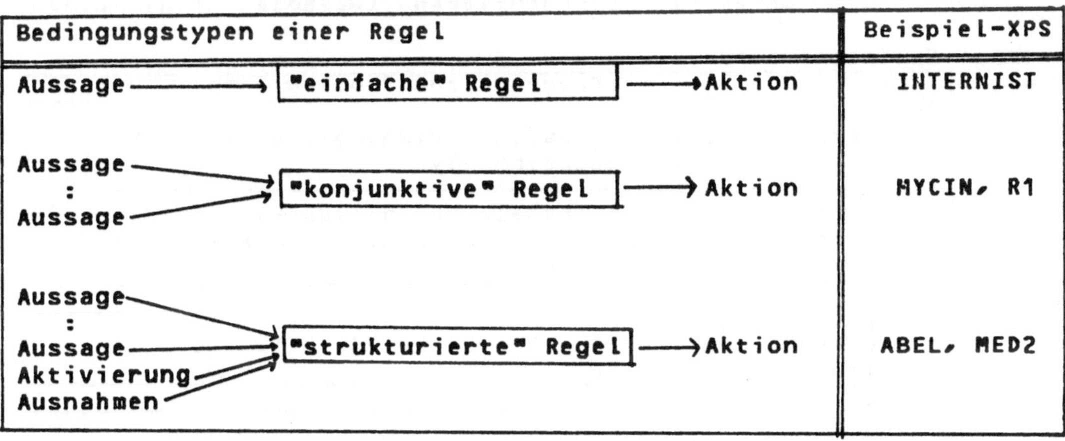

Fig. 2.4.1: Bei "strukturierten" Regeln ist die Bedingung formal in Kernaussagen, Ausnahmen und Aktivierungsbedingungen getrennt.

Aussagetyp	Art der Auswertung	Beispiel aus MED2
Erfassung	Nachschauen in der Datenbasis	(= Schmerzverstärkung atemsynchron)
zunehmend	Nachschauen in der Datenbasis und Rechnen	(vorher Brustschmerzen Luftnot)
komplizierterer	einfacher Mustervergleich	(am_gleichen_Ort Lok1 Lok2) Lok1 und Lok2 sind Lokalisationen von verschiedenen Symptomen
Zusammenhänge	komlexer Mustervergleich (Unifikation)	-

Fig. 2.4.2: verschieden mächtige Aussagetypen einer Regel

Fig. 2.4: die Komplexität der Regelstruktur bedingt häufig Ausdrucksstärke und Effizienz eines Expertensystems.

Im einfachsten Fall beziehen sich Regeln auf "assoziative Tripel" vom Typ Objekt-Attribut-Wert (z.B der Wert des Fiebers ist hoch). Die Frame-Darstellung nutzt die Tatsache aus, das sich häufig viele Attribute von assoziativen Tripeln einer Wissensbasis auf das gleiche Objekt beziehen (z.B. Fiebermeßwert, Fieberverlauf, Fieberdauer, etc.).

Ein Frame besteht aus einer Reihe von Slots, die verschiedene Attribute des Objektes repräsentieren (Beispiel Fig. 2.5).

Frame: Expertensystem
Slots:

Typ:	Programm zum Problemlösen
Instanzen: - Wertebereich:	Diagnostik-, Planung-, Design- und Simulations-Typ
charakteristi- sche Merkmale:	wissensbasiert; diffuses, spezialisiertes Anwendungsgebiet, hohe Problemlösungsfähigkeit
:	
Programmierumgebung: - Wertebereich: - Default:	LISP, PROLOG, LOOPS, KEE, ... LISP
:	

Frame: Diagnostik-Expertensystem
Slots:

Typ:	Expertensystem
Instanzen: - Wertebereich:	MYCIN, PROSPECTOR, PIP, MDX, PUFF, MED1,
...	
charakteristi- sche Merkmale:	Wiedererkennen bekannter Muster (Diagnosen) aus Befunden und Meßwerten
:	

Fig. 2.5: Beispiel für Frames

Frames sind Erwartungsrahmen zur Aufnahme und Abspeicherung von Wissen.

Funktionsweise von Vererbungshierarchien und Defaults:

Frage: In welcher Programmierumgebung wurde MYCIN implementiert? (Annahme: im Frame MYCIN sei unter "Programmierumgebung kein Wert eingetragen.)

Antwort: Vermutlich LISP! (es wird die Vererbungshierarchie MYCIN --> Diagnostik-Expertensystem --> Expertensystem durchlaufen und bei Expertensystem der Default-Eintrag "LISP" gefunden.)

Seine Implementierung kann man sich als eine Erweiterung der Property-Listen in LISP oder der Records in PASCAL vorstellen. Ein Slot ist charakterisiert durch Namen,

Wertebereich, Default-Wert (plausible Annahme über den Wert,
sofern er nicht bekannt ist) und zugeordnete Prozeduren (attached
procedures), die z.B. Methoden angeben, wie der Wert ermittelt
werden kann und welche Aktionen bei Bekanntwerden des Wertes
auszuführen sind. Zugeordneten Prozeduren können auch durch
Produktionsregeln realisiert werden. Durch spezielle Slots
("Typ" und "Instanzen" in Fig. 2.5) können Vererbungshierarchien
aufgebaut werden, wobei die Unterframes die Eigenschaften ihrer
Vorgänger übernehmen oder überschreiben. Mit diesen Mechanismen
ermöglichen Frames strukturierten Wissenserwerb (Ausfüllen der
Slots mit Werten), effiziente Abspeicherung in Hierarchien und
Formulierung von Erwartungswerten als Defaults.

2.2.3 Inferenzstrategie

Die Inferenzstrategie einer Problemlösungskomponente soll
gewährleisten, daß in jeder Situation der aussichtsreichste
Lösungsweg verfolgt wird. Diese Flexibilität können die beiden im
folgenden beschriebenen Inferenzstrategien gewährleisten, die (in
modifizierter Form) in fast allen Expertensystemen benutzt
werden: "Produktionsregelinterpretierer" und "Agendakontrolle".

```
Komponenten eines Regelinterpretierers: 1) Datenbasis
                                         2) Produktionsregeln


1. DATA    <--   Ausgangsdatenbasis
2. Until DATA erfüllt Terminierungskriterium do
3. Begin
4.    Wähle eine anwendbare Regel R (deren Bedingungsteil durch
                                     DATA erfüllt ist)
5.    DATA   <--   Ergebnis der Anwendung des Aktionsteil von R auf
                   DATA
6. End
```

Fig. 2.6: Produktionsregelinterpretierer (nach [Nilsson 80, S.
           21]). Effizienzbestimmend ist das Selektionsverfahren
           in Schritt 4.

Fig. 2.6 zeigt den Aufbau eines Regelinterpretierers. Das für
seine Effizienz entscheidende Selektionsverfahren (Schritt 4)
wird meist in zwei Schritten vorgenommen:

1. Vorauswahl (Bestimmung einer Konfliktmenge von ausführbaren
              Regeln)
2. Auswahl   (Konfliktlösungsstrategie zur Auswahl einer Regel
               oder Ausführung aller Regeln der Konfliktmenge)

Eine sehr schnelle Reaktion auf neue Daten erreicht man durch "Vorwärtsverkettung", bei der die Konfliktmenge alle Regeln enthält, deren Bedingungsteil durch die Datenbasis erfüllt ist. Das gilt insbesondere, wenn man die Konfliktlösungsstrategie so wählt, daß die aktuellste Regel (die sich auf die neuesten, zuletzt hinzugefügten Elemente der Datenbasis bezieht) die höchste Priorität bekommt. Im Gegensatz zur datengetriebenen Vorwärtsverkettung werden bei der "Rückwärtsverkettung" nur diejenigen Regeln berücksichtigt, deren Aktionsteile dazu beitragen, ein vorgegebenes Ziel zu erreichen. Wenn bei der Rückwärtsverkettung die Vorbedingungen von Regeln nicht in der Datenbasis enthalten sind, werden Unterziele generiert, um die fehlenden Vorbedingungen herzuleiten.

Ein Beispiel für einen Forward-Regelinterpretierer ist OPS5 [Forgy 81], womit u.a. R1 (siehe Tab. 2.2) implementiert wurde. Die Konfliktlösungsstrategie von OPS5 richtet sich nach der Aktualität und der Spezifität (wenn die Vorbedingung einer anwendbaren Regel die einer anderen umfaßt, wird die speziellere ausgeführt).

Agendakontrolle ist ein allgemeines Verfahren zur Implementierung von Auswahlstrategien. Konkurrierende Alternativen (z.B. Verdachtshypothesen in der Hypothezise-and-Test-Strategie oder Regeln in der Konfliktlösungsmenge eines Forward-Interpretierers) werden entsprechend ihrer Priorität in einer Agenda geordnet und die am besten bewertete Alternative ausgewählt (s. Fig. 2.7).

Alternative	Prioritätsklasse
Hypothese1	6
Hypothese2	5
Hypothese3	5
:	:

Fig. 2.7: Agenda in MED1 (Hypothese1 wird
als nächstes untersucht.)

Die Blackboardarchitektur (s. Tab. 2.1) kann man als eine Verallgemeinerung der Agendakontrolle auf mehrere Dimensionen ansehen.

2.2.4 Spezielle Mechanismen

Unter "spezielle Mechanismen" fassen wir etwas willkürlich alle bereichsspezifischen Besonderheiten zusammen, die in einigen Expertensystemen eine überragende Rolle spielen können, in anderen eher unbedeutend sind. Dazu gehören:

- Evidenzmodelle
Evidenzmodelle zum Abwägen von Unsicherheiten sind vor allem in der Diagnostik sehr wichtig. Dabei werden die Unsicherheiten bei

der Datenerhebung und der Datenbewertung durch Zahlen repräsentiert, die Wahrscheinlichkeiten ähneln und mit einem Evidenzmodell kombiniert.

- Nicht-monotones Argumentieren
Zur adäquaten Verarbeitung von Ausnahmen muß das Expertensystem Schlußfolgerungen revidieren können, die durch Bekanntwerden einer Ausnahme ungültig werden. Um die Gültigkeit oder Ungültigkeit von Aussagen überprüfen zu können, werden zu jeder Aussage Begründungen mit abgespeichert. Eine Übersicht über nicht-monotones Argumentieren liefert [Reinfrank 85].

- Vorverarbeitung von Daten
Die automatische Erhebung und Verarbeitung von Meßdaten erfordert meist spezielle Mechanismen zur Vorverarbeitung der Daten, ehe sie vom Expertensystem interpretiert werden. Ein Beispiel-Expertensystem für Prozeßdiagnostik ist PDS (s. Tab. 2.2), welches die Rohdaten redundant erfaßt und aufbereitet. Falls ein Meßgerät zunehmend abweichende Daten liefert, wird dies erkannt und dessen falsche Daten werden nicht mehr berücksichtigt.

- Repräsentation der Zeit
Häufig kann eine beträchtliche Verbesserung des Systemverhaltens durch explizite Repräsentation einiger, für das Anwendungsgebiet besonders wichtiger zeitlicher Aspekte erreicht werden.

2.3   Benutzerschnittstelle

Die Benutzerschnittstelle eines Expertensystems umfaßt die Wissenserwerbs-, die Erklärungs- und die Interviewerkomponente (Fig. 2.2), von deren Qualität nicht zuletzt die Akzeptanz abhängt. Deswegen verlangt die Kommerzialisierung eines Expertensystems häufig den Ausbau seiner Benutzerschnittstelle. Trotzdem ist das Ideal eines schnellen, einfachen (leicht handhabbaren) und natürlichen (der üblichen Kommunikationsart des Benutzers angepaßten) Dialogmodus bisher nicht annährend erreicht. Das erhöht zum einen das Maß der notwendigen Kooperationsbereitschaft eines Experten zum Aufbau der Wissensbasis, zum anderen werden die Einsatzmöglichkeiten eines Expertensystems auf Situationen beschränkt wie:

- es ist kein Benutzerdialog nötig, stattdessen werden die Inputdaten über eine genormte Schnittstelle eingelesen, z.B automatisch erfaßte Daten (DENDRAL, PUFF) oder formalisierte Daten (R1)
- Der Einsatz eines Expertensystem lohnt sich trotz zeitaufwendigen Dialoges.

2.3.1 Wissenserwerb

Der Wissenserwerb zum Aufbau der Wissensbasis ist zur Zeit der Flaschenhals bei der Entwicklung von Expertensystemen. Da automatische Lernverfahren [Michalski 83] bisher noch keine praktische Anwendbarkeit erreicht haben (mit wenigen speziellen Ausnahmen, z.B. automatische Herleitung von Regeln zur Diagnostik von Sojabohnen-Erkrankungen [Michalski 80]), hängt der Erfolg von Expertensystem-Projekten entscheidend von dem Umfang und der Qualität der Mitarbeit eines oder mehrerer Experten ab, an die hohe Anforderungen gestellt werden. Von Expertensystem-Seite kann der Experte unterstützt werden durch:

- eine dem Denken des Experten möglichst ähnliche Wissensrepräsentation und Inferenzstrategie des Expertensystem, so daß
  er sein Wissen nicht umständlich in eine andere Darstellung
  Übertragen muß.
- eine gute Erklärungskomponente, die das Vorgehen des Systems
  nachvollziehbar macht (insbesondere zur Fehleranalyse).
- einen Wissenseditor, der ein leicht erlernbares und schnell
  durchzuführendes Eingeben und Ändern der Wissensbasis erlaubt.
- semantische Hilfen: Konsistenzprüfungen und Vergleich mit bereits eingegebenem Wissen (z.B. in TEIRESIAS [Davis 79], der
  Wissenserwerbskomponente von MYCIN) sowie Erstellung von
  Statistiken (z.B. wie oft wurden welche Teile der Wissensbasis
  gebraucht?).

Darüber hinaus hat es sich meist als notwendig herausgestellt, in der Anfangsphase eines Expertensystemprojektes den Experten durch einen Wissensingenieur (knowledge-engineer) zu unter- stützen, der sowohl mit dem Anwendungsgebiet als auch dem Entwicklungswerkzeug vertraut ist. Auf die Dauer sollte jedoch der Experte mit der formalen Denkweise und der Benutzung aller Hilfsmittel selbst vertraut werden, da es bei der Weiterentwicklung und Verbesserung der Wissensbasis auf schnelle und direkte Rückkopplung ankommt.

2.3.2 Erklärungsfähigkeit

Obwohl die rudimentäre Erklärungsfähigkeit existierender Exper- tensysteme schon ein gewaltiger Fortschritt gegenüber nicht-er- klärenden Programmen ist, haben Expertensystem-Konstrukteure das Problem, gute Erklärungen zu produzieren, eher erkannt als schon gelöst. Es scheint so zu sein [Clancey 83], daß die effiziente Problemlösungsfähigkeit auf einer anderen Repräsentation des Wissens beruht als die Erklärungsfähigkeit.

Existierende Erklärungskomponenten von Expertensystemen beschrän- ken sich darauf, die Vorgehensweise des Systems transparent zu

machen: die beiden typischen Fragen "wie" (ist das Expertensystem
auf diese Schlußfolgerung gekommen?) und "warum" (hat das
Expertensystem diese Aktion getan?) werden durch eine
benutzerverständliche Ausgabe der durchgeführten, relevanten
Inferenzschritte (Regel-Trace) beantwortet.

Diese Erklärungsebene ist für den Experten, der die Wissensbasis
aufgebaut hat, bei der Fehlersuche adäquat, jedoch weniger
angemessen für einen Benutzer, der die Plausibilität der Lösung
überprüft, oder für einen Auszubildenden, der die zugrundeliegenden Prinzipien des Anwendungsgebietes kennenlernen will.

Außer den gerade skizzierten verschiedenen Zwecken einer
Erklärung müßte eine gute Erklärungskomponente auch das Vorwissen
des Partners berücksichtigen, um langweilige oder unverständliche
Erklärungen zu vermeiden [Wahlster 81]. Die dazu notwendigen
Voraussetzungen:

- Modellierung des Wissens auf verschiedenen Abstraktionsebenen
- Partnermodellierung

fehlen in fast allen existierenden Expertensystemen.

2.3.3   Dialogform

Expertensysteme lassen sich auch danach klassifizieren, ob sie
ihre Eingabedaten von einer Datei bzw. von Meßgeräten erhalten,
oder ob sie einen Dialog mit dem Benutzer führen. Bei
Dialogprogrammen kann der Benutzer die Initiative haben, indem er
aktiv Daten eingibt, oder das System erfragt Daten,
oder die Initiative wechselt.

Wenn das System Daten erfragt, sollte eine einfache und schnelle
Möglichkeit zur Beantwortung von Fragen bereitgestellt werden,
was z.B. durch eine Menü-Technik erreicht wird, bei der der
Benutzer die richtige Antwort auf dem Bildschirm ankreuzt.
Wesentlich anspruchsvoller ist die Gestaltung der Benutzerschnittstelle, wenn der Benutzer die Initiative hat, da der
Dialog dann im Idealfall in der üblichen Kommunikationsart des
Benutzers stattfinden sollte. Da dies z.Z. unrealistisch ist,
behilft man sich mit beschränkter Spracheingabe, hierarchisch
organisierten Menüs oder setzt beim Benutzer Vorwissen über das
Eingabeformat voraus. Manchmal existieren in dem Anwendungsbe-
reich des Expertensystems schon stark formalisierte Konventionen
(z.B. Formelnotation in der Chemie) oder Fachsprachen, die die
Benutzerschnittstelle ausnutzen kann.

Erklärungen können mit Hilfe von Windows (Einteilung des
Bildschirms in verschiedene Regionen bzw. Übereinanderlegen von
Windows) übersichtlich ausgegeben werden.

2.4   Bewertung

Die Evaluation von Expertensystemen [Gaschnig 83] ist ähnlich schwierig wie die Beurteilung von Experten selbst. Besonders problematisch sind die

- Selektion von Testfällen
- Festlegung und Gewichtung von Kriterien (z.B. Qualität der Ergebnisse, Vorgehensweise, Fehlertoleranz und Robustheit, Erklärungsfähigkeit, Einarbeitungszeit für den Benutzer, Bedienungsaufwand, Änderungsfreundlichkeit, Kosten-Nutzen Analyse, etc.)
- Beurteilung des Expertensystems nach diesen schlecht formalisierbaren Kriterien

Bisher wurden nur wenige formale Studien durchgeführt, bei denen ein Expertengremium die Qualität der Problemlösungen eines Expertensystems für eine Menge von Testfällen beurteilte. Die Expertensysteme schnitten dabei in der Regel relativ gut im Vergleich zu den Fachleuten ab. Ihr Erfolg in diesen Studien ist aber auch durch die Vorselektion der Testfälle bedingt, von denen man das Ergebnis kannte und wußte, daß das Expertensystem zuständig ist. Das begünstigt insbesondere spezialisierte Systeme, die ihre Nicht-Zuständigkeit nicht erkennen können. Auch die Beschränkung der Studien auf alleiniges Beurteilen der Problemlösungsqualität reduziert ihre Aussagekraft.

Deswegen sind weniger formale Analysen eines Expertensystems, die auch ihren inneren Aufbau berücksichtigen, häufig ebenso wertvoll zur Beurteilung. Eine umfassende und ausgewogene Bewertung ist jedoch nur im praktischen Einsatz möglich.

2.4.1   Erfolge

Die Entwicklung zahlreicher Expertensysteme, die zum Teil routinemäßig in der Praxis genutzt werden (siehe Tab. 2), ist sicher ein großer Erfolg dieses Gebietes. Derzeitig eingesetzte Systeme sind u.a. R1, welches weltweit alle von DEC verkauften Computeranlagen konfiguriert, DENDRAL, das bei der Interpretation von Massenspektrogrammen zur Strukturaufklärung von Molekülen allen Chemikern mittlerweile überlegen ist und MOLGEN, was das schnell wachsende und auch für Molekulargenetiker schwer überschaubare Wissen zur Planung von Gen-Cloning-Experimenten nicht nur speichert, sondern selbständig auf Probleme anwenden kann.

XPS	Bereich	Ort	Zeit ca.	in use	Evaluation	PK	WR	Strategie	Referenz
INTERNIST	Innere Medizin	Pittsburgh	1975		Miller 82	K	R	Differential-Diagnostik	Pople 82
MYCIN / EMYCIN	Infektionskrankheiten Shell	Stanford	1976		Yu 79	K	R	Backward-Reasoning	Shortliffe 76 van Melle 80
PROSPECTOR	Suche nach Boden- schätzen	SRI	1976		Gaschnig 79	K	R	Hypothezise-and-Test	Duda 82
PIP	Nieren-Erkrankungen	MIT	1976			K	R	Hypothezise-and-Test	Pauker 76
CASNET/ EXPERT	Glaukome / Shell	Rutgers	1976			K	R	Forward-Reasoning	Kulikowski 82
MDX	Leber-Erkrankungen	Columbus Ohio	1979			K	R	Establish-Refine	Chandraseka- ran 83
PUFF	Interpretation von Lungenfunktionstests	Stanford	1981	X	Aikins 82	K	R	Backward-Reasoning	Aikins 82
ONCOCIN	Chemotherapie von Malignomen	Stanford	1981	X		K	R	Forward-Reasoning	Shortliffe 85
PDS	Prozeßdiagnose von Maschinen	CMU	1983			K	R	Forward-Reasoning	Fox 83
MED1	Brustschmerz / Shell	Kaisers- lautern	1983		Puppe 85c	K	R	Hypothezise-and-Test	Puppe 83a
MED2	Shell	Kaisers- lautern	1985			K	R	Hypothesize-and-Test Differential-Diagnostik	Puppe 85a
DENDRAL	Interpretation von Massenspektrogrammen	Stanford	1969	X	Lindsay 80	D		Generate-and-Test	Lindsay 80
HEARSAYII	Verstehen gesproch- ener Sprache	CMU	1976		Erman 80	D		Blackboard-Architektur Hypothezise-and-Test	Erman 80
R1	Konfigurierung von VAX-Computern	CMU	1980	X	McDermott 84	D	R	Forward-Reasoning Phaseneinteilung	McDermott 82
MOLGEN(F)	Planen molekulargene- tischer Experimente	Stanford	1979	X		P	R	Skeletal-Planning	Friedland 79
MOLGEN(S)		Stanford	1980			P	C	Means-Ends-Analysis	Stefik 81
EL	Schaltkreisanalyse	MIT	1977			S	C	Forward-Reasoning	Stallman 77
ABEL	Störungen im Flüssig- keitshaushalt (med.)	MIT	1981			S	C	verschiedene Abstraktionsebenen	Patil 81
Davis	Hardware-Diagnostik	MIT	1984			S	C	verschied. Abstr.-Ebenen	Davis 84
Long	Vorhersage von Thera- pieeffekten (Herzkran.)	MIT	1986			S	C	Signal-Fluß-Analyse	Long 86

Tab. 2.2: Verzeichnis aller erwähnten XPSe (PK = Problemklasse, WR = Wissensreprаasentation, D = Design, K = Klassifikation, P = Planung, S = Simulation, R = Regeln, C = Constraints)

Die Erfahrungen bei der Entwicklung von Expertensystemen haben
darÜberhinaus beigetragen, die Nützlichkeit der verschiedenen
Methoden in bestimmten Einsatzgebieten einzuschätzen und neue
Techniken zu entwickeln. Daraus sind Werkzeuge (s. Kap. 2.5.1)
entstanden, die die Entwicklungszeit für neue Expertensystem-Pro-
jekte erheblich verkürzen. Weiterhin haben Expertensysteme dazu
beigetragen, die überragende Rolle von bereichsspezifischem
Wissen (im Gegensatz zu allgemeinen Strategien) beim Problemlösen
zu erkennen.

2.4.2   Schwächen

Aus der Beschränkung auf rein assoziatives Wissen resultieren
eine Reihe von Schwächen existierender Expertensysteme. Dazu
gehören:

- keine Lernfähigkeit
- begrenzte Erklärungsfähigkeit
- (zu) spezialisierte Anwendungsgebiete
- nicht vorhandene oder ungenügende Repräsentation von kausalem
  Wissen
- keine Einschätzung der eigenen Kompetenz

Zur Überwindung dieser Schwierigkeiten wird eine angemessene
Repräsentation des kausalen Wissen von vielen Forschern (z.B.
[Davis 82, Hart 82]) als Voraussetzung angesehen und ist ein
Schwerpunkt der derzeitigen Forschung in der Künstlichen
Intelligenz [AI-Journal 84, Voss 86], (s. auch Kap. 3.1.3)
Kausales Wissen besteht aus Wissen über Aufbau, Funktion und
Zweck von technischen und biologischen Systemen. Es ist
vielseitig verwendbar: es eignet sich u.a. zum Erlernen von
assoziativem Wissen, zur Transformation einer Wissensrepräsenta-
tion in eine andere, zur adäquaten Erklärung der aus assoziativem
Wissen abgeleiteten Problemlösungen, zur Plausibilitätskontrolle
und zum Erkennen von Ausnahmen empirischer Regeln. Dazu ist aber
jeweils Zusatzwissen erforderlich.

Ein anderer Schwerpunkt ist die Entwicklung von weniger
spezialisierten Systemen, die in größeren Anwendungsbereichen
kompetent sind. Diese benötigen insbesondere die Fähigkeit zum
plausiblen Schließen und nicht-monotonem Argumentieren, d.h. bei
fehlendem Wissen begründete Annahmen zu machen und diese
zurückziehen können, falls notwendig (siehe Kap. 4.4.4).

2.5 Werkzeuge

Die ziemlich lange Entwicklungszeit von Expertensystemen (unter günstigen Umständen gelten als untere Grenze bis zum Einsatz fünf Mannjahre) kann durch geeignete Werkzeuge erheblich verkürzt werden.

2.5.1 Programmierumgebungen

Bei den für die Entwicklung von Expertensystemen relevanten Programmierumgebungen lassen sich je nach Grad der Spezialisierung auf bestimmte Anwendungsgebiete drei Ebenen unterscheiden:

- Programmiersprache
- Spracherweiterung (außer der Programmiersprache werden verschiedene Wissensrepräsentationsformen und Inferenzmechanismen bereitgestellt)
- Shell (fertiges Steuersystem, in das nur noch die Wissensbasis eingegeben werden braucht, siehe Fig. 2.2)

Die meisten Expertensysteme sind in einem LISP-Dialekt programmiert. Zu den Vorteilen von LISP [Stoyan 84] gegenüber konventionellen Programmiersprachen gehören:

- Die dynamische Speicherverwaltung entlastet den Programmierer von der Verwaltung von Datenstrukturen.
- Programme und Daten sind syntaktisch gleich repräsentiert, und deswegen können Programme wie Datenstrukturen verarbeitet und generiert werden.
- Teilsprachen von LISP unterstützen den funktionalen bzw. objektorientierten Programmierstil [Stoyan 84].
- Der mühsame Prozeß des "Debugging" eines Programms wird in LISP durch die interpretative Abarbeitung unterstützt. Das umfaßt die Möglichkeit, syntaktische Fehler zurückzuverfolgen, mit einem integrierten Editor sofort zu verbessern und das korrigierte Programm ohne Neustart weiterlaufen zu lassen. Auch semantische Fehler können durch den modularen, in Funktionen aufgeteilten Programmaufbau und die Trace-Option oft schnell entdeckt werden.
- Nach Abschluß der Programmentwicklung kann die Effizienz durch Compilierung deutlich erhöht werden.

Die andere wichtige Programmiersprache der Künstlichen Intelligenz, PROLOG [Clocksin 81], befreit den Programmierer noch weitgehender als LISP von der Beschreibung des Kontrollflußes (dem "Wie"), so daß er sich auf die Beschreibung der logischen Struktur des Problems konzentrieren kann (dem "Was"). In PROLOG ist es möglich, sehr schnell kleine Expertensysteme zu entwickeln; allerdings liegen noch wenig Erfahrungen für komplexe Expertensysteme vor, bei denen die Effizienz entscheidend von dem Kontrollfluß abhängt.

Seit einigen Jahren werden (kommerziell verfügbare) Programm-
pakete entwickelt, die bewährte Wissensrepräsentationsmethoden
(Regeln, Frames, "Logik") und Ableitungsstrategien (Regelinterpretierer, Vererbungshierarchien) sowie Hilfsmittel zur Gestaltung der Dialogkomponente als Module zur Verfügung stellen. Sie
können kombiniert und zusammen mit Grundfunktionen der
Programmiersprache (z.Z. fast ausschließlich LISP) benutzt
werden. Beispiele sind LOOPS (Xerox; [Bobrow 83]), KEE
(Intelli.Corp; [KEE 86]), Knowledge Craft (Carnegie Group; [KC
86]), ART (Inference Corperation [Clayton 85]) und BABYLON (GMD;
[diPrimio 85]). Da die meisten dieser Systeme noch (weiter)ent-
wickelt werden, fehlen Erfahrungen über Beschleunigung bei der
Programmentwicklung und Effizienz größerer Expertensysteme.

Für spezielle Problemklassen, insbesondere heuristische Diag-
nostik, werden schon komplette Steuersysteme angeboten, die die
Entwicklung von Expertensystemen auf den Aufbau einer
Wissensbasis reduzieren. Dazu gehören die Produkte von
Teknowledge (Stanford) M1 und S1, die aus EMYCIN [van Melle 80]
hervorgegangen sind, sowie EXPERT [Weiss 79] und MED1 [Puppe
83a]. Es ist zu erwarten, daß für besonders wichtige,
geschlossene Anwendungsgebiete (z.B. Medizin, Automotoren,
Computer) Shells angeboten werden, die einen großen Teil des
Grundwissens schon eingebaut haben (da dies zusätzlich Zeit
erspart) und so nur noch Spezialwissen über das intendierte
Anwendungsgebiet hinzugefügt werden muß.

2.5.2   Hardware

Die Programmiersprachen LISP und PROLOG laufen auf konventionellen Rechenanlagen relativ ineffizient. Dies führte zur
Konstruktion von Arbeitsplatzrechnern (LISP-Maschinen), die auf
LISP und die Bedürfnisse der Künstlichen-Intelligenz-Program-
mierung abgestimmt sind. Ihre Vorteile umfassen:

- kurze Antwortzeiten
- virtueller Speicher bis über ein Gigabyte
- attraktive Möglichkeiten zur Gestaltung der Benutzeroberfläche
  (Windowtechnik, Maus, Graphik)
- leichter Zugang zu allen Systemkomponenten (einschl. Betriebs-
  system, das in LISP geschrieben ist)
- umfangreiches Angebot an Sprachkonzepten (z.B. mehrere tausend
  Grundfunktionen, Flavourpaket)

Seit die Japaner sich in ihrem "Fifth Generation" Projekt für
PROLOG entschieden haben, werden große Anstrengungen zur
Entwicklung von PROLOG-Maschinen unternommen, die die in PROLOG
vorhandenen Möglichkeiten zur parallelen Ausführung ausnutzen und
die Unifikation hardwaremäßig unterstützen sollen.

2.5.3   Datenbanken

Während Expertensysteme sich bisher durch umfassende Inferenz-
fähigkeiten und relativ kleine Wissensbasen (bis 1.000.000 Byte)
auszeichnen, ist es bei Datenbanken gerade umgekehrt (große
Datenbestände bis 1.000.000.000 Byte und geringe Inferenzmöglichkeiten). Die Kopplung der attraktiven Eigenschaften von
Expertensystemen und Datenbanken (Effizienz, Datensicherheit,
Mehrbenutzerbetrieb, große, existierende Datenbasen) ist daher
ein vielbeachtetes, neues Forschungsgebiet unter den Namen
"Expert-Database-Systems" und "Knowledge-Based Management Systems" [Vassiliou 85, Brodie 84]. Die wichtigsten Ansätze sind:

- Erweiterung von Programmiersprachen (PROLOG) oder Experten-
  systemen um Mechanismen zur effizienten Datenverwaltung, z.B.
  [Pereira 82]
- Erweiterung von Datenbanksystemen um Inferenzmöglichkeiten,
  z.B. [Stonebraker 85].
- Lose oder enge Kopplung von eigenständigen Datenbank- und Ex-
  pertensystemen, z.B. [Härder 86].
- Etwas ganz Neues, z.B. [Smith 85].

3. Diagnostisches Problemlösen

Während die bekannteste Form der Diagnostik das Erkennen von Krankheiten ist, ist der Begriff nicht auf die Medizin beschränkt: Diagnostik ist das Erkennen der Klassenzugehörigkeit eines Objektes aufgrund von Beobachtungen. Das können Krankheiten in biologischen Systemen (z.B. Menschen, Tiere, Pflanzen, Ökosysteme), Fehler in technischen Systemen (z.B. Autos, Computer, Flugzeuge, Kraftwerke), Fehler in Produktions- verfahren oder sonstige komplexe Muster (z.B. Objekte bei der Bilderkennung, Stereotypen im Verhalten, Gegenstände in Katalogen) sein. Kennzeichnend für die Diagnostik ist, daß die Muster aus einer Menge von Alternativen ausgewählt werden und daß der Auswahlprozeß "schwierig" ist.

Das Zurückschließen von Beobachtungen (Symptomen) auf Systemzu- stände bzw. Objekte (Diagnosen), die die Beobachtungen hervorrufen, ist eine Form der Abduktion: Wenn eine Diagnose D die Symptomatik S verursacht, und S wird beobachtet, dann ist eine mögliche Erklärung D (Fig. 3.1).

Deduktion	Abduktion
D --> S D --------- S	D --> S S --------- D

Fig 3.1: Deduktion und Abduktion

Die Abduktion ist natürlich keine logisch zwingende Schluß- weise wie die Deduktion, da eine Wirkung viele Ursachen haben kann. Die dadurch bedingte Unsicherheit in der Diagnosebewertung läßt sich durch Auswertung zusätzlicher Daten reduzieren. Da die Symptomerhebung aufwendig und risikoreich sein kann, müssen Kosten und Nutzen diagnostischer Untersuchungen sorgfältig gegeneinander abgewogen werden, z.B. reichen in Routinefällen wenig Daten aus, während bei komplexen Problemen eine umfassendere Symptomerhebung erforderlich ist. Aufschlußreich ist auch die zeitliche Entwicklung von Symptomen und ihre Änderung unter dem Einfluß von Therapiemaßnahmen. Da der Diagnostiker nicht immer mit Diagnose und Therapie warten kann, bis alle relevanten Symptome erhoben sind, muß er plausible Hypothesen aufstellen und diese bei widersprüchlicher Evidenz wieder zurückziehen können. Die Situation verkompliziert sich dadurch, daß "Widersprüche" (z.B. je ein Symptom spricht stark für und gegen eine Diagnose) viele Ursachen haben können: außer einer falschen Interpretation gehören dazu Fehler bei der Symptomer- hebung, eine bisher unbekannte Ursache für eines der Symptome oder unzureichendes Wissen über das Anwendungsgebiet. Aus diesen Überlegungen ergeben sich folgende Anforderungen an ein Diagnosesystem:

> - Plausibilitätskontrolle der Eingabedaten
>
> - Diagnosebewertung mit unsicherem Wissen
>
> - Diagnosebewertung mit unvollständigem Wissen
>
> - Erkennen von Mehrfachdiagnosen
>
> - Adäquate Behandlung von Widersprüchen
>
> - Auswertung von Folgesitzungen
>
> - Kosteneffektive Symptomerhebung

Tab. 3.1: Diagnostikanforderungen (vgl. auch Tab. 1.1)

3.1 Übersicht über bisherige Ansätze

Die meisten bisherigen Programme zur Lösung diagnostischer Probleme lassen sich nach der Art ihres verwendeten Wissens in folgende Klassen aufteilen:

- Statistische Diagnostikprogramme
- Assoziative Diagnostik-Expertensysteme
- Modellbasierte Diagnostik-Expertensysteme

Die statistischen Ansätze behandeln primär nur das Problem der Diangosebewertung mit unsicheren Daten. Sie zeichnen sich durch eine hohe Objektivierbarkeit aus, wenn die vorhandenen Daten die statistischen Voraussetzungen erfüllen. Da sie sich grundlegend vom menschlichen Vorgehen unterscheiden, ist ihre Erklärungsfähigkeit gering.

Assoziative D-XPSe basieren auf Erfahrungswissen von Experten anstelle auf statistisch ausgewerteten Daten. Deswegen ist ihre Validierbarkeit wesentlich geringer als bei statistischen Ansätzen. Zu ihren Vorteilen gehören, daß sie alle Aspekte des diagnostischen Problemlösen behandeln können und breit einsetzbar sind, da kaum prinzipielle Voraussetzungen erfüllt sein müssen.

Während das Wissen assoziativer D-XPSe hauptsächlich aus Symptom-Diagnose-Assoziationen besteht, basieren modellbasierte D-XPSe auf kausalem Ursache-Wirkung-Wissen der Art: eine Störung führt zu bestimmten Symptomen. Der Diagnostikprozeß besteht darin, eine Erklärung für die beobachteten Symptome durch Simulation der Auswirkungen einer vermuteten Störung zu finden. Während monokausale Modelle zu assoziativen Repräsentationen äquivalent sein können, wird der Unterschied deutlich, wenn sich die Wirkungen verschiedener Ursachen überlagern. Dieses Phänomen,

das bei Mehrfachdiagnosen auftreten kann, ließe sich assoziativ
nur durch zusätzliche Regeln lösen, was zu einer kombinatorischen
Explosion der Regelmenge führen kann, während kausale Modelle in
der Lage sein sollten, den Kombinationseffekt herzuleiten.

Tab. 3.2 gibt eine Übersicht über die Eigenschaften der drei
Diagnostikansätze.

	Wissen	Lösbarkeit komplexer Probleme	Anwendungsspektrum	Effizienz	Qualität der Erklärung	Objektivierbarkeit
statistische & fallvergl. Ansätze	Falldaten	+	+ (+++)	++	+	+++ (+)
Assoziative D-XPSe	Erfahrungsregeln	++	+++	+++	++	+
Modellbasierte D-XPSe	Kausale Modelle	+++	++	+	+++	++

Tab. 3.2: Vergleich zwischen statistischer, assoziativer und mo-
modellbasierter Diagnostik (+ = gering, ++ = mittel, +++ = hoch)

In der hier verwendeten Systematik von Diagnostikansätzen fehlen
Flußdiagramme, die wir als eine kompilierte Form einer oder
mehrerer der anderen Wissensrepräsentationen auffassen. Ein
Flußdiagramm kann man sich als einen Baum vorstellen, dessen
innere Knoten Verzweigungen gemäß der Existenz bzw. Nichtexistenz
von Symptomen oder Zwischendiagnosen und dessen Blätter
Enddiagnosen oder Therapien repräsentieren. Die Verzweigungen
werden durch einfache kategorische Abfragen entschieden. Ihre
Rechtfertigung hingegen kann sich aus komplexen probabilistischen
Modellen der Entscheidungstheorie herleiten, die auf einer
Gewichtung aller möglichen Konsequenzen der verschiedenen
Optionen beruhen, die dann gemäß der Wahrscheinlichkeit ihres
Auftretens verrechnet werden (z.B. in der Medizin die Entschei-
dung zwischen Operation, weiterer Diagnostik und Abwarten).

Die Vorteile von Flußdiagrammen sind ihre konzeptuelle
Einfachheit und Effizienz. Sie können deswegen auch ohne Computer
von Menschen interpretiert werden.

Das Hauptproblem ist ihre Starrheit, die durch die unveränder-
liche Reihenfolge der Abfragen gegeben ist. Die Bedeutung einer
Abfrage ist nur in dem Kontext aller vorherigen Abfragen gegeben.
Deswegen ist bei einer Erweiterung des Flußdiagrammes die
Integration neuer Abfragen oder eine Umstrukturierung mit großem
Aufwand verbunden. Auch bei der Interpretation ergeben sich
Schwierigkeiten, wenn eine Abfrage nicht beantwortet werden kann
(z.B. weil die entsprechenden Daten nicht verfügbar sind), da ein

Flußdiagramm keine alternativen Ableitungspfade enthält. Aus diesen Gründen eignen sich Flußdiagramme nur für einfache oder vereinfachte Probleme. Ein Beispiel ist die systematische Anwendung von Flußdiagrammen auf die Diagnostik in der Inneren Medizin [Heisig 82], wo für die meisten der über hundert Leitsymptome ein einfaches Flußdiagramm zur Verdachtsgenerierung der wichtigsten Diagnosen gegeben wird.

3.1.1   Statistische und fallvergleichende Diagnostik-Ansätze

Der wichtigste statistische Ansatz zur computerunterstützten Diagnostik basiert auf dem Theorem von Bayes. Es erlaubt die Berechnung der Wahrscheinlichkeit einer Diagnose Di aus einer Menge von n Diagnosen für eine vorliegende Symptomatik S gemäß folgender Formel:

$$P(Di/S) = \frac{P(Di)\ P(S/Di)}{\sum_{j=1}^{n} P(Dj)\ P(S/Dj)}$$

P (Di)   = Apriori-Wahrscheinlichkeit der Diagnose Di
P (S/Di)   = bedingte Wahrscheinlichkeit des Auftretens der
               Symptomatik S, falls Di gegeben ist
P (Di/S)   = bedingte Wahrscheinlichkeit der Diagnose Di,
               falls die Symptomatik S gegeben ist

Während sich die Apriori-Wahrscheinlichkeit P (Di) leicht für alle Diagnosen aus Statistiken ermitteln läßt, gilt das für P (S/Di) nicht, da jeder Fall eine individuelle Symptomatik hat (z.B. bei 100 Symptomen mit je 5 Ausprägungen gibt es 10.000.000.000 verschiedene Symptomatiken). Zur Überwindung dieses Problems wird die Symptomatik S in ihre Einzelsymptome S1, ... , Sn aufgespalten und die Wahrscheinlichkeit P (Si/Di) für jede Einzelsymptom-Diagnose Kombination ermittelt. Das ergibt in obigem Beispiel eine Reduktion der erforderlichen bedingten Wahrscheinlichkeiten für eine Diagnose von 10.000.000.000 auf 500. Die Wahrscheinlichkeit der Gesamtsymptomatik für eine Diagnose P (S/Di) wird dann durch Multiplikation der Einzelwahrscheinlichkeiten errechnet:

$$P(S/Di) = P(S1/Di)\ \times\ P(S2/Di)\ \times\ ...\ \times\ P(Sn/Di)$$

Die Vereinfachung funktioniert jedoch nur, wenn die Symptome nicht miteinander korrelieren, d.h. wenn die Wahrscheinlichkeit des Auftretens eines Symptomes unabhängig von der Existenz aller übrigen Symptome ist. Diese Annahme ist jedoch meist nicht gerechtfertigt. Insbesondere macht sich folgendes Paradoxon bemerkbar: je mehr Symptome erfaßt werden (d.h. je feiner der Detaillierungsgrad ist), desto ungenauer wird die Anwendung von Bayes' Theorem, da die Abhängigkeit der Symptome untereinander zunimmt.

Eine andere Schwierigkeit besteht darin, Mehrfachdiagnosen zu erkennen, da die Anwendung der Bayes'schen Formel für jede Diagnose nur eine Wahrscheinlichkeit liefert und nichts darüber aussagt, ob die am besten bewerteten Diagnosen sich wechselseitig ausschließen oder koexistieren können.

In der Praxis wurden bisher Bayes-Programme nur für sehr kleine Bereiche mit wenigen, sich wechselseitig ausschließenden Diagnosen und wenigen Einzelsymptomen erstellt. Dabei gab es durchaus Erfolge (z.B. ein Programm zur Differentialdiagnose des akuten Bauchschmerzes [de Dombal 72]. Diese Erfahrungen zeigten zusätzliche praktische Probleme bei der Verwendung des Theorem von Bayes:

- Die Apriori-Wahrscheinlichkeiten der Diagnosen ändern sich von einer Klinik zur anderen erheblich (u.a. aufgrund der Vor- selektion, bis ein Fall in die Klinik kommt und auch entsprechend der Arbeitsteilung und Kompetenzzuordnung der Abteilungen in einer Klinik selbst).
- Insbesondere für seltene Diagnosen sind brauchbare Daten meist nicht verfügbar. Das Abschätzen der Wahrscheinlichkeiten durch Experten ist jedoch kein vollwertiger Ersatz: die Erfolgsquote des Programms von de Dombal halbierte sich etwa, wenn es mit geschätzten (anstelle der statistischen) Daten arbeitete.

Aufgrund dieser theoretischen und praktischen Beschränkungen eignet sich das Theorem von Bayes vor allem zum Vergleich zwischen wenigen Diagnosen (Differentialdiagnostik), für die gutes statistisches Datenmaterial vorhanden ist.

Die Anwendung von Bayes' Theorem in der obigen Form eignet sich nicht zur kosteneffektiven Symptomerhebung und zur Repräsentation von partiellem Wissen. Dazu gibt es folgende Verbesserungen:

- Die sequentielle Anwendung von Bayes' Theorem [Gorry 73], bei der zusätzlich zur diagnostischen Auswertung der Symptome berechnet wird, welches noch unbekannte Symptom die maximale diagnostische Information zur Differenzierung zwischen den am besten bewerteten Hypothesen liefert, bzw. ob eine Diagnose ohne weitere Symptomerfassung bereits hinreichend gesichert ist.
- Die Dempster-Shafer-Theorie [Gordon 85], die eine unabhängig von Bayes' Theorem entwickelte mathematische Evidenztheorie ist, mit der auch partielles Wissen in einer Diagnosehierarchie repräsentiert werden kann (z.B. wenn es Evidenz für eine Diagnoseklasse, aber keine Evidenz zur Differenzierung innerhalb der Klasse gibt).

Eine Alternative zum Theorem von Bayes bezüglich der Auswertung abgespeicherter Fälle ist die Selektion von solchen Fällen aus einer Datenbank, die einem zu diagnostizierenden Fall möglichst ähnlich sind. Die Ähnlichkeit wird durch den Vergleich von ausgewählten Kriterien ermittelt, die die abgespeicherten Fälle mit dem vorliegenden Fall gemeinsam haben müssen. Der Erfolg dieses Ansatzes hängt von der Formalisierung, Standardisierung und Vollständigkeit der abgespeicherten Fälle und dem Ähnlichkeitsmaß ab. Bisher wurde diese Technik nur zur Bestimmung von Therapie und Prognose einer gegebenen Diagnose versucht (z.B. ARAMIS für eine Rheumathologie-Datenbank [Fries 72]) und nicht zur Diagnostik, da die Symptomatik viel schwerer einheitlich formalisierbar ist, so daß ein Merkmalsvergleich möglich wäre. Falls eine Standardisierung der Symptomatik jedoch vorhanden ist (die durch die Entwicklung von heuristischen Expertensystemen begünstigt wird), ist die fallvergleichende Diagnostik eine äußerst attraktive Option, da das zentrale Problem des Wissenserwerbs auf das Abspeichern von Fällen reduziert wird. Zur Gewichtung der Unterschiede zwischen ähnlichen Fällen ist jedoch Zusatzwissen unverzichtbar.

Der Hauptnachteil der statistischen Methoden ist ihre Beschränkung auf einen Formalismus, der nur einen geringen Teil des Wissens berücksichtigt, welches Menschen zur Diagnostik verwenden (s. Kap 3.2). Deswegen eignen sie sich nur für sehr kleine bzw. hochgradig formalisierte Anwendungsbereiche, die die Voraussetzungen zur Anwendung der Methodik erfüllen, und können außerdem ihre Ergebnisse nicht verständlich erklären. Einen ausführlichen Überblick über statistische Diagnostik-Methoden in der Medizin enthält [Shortliffe 79].

3.1.2   Assoziative Diagnostik-Expertensysteme

Die Leitidee der wissensbasierten Ansätze ist die explizite Repräsentation von bereichsspezifischem Erfahrungswissen, das von menschlichen Experten kommt. Diagnostische Routineprobleme können Experten sehr schnell lösen, weil sie wissen, welche Merkmale des Problems relevant sind und über viele Assoziationen zwischen diesen Merkmalen und Diagnosen verfügen. Assoziationen lassen sich in natürlicher Weise durch Produktionsregeln darstellen, deren Zuverlässigkeit kategorisch, probabilistisch oder durch Angabe der Ausnahmen ausgedrückt werden kann. Außer als Produktionsregelsysteme kann man assoziative D-XPSe auch als frame-basierte Systeme beschreiben, wobei die Diagnosen Frames sind und ihre Regeln zugeordnete Prozeduren zu ihrer Verdachtsüberprüfung sind (s. Kap. 2). Wenn ein Diagnose-Frame durch Forward-Regeln getriggert wird, werden seine Prozeduren evaluiert und dabei eventuell weitere Symptome erfragt.

Im Vergleich zum Theorem von Bayes bieten assoziative D-XPSe vor allem folgende Vorteile:

- Bewertung von Symptomkombinationen in Regeln (anstelle der Beschränkung auf Bewertung von Einzelsymptomen)
- Repräsentation von Symptom- und Diagnosehierarchien (anstelle

der unstrukturierten Symptom- und Diagnosegruppen)
- dynamische Erweiterungsmöglichkeiten um zusätzliche Mechanismen

Im Vergleich zu Flußdiagrammen besitzen assoziative D-XPSe durch
ihre regelbasierte Wissensrepräsentation eine viel modularere
Struktur, die den iterativen Prozeß des Wissenserwerbs wesentlich
vereinfacht. Auch die starre Abarbeitungsreihenfolge und der vorgegebene Detaillierungsgrad der Daten in Flußdiagrammen läßt sich
in XPSen durch Diagnosenetzwerke und Regeln mit Ausnahmen
vermeiden.

Das schwerwiegenste Problem bei assoziativen D-XPSen ist der
aufwendige Wissenserwerb, der bisher nur über menschliche
Experten möglich ist. Wenn dafür gute Voraussetzungen gegeben
sind (s. Kap. 2.1.1 und 4.3.1), reichen die vorhandenen
Mechanismen aus, in begrenzten Anwendungsbereichen praktisch
einsetzbare Systeme zu entwickeln.

Für die folgenden Kurzbeschreibungen haben wir zum einen die
"klassischen" vier D-XPSe MYCIN/EMYCIN [Shortliffe 76, van Melle
80], CASNET/EXPERT [Kulikowski 82], PIP [Pauker 76] und
INTERNIST/CADUCEUS [Pople 82] ausgewählt und zum anderen drei
Diagnostik-Shells (PROSPECTOR/KES [Duda 80], MDX [Chandrasekaran
79] und MED1 [Puppe 83a]) hinzugenommen, die sich in ihrer
Vorgehensweise oder Wissensrepräsentation von den obengenannten
in mindestens einem Aspekt deutlich unterscheiden. Zusammenfas-
sende Darstellungen der klassischen D-XPSe finden sich auch in
[Szolovits 78; Barr 81, Vol 2, Kap. VIII; Patil 81, Kap. 1.5].

3.1.2.1   **MYCIN/EMYCIN**

Das bekannteste D-XPS und Vorbild für zahlreiche ähnliche Systeme
ist das an der Stanford University entwickelte MYCIN-Programm zur
Diagnostik und Antibiotika-Therapie Meningitis und von bakteriellen Infektionskrankheiten des Blutes, das später zu dem Shell
EMYCIN weiterentwickelt wurde. Diagnostik wird durch zielgerich-
teten, rückwärtsverketteten Aufruf von Produktionsregeln durchgeführt, mit dem übergeordneten Ziel, die richtige Therapie zu
finden. Alle Regeln, die zur Herleitung des gerade aktuellen
Zieles relevant sind, werden evaluiert, wobei ihre unbekannten
Prämissen entweder als Unterziel mit anderen Regeln hergeleitet
oder direkt vom Benutzer erfragt werden. Das Wissen wird durch
Zahlen zwischen 1 und -1 bewertet, die subjektive Wahrscheinlichkeiten repräsentieren. Dabei wird die Zuverlässigkeit der
fallspezifischen Fakten vom Benutzer und die Bewertung der
allgemeinen Regeln von Experten geschätzt, und die Schlußfolgerungen durch das "MYCIN-Modell" zur Verrechnung subjektiver
Wahrscheinlichkeiten hergeleitet [Shortliffe 75]; Kurzbeschrei-
bung in [Puppe 83a, Kap. 3.2.6].

Der Vorteil von EMYCIN ist die einfache uniforme Wissensrepräsentation: eine größere Menge gleichartiger Regeln, die sich auf Quadrupel der Form Objekt-Attribut-Wert-Wahrscheinlichkeit beziehen, wobei die Quadrupel Rohdaten, Datenabstraktionen, Grob- oder Feindiagnosen (s. Fig. 3.6) sein können.

Die Hauptnachteile liegen in der damit verbundenen, geringen Strukturierung des Wissens, d.h. keine Trennung zwischen Vorverarbeitung und diagnostischer Auswertung der Daten, keine explizite Repräsentation von Diagnosehierarchien; s. [Clancey 83], und in der einfachen Backward-Reasoning-Kontrollstruktur, die bedingt, daß die Vorgehensweise bei der Symptomerfassung implizit in der Reihenfolge der Regeln und in der Reihenfolge der Prämissen einer Regel festgelegt ist und das eine erschöpfende Tiefensuche ohne Verdachtsgenerierung durchgeführt wird.

3.1.2.2   CASNET/EXPERT

EXPERT ist ein aus CASNET entwickeltes Diagnostik-Shell, das sich gegenüber EMYCIN vor allem durch folgende Merkmale auszeichnet:

- Einteilung der Objekte in Symptome (findings) und Diagnosen (hypotheses) und Klassifikation der Regeln in die drei Typen finding-finding, finding-hypothesis und hypothesis-hypothesis.
- Trennung zwischen Symptomerfassungsstrategie und Auswertung von Regeln durch die Forward-Reasoning-Kontrollstruktur. Die Symptomerfassungsstrategie wird direkt durch die aktivierten Hypothesen gesteuert.

Die Nachteile von EXPERT sind sein einfaches Bewertungsschema für Hypothesen, das nur das Maximum der gefeuerten Regeln einer Diagnose berücksichtigt und das wegen fehlender Fokussierung für größere Anwendungen ineffiziente Forward-Reasoning.

Das Vorgängersystem von EXPERT, CASNET, ist ein Spezialsystem für die Glaukomdiagnostik und -therapie. Es verfügt über die Fähigkeit einer einfachen kausalen Interpretation der sogenannten "pathophysiologischen Zustände" (entspricht den Hypothesen in EXPERT) als Krankheitsprozesse, die als Pfade von Sequenzen pathophysiologischer Zustände definiert sind. Nach Abschluß der Herleitung der pathophysiologischen Zustände versucht CASNET eine minimale Menge von Pfaden zu finden, die alle etablierten Zustände umfassen und die nicht durch ausgeschlossene Zustände gesperrt sind. Jeder Pfad entspricht einem unabhängigem Krankheitsprozeß, und der letzte etablierte Zustand auf dem Pfad markiert den Schweregrad der Krankheit. Diese einfache kausale Interpretation ist jedoch nur in Anwendungsgebieten möglich, wo die pathophysiologischen Zustände in einer konstanten Reihenfolge auftreten und irreversibel sind (wie in der Glaukomdiagnostik), und fehlen deswegen in dem Shell EXPERT.

3.1.2.3   PIP

PIP, dessen Einsatzgebiet die Diagnostik von Ödemen ist, zeichnet sich im Vergleich zu EMYCIN und EXPERT vor allem durch sein differenzierteres Bewertungsschema für Diagnosen aus: PIP unterscheidet zwischen kategorischen und probabilistischen Bewertungskriterien, wobei letztere in den "Matching-Score" (wie stark sprechen die Symptome für die Diagnose) und den "Binding-Score" (wie vollständig kann die Diagnose die vorhandene Symptomatik erklären) differenziert werden.

PIP verfügt außerdem über eine einfache hypothetisch-deduktive Kontrollstruktur, bei der nur eine Teilmenge der Symptome einer Diagnose (die als "Trigger-Symptome" ausgezeichnet sind), die Diagnose aktivieren kann. Außer aktive und inaktive gibt es noch semiaktive Diagnosen, die inaktiv sind, aber durch alle ihre Symptome aktiviert werden können. Den Status der Semiaktivität bekommen alle Differentialdiagnosen einer aktiven Diagnose.

Von den klassischen D-XPSen simuliert PIP am besten die Vorgehensweise eines Arztes. Allerdings sind viele Mechanismen nur angedeutet und nicht ausgeführt, z.B. die Aufteilung der Diagnose-Diagnose Beziehungen in Komplikationen, kausale und assoziative Relationen, die aber alle gleich verarbeitet werden.

Ein Nachteil von PIP ist seine geringe Ausnutzung von differentialdiagnostischen Strategien, die weder bei der Symptomerfassung zur Fokussierung auf eine Gruppe von Differentialdiagnosen noch bei der Diagnosebewertung zum direkten Vergleich zwischen konkurrierenden Diagnosen dienen (stattdessen werden Diagnosen unabhängig voneinander nur durch Vergleich mit einem Schwellwert etabliert).

3.1.2.4   INTERNIST

Die Ausnutzung der Differentialdiagnostik ist die Stärke von INTERNIST, dessen Einsatzgebiet die gesamte Innere Medizin ist. Die Größe der Wissensbasis erfordert effiziente Mechanismen zur Generierung von Gruppen von Differentialdiagnosen (in den anderen, kleineren D-XPSen ist die Menge der Differentialdiagnosen durch die Beschränkung des Einsatzgebietes vorgegeben). In INTERNIST werden die aktivierten Diagnosen, die mindestens ein präsentiertes Symptom erklären können, in Gruppen partitioniert, die jeweils um die Erklärung derselben Symptome konkurrieren. Von den verschiedenen differentialdiagnostischen Gruppen wird eine ausgewählt, um durch zusätzliche Fragen die beste Diagnose innerhalb der Gruppe zu ermitteln. Als Etablierungskriterium wird der Abstand zwischen dem Spitzenreiter und der zweitbesten

Hypothese genommen. Da sich durch neuhinzukommende Symptome die Aufteilung in differentialdiagnostische Gruppen ändern kann, wird der Partitionierungsalgorithmus nach Erfassung von jedem neuen Symptom wiederholt. Das führt häufig zu Verschiebungen der prioritären differentialdiagnostischen Gruppen und deswegen zu einem sprunghaften Symptomerfassungsverhalten.

Der Hauptnachteil von INTERNIST ist jedoch seine unstrukturierte Wissensrepräsentation, die einen Ausbau der Wissensbasis sehr erschwert: seine "Regeln" erlauben keine Kombination von Symptomen in ihrer Vorbedingung, INTERNIST hat keine Mechanismen zur Datenabstraktion, die Symptome sind deswegen oft komplexe Zustände ohne innere Struktur, z.B. "abdomen tenderness right upper quadrant <non hepatic>"). Ein anderes Problem von INTERNIST ist, daß Abhängigkeiten zwischen verschiedenen differentialdiagnostischen Gruppen nicht berücksichtigt werden, deswegen das Herausfinden der relevanten Gruppe oft ein langwieriger Prozeß ist.

INTERNIST ist der "Dinosaurier" unter den medizinischen Diagnostik-Systemen — es hat die mit Abstand größte und interessanteste Wissensbasis, aber es ist wegen seiner an Bayes' Programme erinnernden Wissensdarstellung kaum erweiterungsfähig. Das Nachfolgesystem CADUCEUS ändert nichts an der Wissensrepräsentation der Symptome und Regeln, sondern verbessert nur den Partitionierungsalgorithmus unter Ausnutzung einer strukturierten Repräsentation der Diagnoseheterarchie, wobei zwischen nosologischen (taxonomischen) und pathophysiologischen (funktionalen) Beziehungen der Diagnosen unterschieden wird (ausführliche Beschreibung s. Kap. 3.1.3.1).

3.1.2.5 MDX

Die Architektur von MDX beruht auf der Annahme, daß das gesamte bereichsspezifische Wissen streng hierarchisch organisierbar ist. Wenn eine Diagnose etabliert worden ist, werden ihre Nachfolger aktiviert, die zunächst entscheiden, ob sie zuständig sind und gegebenenfalls umfassend untersucht werden (Establish-Refine-Paradigma, s. Tab 2.1). Obwohl eine streng hierarchische Organisation wegen ihrer strukturellen Einfachheit und Effizienz sehr attraktiv ist, deuten die psychologischen Untersuchungen auf ihre Inadäquatheit für komplexe Anwendungsbereiche hin, die sich besser durch multiple Hierarchien oder Netzwerke beschreiben lassen. Das Haupteinsatzgebiet von MDX, das Lebersyndrom Cholestase (Gallenstau), läßt sich jedoch verhältnismäßig gut durch eine strenge Hierarchie beschreiben.

Ein sehr attraktives Merkmal von MDX ist seine klare Trennung zwischen Vorverarbeitung und diagnostischer Auswertung der Daten. Für die Interpretation der Rohdaten besitzt MDX zwei Subsysteme: PATREC für "normale" Vorverarbeitung (einschließlich Repräsentation und Interpretation einfacher zeitlicher Relationen) und RADEX zur Auswertung von Röntgenbildern, wofür RADEX spezielles anatomisches Wissen besitzt.

3.1.2.6   PROSPECTOR

PROSPECTOR ist ein Versuch, die Exaktheit des Theorems von Bayes bei der Verrechnung von Unsicherheiten mit der Flexibilität von Expertensystemen zu verknüpfen. Die Wissensrepräsentation ist ähnlich wie bei MYCIN ein semantisches Netz von uniformen Objekten, die Symptome, Symptominterpretationen, Grob- und Feindiagnosen repräsentieren. Die Regeln besitzen jedoch keine subjektiven Evidenzwerte, sondern exakte Übergangswahrscheinlich- keiten, die nach einer Variante des Theorems von Bayes verrechnet werden. Bei jedem neuen Symptom werden deren Auswirkungen auf die Wahrscheinlichkeitsverteilung durch das gesamte Netz propagiert.

Der Hauptanwendungsbereich von PROSPECTOR ist das Wiedererkennen geologischer Formationen, die Bodenschätze vermuten lassen.

Nach Eingabe der Grundinformationen konzentriert sich PROSPECTOR auf eine mögliche Formation, für deren genauere Überprüfung durch Backward-Reasoning zusätzliche Daten erfragt werden.

Für PROSPECTOR gilt im Prinzip dieselbe Kritik wie für MYCIN. Sein besonderes Merkmal, die Benutzung einer Variante des Theorems von Bayes zum Umgang mit Unsicherheiten (statt des Modells von MYCIN, das einen geringeren Exaktheitsanspruch stellt), kann aus folgenden Gründen nicht die gewünschte Präsizion bringen:

- Wie in fast allen Anwendungen des Theorem von Bayes wird auch
  in PROSPECTOR die nur bedingt gültige Annahme gemacht, daß
  zwischen den Symptomen keine Korrelationen bestehen.
- Die meisten Wahrscheinlichkeitswerte (insbesondere die, die
  der Benutzer bei der Symptomeingabe angibt) sind geschätzt.
  Das Gesamtergebnis kann nicht genauer sein, als die einzelnen
  Schätzungen.
- PROSPECTOR benutzt in seinem semantischen Netz außer positi-
  ven auch negative Übergangswahrscheinlichkeiten. Bei der
  Anwendung des Theorems von Bayes dürfen aber negative
  Symptom-Diagnose Wahrscheinlichkeiten nicht als konstant
  angesehen werden [Szolovits 78, S. 121].

3.1.2.7   MED1

Das D-XPS Shell MED1 zeichnet sich vor allem durch seine konsequente Realisierung der hypothetisch-deduktiven Kontrollstrategie aus, die durch einen speziellen, datengesteuert ausgewerteten Regeltyp zur Verdachtsgenerierung gewährleistet ist. Die jeweils aktive Verdachtsdiagnose wird durch eine Agenda ermittelt, in der alle Diagnosen nach der Stärke ihres Verdachtes geordnet sind. Das Problem eines sprunghaften Frageverhaltens aufgrund schnell wechselnder Verdachtshypothesen, das bei PIP und INTERNIST auftritt, wird in MED1 durch die Einteilung der Backward-Regeln einer Diagnose in Pakete gelöst, die jeweils eine aussagekräftige Teilmenge der Symptomatik repräsentieren und die als eine Einheit erfragt werden. Erst nach der Abarbeitung eines Regelpaketes wird überprüft, ob die augenblickliche Verdachtshypothese zugunsten einer anderen zurückgestellt werden soll. Die für die Symptomerfassung besonders wichtige Indikation aufwendiger diagnostischer Untersuchungen, deren Auswertung gerade einem Regelpaket entspricht, kann in MED1 durch eine fallspezifische Kosten/Nutzen Analyse vorgenommen werden.

Eine weitere Besonderheit von MED1 ist sein Punkteschema zur Bewertung von Hypothesen, bei der auch das Verrechnungsschema der Punkte von verschiedenen Regeln einer Diagnose durch den Experten festgelegt werden kann (bei den anderen D-XPSen ist das Verrechnungsschema fest in das Programm eingebaut).

Für MED1 wurden Wissensbasen in folgenden Bereichen entwickelt:

- Brustschmerzdiagnostik [Puppe 84a, 85a]
- Diagnostik des Ottomotors und seiner Aggregate (MODIS) [Borrmann 83]
- Diagnostik an Motorprüfständen (IXMO) [Puppe 85c]
- Diagnostik von Hardwarefehlern [Puppe 85c]
- Datenbanktuning (SIUX) [Puppe 85c]
- Prozeßdiagnostik bei Beschichtungsverfahren (unveröffentlicht)

Während sich die hypothetisch-deduktive Kontrollstruktur in den unterschiedlichen Anwendungsgebieten sehr bewährt hat, wurden die verschiedenen, in MED1 möglichen Formen der Evidenzverstärkung nicht genutzt. Stattdessen haben sich die Experten jeweils auf eine Form der Evidenzverstärkung festgelegt und diese nicht mehr verändert.

3.1.3   Modellbasierte Diagnostik-Expertensysteme

Kausale Modelle sind eine eher deklarative Form der
Wissensrepräsentation, mit denen Struktur, Verhalten und Funktion
eines Systems relativ unabhängig von einer konkreten Problemstel-
lung beschrieben werden. Zur Illustration geben wir ein Beispiel
eines einfachen pathophysiologischen Modelles einer Krankheit
(Fig. 3.2), das die Folge von Zuständen beschreibt, die von einer
zugrundeliegenden Ursache zu den mit der Krankheit verbundenen
Symptomen führt (wir orientieren uns im folgenden an der
medizinischen Terminologie, die jedoch direkt auf technische
Systeme übertragbar ist:
Physiologie = Funktionsweise eines Systems und
Pathophysiologie = fehlerhafte Funktionsweise eines Systems).

Einige Regeln für Angina Pectoris ohne probabilistische
Bewertung aus der Brustschmerzwissensbasis von MED1 [Puppe 84a]:

Schmerzverstärkung = körperliche Anstrengung
Schmerzverstärkung = Aufregung
Schmerzabschwächung = körperliche Ruhe
Schmerzabschwächung = Nitroglycerin
Anzahl der Risikofaktoren (Rauchen etc.) = hoch

Ein einfaches pathophysiologisches Modell zur Erklärung
dieser Regeln:

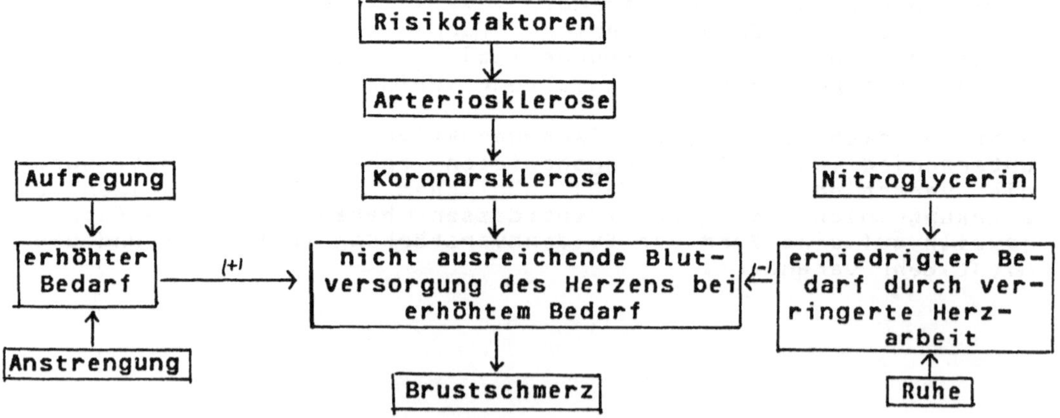

Fig. 3.2: einfaches pathophysiologisches Modell zur Erklä-
          rung assoziativer Regeln von Angina Pectoris

Erläuterung: Die Risikofaktoren Übergewicht, Bewegungsmangel,
Rauchen, Diabetes und Bluthochdruck führen in Abhängigkeit vom
Alter zur Arteriosklerose (Verhärtung der Blutgefäße), wovon
insbesondere auch die das Herzen versorgenden Koronararterien
betroffen sind. Aufgrund des verminderten inneren Durchmessers

und der geringeren Elastizität können die sklerotischen Koronararterien einen erhöhten Blutbedarf des Herzens nicht befriedigen, was die Brustschmerzen verursacht.

Ursache für einen erhöhten Blutbedarf des Herzens sind z.B. körperliche Anstrengung und Aufregung. Die Unterversorgung des Herzens mit Blut kann kurzfristig durch Nitropräparate wie Nitroglycerin ausgeglichen werden, die eine Reduktion der Herzarbeit bewirken.

Ein komplizierteres Modell für Angina Pectoris würde von dem physiologischen Modell des gesunden Kreislaufs ausgehen und zeigen, welche pathologischen Veränderungen zur Angina Pectoris führen.

Ein physiologisches Modell hat den Vorteil, daß Krankheiten, die in dem pathophysiologischen Modell explizit beschrieben werden müssen, sich als Fehlverhalten bestimmter Komponenten beschreiben lassen. Selbstverständlich gibt es nicht nur ein (patho)physiologisches Modell, sondern beliebig viele Abstraktionsebenen. Je detaillierter ein kausales Modell ist, desto mehr Wechselwirkungen kann es berücksichtigen und daher manche Erklärungen ausschließen, die mit einem einfachen Modell plausibel erscheinen.

Wenn in einem kausalen Modell verschiedene Erklärungen für gegebene Symptome existieren, wird als Entscheidungskriterium "Occam's Razor" benutzt, d.h. die einfachste Erklärung (z.B. die mit der geringsten Anzahl unabhängiger pathologischer Prozesse) ist die beste.

Ein kausales Modell kann als ein System von miteinander in Beziehung stehenden Objekten (Komponenten) beschrieben werden. Die Komponenten können Attribute (Variablen) besitzen, die ihren Zustand charakterisieren und ihr Verhalten beeinflussen. Das Verhalten läßt sich häufig als Relation (Constraint) zwischen ihren Eingabe- und Ausgabewerten beschreiben. Auf einer niedrigen Abstraktionsebene ist es möglich, daß Verhalten einer Komponente aus seiner physikalischen (geometrischen) Struktur herzuleiten. In einem Gesamtsystem hat eine Komponente meist eine bestimmte Funktion, die ihr Sollverhalten beschreibt. Die Feststellung der Unterschiede zwischen dem Sollverhalten und dem tatsächlichen Verhalten ist ein wichtiges Problem in vielen Anwendungsbereichen.

Die Beschränkungen kausaler Modelle liegen im unvollständigen Wissen und in ihrer Ineffizienz. Kein kausales System kann alle Wechselwirkungen berücksichtigen, die in einem System auftreten können (weil das Wissen unzureichend ist und weil die Beschreibung zu komplex würde). Insbesondere fehlt in kausalen Modellen meistens Wissen über die Wahrscheinlichkeit des Auftretens möglicher Ereignisse, die unter anderem auch von der Vorgeschichte des Systems abhängt (z.B. den Umweltbedingungen, denen es ausgesetzt war). Daher können kausale Modelle nur mögliche Erklärungen liefern, die durch Erfahrungswissen validiert werden müssen.

Selbst in Bereichen, wo sehr gute kausale Modelle für ein System existieren, z.B. in der KFZ-Diagnostik, spricht die Ineffizienz der Simulation eines detaillierten Modelles gegen seine routinemäßige Verwendung. Die Ineffizienz bezieht sich sowohl auf die Menge der benötigten Daten über den genauen Systemzustand als auch auf den Rechenaufwand für die Simulation. Wenn z.B. ein KFZ-Meister zweimal hintereinander bei einem bestimmten Motortyp denselben Fehler festgesellt hat, wird er beim dritten Motor mit ähnlichen Symptomen sofort diesen Fehler vermuten, ohne die kausalen Mechanismen zu berücksichtigen.

In der Praxis sind die existierenden modellbasierten Expertensysteme noch ausschließlich Forschungsprototypen, die in kleinen, sorgfältig ausgewählten Anwendungsgebieten getestet werden – im Gegensatz zu den teilweise schon industriell einsetzbaren assoziativen Expertensystemen. Kriterien für die Einteilung von modellbasierten Expertensystemen sind die Art des verwendeten Modells (pathophysiologisch oder physiologisch) und die Darstellungsebene (qualitativ oder quantitativ; Bestimmung von Zuständen oder von Zustandsänderungen). Die Komplexität des Modells ergibt sich aus der Berücksichtigung verschiedener Aspekte kausaler Beziehungen. Dazu gehören:

- Multiple gleichzeitige Ursachen für einen Zustand (erfordert
  Repräsentation von Schweregraden von Zuständen und die Fähig-
  keit zur Summation der Einzeleffekte)
- Verschiedene Arten von Beziehungen: z.B. linear, multiplikativ,
  Schwellwerteffekt, reversibel, irreversibel
- Abhängigkeiten von verstärkenden oder abschwächenden Faktoren
  (Katalysatoreffekt) und von Randbedingungen
- Rückkopplungsschleifen
- Zeitliche Beziehungen zwischen Ursache und Wirkung (z.B. gleich-
  zeitig, verzögert, überlappend, etc.)
- Verschiedene Abstraktionsebenen

Im folgenden diskutieren wir einige Systeme, die verschiedene Typen von kausalen Modellen benutzen:

- CADUCEUS (Diagnostik in der Inneren Medizin): einfaches
  qualitatives, pathophysiologisches Modell [Pople 82]
- ABEL (Diagnostik von Elektrolyt und Säure/Base Störungen):
  quantitatives, pathophysiologisches Modell [Patil 81]
- Long's System (Vorhersage von Therapieeffekten bei Herzinsuffizienz): qualitatives, physiologisches Modell [Long 86]
- Davis' System (Diagnostik von einfacher Hardware): quantitatives, physiologisches Modell [Davis 84]

3.1.3.1   CADUCEUS

Der Unterschied zwischen CADUCEUS und seinem rein assoziativem Vorgängersystem INTERNIST ist die Repräsentation und Verwendung einer umfassenden Diagnoseheterarchie, in der es zwei Typen von Beziehungen zwischen Pathokonzepten gibt:

- Nosologische (hierarchische) Beziehungen: A ist eine Unterdiagnose von B, wenn A spezieller ist und mindestens ein wichtiges Symptom mit B gemeinsam hat
- Pathophysiologische Beziehungen: A ist durch B verursacht

Weitere Aspekte der Beziehungen (s.o.) werden nicht dargestellt; es werden auch keine Schweregrade von Pathokonzepten repräsentiert.

Die Inferenzstrategie von CADUCEUS besteht darin, zunächst einige allgemeine Pathokonzepte direkt aufgrund der vorhandenen Symptomatik zu etablieren. Zwar gibt es kaum Symptome, die typisch (pathognomonisch) für Feindiagnosen sind, aber durchaus pathognomonische Symptome für Grobdiagnosen (z.B. Gelbsucht für Lebererkrankung oder akutes Fieber für Infektion). In der zweiten Phase versucht CADUCEUS, eine möglichst einfache Erklärung für die so etablierten Pathokonzepte zu finden. Dazu verwendet es sechs verschiedene Syntheseoperatoren, die die verschiedenen primitiven Verknüpfungsmöglichkeiten zweier Knoten (Symptom oder Pathokonzept) in dem Netzwerk über nosologische und pathophysiologische Beziehungen repräsentieren:

(1,2) A ist Unterdiagnose bzw. Ursache von B
(3,4) A und B haben gemeinsame Ursache bzw. Unterdiagnose
(5)   A hat als Ursache eine Unterdiagnose von B
(6)   A und B haben Ursachen, von denen die eine die Unterdiagnose der anderen ist

Zur Effizienzsteigerung bei der Suche nach Verbindungen zwischen Knoten, die die Anwendung mehrerer Syntheseoperatoren erfordern, verfügt CADUCEUS noch über "Planungsbeziehungen". Sie verbinden einen Knoten mit allen Grobdiagnosen, bei denen es vom Knoten zu mindestens einer Unterdiagnose der Grobdiagnose einen kausalen Pfad gibt. Planungsbeziehungen werden beim Aufbau der Wissensbasis automatisch generiert.

Durch die Verwendung pathophysiologischer Beziehungen ist CADUCEUS wesentlich besser als INTERNIST in der Lage, kohärente Erklärungen für Symptome aus verschiedenen Organsystemen zu finden. Da jedoch die Repräsentation der kausalen Beziehungen äußerst grob ist (Existenz oder Nichtexistenz ohne die Qualifikation durch zusätzliche Bedingungen; s.o.), ist die endgültige Entscheidung über die Etablierung eines Pathokonzeptes probabilistisch wie in INTERNIST. Die pathophysiologische und nosologische Heterarchie dient hauptsächlich zu einer im Vergleich zu INTERNIST wesentlich verbesserten Verdachtsgenerierung.

3.1.3.2   ABEL

ABEL benutzt ein wesentlich präziseres pathophysiologisches
Modell als CADUCEUS. Seine besonderen Merkmale umfassen
Krankheitsbeschreibungen auf verschiedenen Abstraktionsebenen und
die Entwicklung von Techniken zur quantitativen Summation
verschiedener Effekte auf den Schweregrad eines Zustandes. Die
Verwendung einer quantitativen Beschreibungsebene ist in ABEL
möglich, da sein Anwendungsbereich, nämlich Störungen im
Säure/Base und Elektrolythaushalt, eines der wenigen medizinischen Gebiete ist, in dem sich die pathophysiologischen Zustände
mittels Laborwerten quantitativ errechnen lassen und auch die
kausalen Beziehungen hinreichend präsize verstanden sind.

Die globale Vorgehensweise von ABEL ist wie folgt: Aufgrund der
Eingabelabordaten, PH-Wert und Konzentration verschiedener
Elektrolyte: Na, K, Cl, HCO3, pCO2, konstruiert ABEL alle
konsistenten patientenspezifischen Modelle (PSM's). Ein PSM
repräsentiert eine Menge von pathophysiologischen Zuständen
einschließlich ihrer Schweregrade und der kausalen Beziehungen
zwischen ihnen, die insgesamt eine konsistente Erklärung für die
beobachteten Symptome des Patienten sind. PSM's werden nach der
kleinsten Anzahl der unerklärten Zustände bewertet, die sie
enthalten. Anschließend sucht ABEL für die besten ein oder zwei
PSM's Diagnosen (coherent hypotheses, CH's), die die unerklärten
pathophysiologischen Zustände verursachen können. Die CH's
postulieren meistens noch weitere, bisher nicht im PSM vorhandene
Zustände, deren Symptome zur Unterscheidung zwischen den
möglichen Hypothesen erfragt werden. Die Bewertung von Hypothesen
geschieht nach strukturellen Kriterien ohne Gebrauch probabilistischer Evidenzwerte: für eine Hypothese sprechen die Anzahl der
Zustände im PSM, die die Hypothese erklären kann; gegen sie die
Anzahl von Zuständen, die postuliert, aber nicht im PSM
instantiiert sind.

Ein pathophysiologischer Zustand besitzt verschiedene Attribute
wie Schweregrad, Startzeit und Dauer. Die kausalen Beziehungen
zwischen verschiedenen Zuständen werden durch Constraints
(mapping relations) dargestellt, die in beiden Richtungen
(Ursache --> Wirkung und Wirkung --> Ursache) ausgewertet werden
können. Ein Constraint (Fig. 3.3) ist als eine Menge von
LISP-Funktionen implementiert, die die Attribute des einen
Zustandes aus den Attributen des anderen Zustandes berechnen.
Zusätzlich können Kontext- und Default-Bedingungen für einen
Constraint angegeben werden.

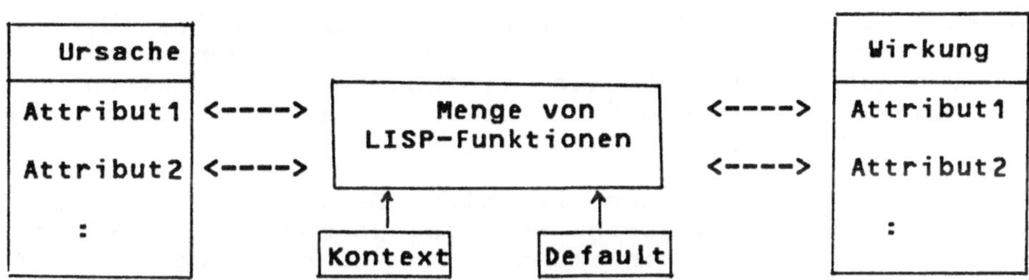

Fig. 3.3: Mapping-Relation in ABEL zwischen zwei pathophy-
siologischen Zuständen (Ursache und Wirkung)
Beispiele für Attribute eines Zustandes sind
Schweregrad, Startzeit und Dauer.

Die kombinierte Wirkung von verschiedenen Ursachen auf einen
Zustand bestimmt ABEL durch "Komponentensummation". Jede
Komponente repräsentiert den Anteil des Gesamtzustandes, der von
einer Ursache kommt. Die Verknüpfung erfolgt durch eine
"mapping-relation", die typischerweise die Schweregrade addiert
sowie das Minimum der Startzeiten und das Maximum der jeweiligen
Dauer der einzelnen Komponenten nimmt. Durch die Fähigkeit zur
Komponentensummation kann ABEL auch Rückkopplungsschleifen
repräsentieren (kausale Beziehungen, bei denen ein Zustand über
verschiedene Zwischenzustände auf sich selbst verstärkend oder
abschwächend zurückwirkt), die in der Funktionsweise von
biologischen Systemen eine überragende Rolle spielen (s. Fig.
3.4). Allerdings kann die Stärke der Rückkopplungsschleife nur
approximiert werden.

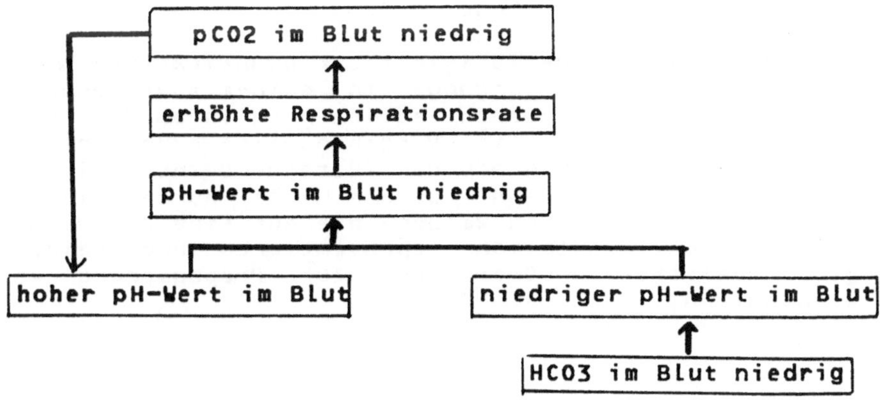

Fig. 3.4: Rückkopplungsschleife in ABEL (aus [Patil 81, S. 74])

Die Repräsentation des pathophysiologischen Modells auf
verschiedenen Abstraktionsebenen erreicht ABEL dadurch, daß es
spezielle Zustände als Landmarken (focal nodes) auszeichnet. Auf
der höchsten Abstraktionsebene werden nur die kausalen

Beziehungen zwischen den Landmarken dargestellt, die auf niedrigeren Ebenen durch schrittweises Hinzufügen von Zwischenzuständen und ihrer Beziehungen einschließlich Rückkopplungsschleifen immer mehr verfeinert werden, bis sie auf der untersten Ebene vollständig dargestellt sind.

Die Integration einer neuen kausalen Beziehung ist nur auf der untersten Abstraktionsebene möglich, da nur auf dieser Ebene die (quantitative) Komponentensummation durchführbar ist. Ein neuer Befund wird wie folgt in das PSM aufgenommen: Zunächst dient er zur Etablierung eines pathophysiologischen Zustandes auf der obersten Abstraktionsebene. Dieser wird bis auf die unterste Ebene "elaboriert", damit seine Auswirkungen auf andere Zustände berechnet werden können, indem die zugehörigen kausalen Beziehungen instantiiert und mit den Wirkungen der bereits vorhandenen kausalen Beziehungen durch Komponentensummation verrechnet werden. Die Änderungen auf der untersten Abstraktionsebene werden anschließend auf den oberen Ebenen "aggregiert".

Insgesamt besitzt ABEL folgende fünf Operatoren zur Erweiterung und Konsistenzerhaltung seines PSM's:

Initial formulation:	Formulierung des PSM aufgrund der initialen Labordaten
Aggregation:	Zusammenfassung der Daten von einer niedrigen zur höheren Abstraktionsebene
Elaboration:	Umkehrung der Aggregation
Component summation:	Verrechnung der Wirkungen verschiedener Ursachen auf einen Zustand
Projection:	Erweiterung des PSM durch Hinzufügen von Hypothesen zur Erklärung unerklärter Zustände im PSM

ABEL's Stärke ist seine Fähigkeit zur quantitativen Simulation der pathopysiologischen Vorgänge in seinem Anwendungsbereich. Es bewertet Hypothesen ausschließlich nach ihrem Erklärungswert in dem aktuellen PSM. Seine Vorgehensweise hängt entscheidend davon ab, daß die Schweregrade der Zustände quantitativ bestimmt werden können. Das kann auch nicht durch die höheren Abstraktionsebenen umgangen werden, die nur eine Zusammenfassung der detaillierten Simulation repräsentieren und keine eigenständigen, qualitativen Operatoren zur Propagierung kausaler Effekte enthalten.

3.1.3.3   Long's System

In den meisten medizinischen Teilgebieten lassen sich die internen Zustände nicht so leicht quantitativ bestimmen wie in ABEL. Wenn trotzdem die kausalen Beziehungen zwischen den Zuständen hinreichend gut bekannt sind, ist es möglich, eine qualitative Simulation durchzuführen, bei der nur die Richtung der Änderung eines Zustandes (verstärkend oder abnehmend) und nicht sein absoluter Wert hergeleitet wird. Ein entsprechendes physiologisches Modell mit qualitativer Simulation ist in Long's System zur Vorhersage von Therapieeffekten bei Herzinsuffizienz implementiert.

Seine globale Vorgehensweise besteht darin, daß zunächst einige wichtige Parameter des physiologischen Modells durch Daten des Patienten (z.B. Pulsfrequenz, Arteriosklerose der Koronar- arterien) abgeleitet werden. Dann wird eine mögliche Therapie der Beschwerden (z.B. Betablocker) auf ihre positiven Effekte und Nebenwirkungen bei dem speziellen Patienten überprüft. Die Thera- pie beeinflußt primär bestimmte Parameter in dem physiologischen Netzwerk, deren Änderungen (und nicht deren Absolutwerte wie in ABEL) propagiert werden. Das Ergebnis sind die Auswirkungen der Therapie auf alle repräsentierten Zustände im Modell.

Die Stärke der Änderung eines Zustandes wird durch positive oder negative Zahlenwerte repräsentiert, die durch Summierung aller Einflüsse von anderen Zuständen berechnet werden. Der Einfluß von einem anderen Zustand wird durch eine positive oder negative Stärke X qualifiziert (X = {-3/2, -1, -1/2, +1/2, +1, +3/2} mit der Bedeutung: der Gewinn des Zustandes be- trägt das X-fache der Änderung der Ursache). Das Hauptproblem ist die Repräsentation der verschiedenen Typen von Beziehungen zwischen den Parametern; sie umfassen:

- Mehrfach-Beziehungen (z.B. zwischen Pulsfrequenz und Herzmi- nutenvolumen: 1) Pulsfrequenz X Herzschlagvolumen = Herzmi- nutenvolumen. 2) je höher die Pulsfrequenz, desto geringer das Schlagvolumen)
- additive Beziehungen
- multiplikative Beziehungen
- nicht-lineare Beziehungen (z.B. Frank-Sterling-Beziehung: Wenn der Blutdruck des einlaufenden Blutes in die Herzkammer niedrig ist, dann hat steigender Blutdruck starken Einfluß auf das Schlagvolumen. Wenn der Blutdruck des einlaufenden Blutes in die Herzkammer hoch ist, dann hat steigender Blutdruck wenig zusätzlichen Einfluß auf das Schlagvolumen)
- Beziehungen, die Zeit erfordern (z.B. die Verstärkung der Herzmuskulatur wegen Herzinsuffizienz)

In Long's System werden alle Typen von Beziehungen linear approximiert und nichtlineare Beziehungen in annähernd lineare Abschnitte aufgeteilt. Die Aufteilung hängt von den Werten der beteiligten Parameter ab (in den obigen Beispielen von der Pulsfrequenz bzw. von dem Blutdruck des in die Herzkammer einlaufenden Blutes). Um bei einer Simulation den gültigen Abschnitt der Beziehung zu ermitteln, von dem die Stärke der Beziehung abhängt, muß daher der tatsächliche Zustand (und nicht nur die Zustandsänderung der relevanten Parameter bekannt sein; es reichen qualitative Angaben wie normal, hoch, niedrig, etc. Long gibt an, daß diese Parameter gerade solche sind, die dem Arzt geläufig und deren Werte herleitbar sind.

Alle Beziehungen haben ein Attribut, das die Größenordnung der
Zeit angibt, die zur Ausprägung des Effektes erforderlich ist.
Dabei wird angenommen, daß bei wesentlich kleineren Zeitinter-
vallen der Effekt vernachlässigbar ist.

Die große Menge von Rückkopplungsschleifen (über 150) und der
hohe Vernetzungsgrad (zwischen zwei Zuständen kann es über 70
Pfade geben) erfordern einen effizienten Inferenzmechanismus.
Dazu adaptiert Long einen Algorithmus zur Analyse von
Signalflüssen mit mehrfachem Input und Output [Mason 56] zur
Simulation seines Netzwerkes, was möglich ist, da Long nur
(abschnittweise) lineare Beziehungen verwendet. Die Details des
Algorithmus sind in [Long 86] beschrieben. Kausale Beziehungen,
die Zeit erfordern, werden nur dann berücksichtigt, wenn das
Zeitintervall, in dem die Simulation stattfindet, entsprechend
groß gewählt wurde.

Die Simulation hat nur geringen Erklärungswert, wenn alle
vorhandenen Einflüsse zwischen den Zuständen gezeigt werden, da
die meisten wegen der vielen Rückkopplungsschleifen stark
gedämpft sind oder sich wechselseitig aufheben. Die Erklärungskomponente von Long's System ist deshalb in der Lage, die
wichtigsten Pfade zwischen zwei Zuständen (der stärkste Pfad und
weitere Pfade, deren Stärke einen wählbaren Prozentsatz des
stärksten Pfades nicht unterschreitet) graphisch hervorzuheben.
Weiterhin wird die Stärke einer Zustandsänderung nicht durch den
Zahlenwert, sondern durch einen daraus hergeleiteten, qualitativen Wert (schwach erhöht, erhöht, stark erhöht bzw. erniedrigt)
angegeben.

Ein Nachteil von Long's System ist, daß der Ableitungsprozeß
selbst nicht erklärbar ist, was teilweise durch den
Detaillierungsgrad des Modelles bedingt ist, der sicherlich
wesentlich höher ist, als der Detaillierungsgrad der Modelle von
Ärzten. Insbesondere Pfade, die sehr viele Rückkopplungsschleifen
berühren, könnten ignoriert werden, da ihr Effekt äußerst gering
ist. Dies würde die Überschaubarkeit des Modells verbessern. Ein
anderes offenes Problem ist die Approximation der nichtlinearen
in abschnittweise lineare Beziehungen, da der anfangs zutreffende
Abschnitt nicht konstant bleiben muß und sich der den Abschnitt
bestimmende Parameter insbesondere über Rückkopplungsschleifen
selbst beeinflußen kann.

3.1.3.4   Davis' System

Der Anwendungsbereich von Davis' System ist die Diagnostik
von (einfacher) digitaler Hardware, die sich (besser als
die bisher beschriebenen medizinischen Bereiche) sehr präzise
modellieren läßt. Davis' System verfügt über ein Modell der
korrekt funktionierenden Hardware (physiologisches Modell), das

bei der Diagnostik so manipuliert wird, daß es das beobachtete
Verhalten der defekten Hardware simulieren kann.

Die Basiskonzepte zur Repräsentation der Hardware zeigt Fig. 3.5.

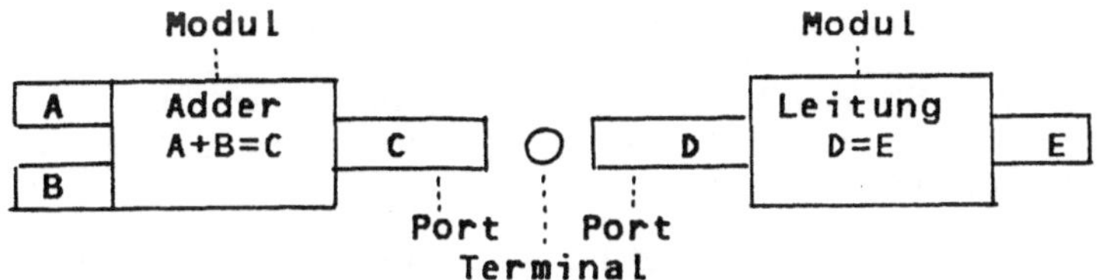

Fig. 3.5: Modellierung von Hardwareelementen (Adder und Leitung):
die Module werden durch Constraints zwischen ihren Ports
dargestellt und sind durch Terminals miteinander verbunden.

Die physikalischen Objekte der Hardware (Gatter, Leitungen, etc.)
werden als "Module" dargestellt, deren Verhalten durch
Constraints zwischen ihren Eingabe- und Ausgabe-"Ports"
spezifiziert ist. Die Module sind durch Überlagerung ihrer
Terminals miteinander verbunden. Terminals sind im Gegensatz zu
Ports, die eine innere Struktur haben können (s.u.), primitive
Konzepte. Ihre Werte (bits oder Zahlen) können von außen
abgefragt werden. Das Verhalten der Module läßt sich
typischerweise durch logische bzw. numerische Constraints (für
Gatter oder Leitungen bzw. Adder oder Multiplier) beschreiben.

Die Module werden auf verschiedenen Abstraktionsebenen repräsentiert. Innerhalb einer Ebene ist ein Modul eine Black-Box, von
dem nur sein durch ein Constraint beschriebenes Verhalten bekannt
ist. Auf der nächsten konkreteren Ebene wird die innere Struktur
des Modules dargestellt und sein Verhalten ergibt sich aus dem
Verhalten der Submodule. Die Umwandlung der Input- und
Output-Werte beim Übergang von einer Abstraktionsebene zu einer
anderen (z.B. von Zahlen in Bits) wird durch die Ports
bewerkstelligt. Im Gegensatz zu ABEL ist das Modell in
Davis's System auf jeder Abstraktionsebene vollständig spezifiziert, weswegen eine tiefere Abstraktionsebene erst dann
berücksichtigt zu werden braucht, wenn zusätzliche Details
erforderlich sind.

Die Diagnostikstrategie von Davis' System ist wie folgt: Sobald
an den Input-Terminals des Modells Werte angegeben werden, werden
durch Constraint-Propagierung die Werte an allen übrigen
Terminals (der obersten Abstraktionsebene) einschließlich der
Output-Terminals des Modells ermittelt. Wenn die so vorherge-
sagten Output-Werte nicht mit den an dem zu diagnostizierenden
Gerät beobachteten Werte übereinstimmen, wird die Ursache der
Inkonsistenz wie folgt gesucht:

i) **Kandidatengenerierung** (durch Entdeckung von Diskrepanzen
    zwischen erwartetem und beobachtetem Werten): die fehlerhaf-
    ten Werte werden rückwärts propagiert. Ein falscher Wert kann
    entweder in dem Modul liegen, das den fehlerhaften Wert
    berechnet oder eine Eingabe zu diesem Modul war bereits
    fehlerhaft etc. Um die Anzahl der zu überprüfenden Kandidaten
    überschaubar zu halten, werden die Fehler in Fehlertypen
    eingeteilt, und erst alle Kandidaten eines Typs (auf allen
    Hierarchieebenen) überprüft, bevor Kandidaten des nächsten
    Fehlertypes in Betracht gezogen werden. Die beiden
    wichtigsten Fehlertypen sind:

    (1) Ein Modul ist defekt, d.h. es verhält sich anders als
        es seiner durch ein Constraint beschriebenen Spezifika-
        tion entspricht. Dies wird durch Aufhebung des dem
        Modul zugeordneten Constraints simuliert (constraint
        suspension). Ein aufgehobenes Constraint kann jedes
        Verhalten simulieren.
    (2) Zwei benachbarte Leitungen sind durch eine "Brücke" ver-
        bunden. Dies wird durch eine Erweiterung des Modells dar-
        gestellt, indem die entsprechenden Terminals der
        Leitungen durch ein zusätzliches Modul, das die Brücke
        repräsentiert, verbunden werden.

ii) **Kandidatenüberprüfung:** Ein Kandidat (d.h. die zugehörige
    Modelländerung) ist konsistent, wenn das geänderte Modell
    das beobachtete Verhalten simulieren kann.

Um für Brückenfehler effizient Kandidaten generieren zu können,
reicht ein rein funktionales Modell der Hardware nicht aus.
Deswegen verfügt Davis' System über eine explizite Repräsentation der physikalischen Anordung der Hardware, mit der es u.a.
überprüfen kann, welche Leitungen physikalisch benachbart sind.

3.1.3.5   **Diskussion**

Die vier diskutierten, modellbasierten Expertensysteme unterscheiden sich sehr stark in ihren Anwendungsbereichen und ihren
Modellen. Am auffälligsten ist der Unterschied zwischen Davis'
System und den medizinischen XPSen. Letztere basieren auf der
Annahme, daß sich ihr Modell nicht verändert: CADUCEUS und ABEL
suchen eine minimale Menge von externen Ursachen (Krankheiten)
für pathophysiologische Zustände (die sich aufgrund der
beobachteten Symptome relativ leicht herleiten lassen), wobei
ABEL auch multiple Einflüsse auf einen Zustand und Rückkopplungsschleifen berücksichtigen kann. Long's System simuliert die
Auswirkungen von Therapiemaßnahmen auf ein physiologisches
Modell, das sich durch einige patientenspezifische Parameter
einstellen läßt.

Davis' System hingegen versucht, die vorhandenen Symptome durch
eine Änderung seines Modells zu erklären, so daß eine Simulation
des geänderten Modelles die Symptome voraussagen bzw. bestätigen
kann. Dieser prinzipielle Unterschied ist durch die verschiedenen
Anwendungsgebiete bedingt: in den medizinischen Anwendungsgebieten geht es vor allem darum, externe Ursachen (Krankheiten
bzw. Therapien) zu finden, mit denen die vorhandenen Symptome
erklärt bzw. beeinflußt werden können. Die prinzipielle
Funktionsweise des Organismus ist dabei kaum gestört. Dies ist
ein generelles Merkmal von analogen Systemen, bei denen
Schwankungen von Parametern einerseits durch Rückkopplungsschleifen stark gedämpft werden, andererseits innerhalb gewisser
(unscharfer) Grenzen tolerierbar sind.

Bei der Modellierung digitaler Hardware gilt im Gegensatz zur
"analogen Technik" das "Alles-oder-Nichts"-Gesetz: ein Teil
funktioniert entweder korrekt oder gar nicht. Da Toleranzgrenzen
und Rückkopplungschleifen fehlen, verändert der Fehler eines
Bauteils die Funktionsweise des Gesamtsystems, was bei der
Modellierung berücksichtigt werden muß.

Die unterschiedliche Funktionsweise analoger und digitaler
Systeme wirkt sich auch auf die Repräsentation verschiedener
Abstraktionsebenen in einem Modell aus: in digitalen Systemen
sind die verschiedenen Abstraktionsebenen jeweils vollständig
spezifizierbar, ohne daß ein Rückgriff auf die niedrigeren Ebenen
erforderlich ist (Beispiel in Davis' System: Die Daten der
Zahlen- und Bit-Ebene sind jeweils in sich vollständig und lassen
sich bijektiv ineinander überführen). In analogen Systemen
zeichnen sich die verschiedenen Abstraktionsebenen jedoch durch
einen unterschiedlichen Informationsgehalt aus (zwischen quantitativen und den immer gröberen qualitativen Ebenen gibt es keine
Bijektion, sondern es findet eine echte Datenabstraktion mit
Informationsverlust statt). Während es relativ leicht ist, die
Modelle der höheren Ebenen aus denen der unteren herzuleiten (wie
die Aggregation in ABEL), ist es wesentlich schwieriger und
bisher in keinem XPS realisiert, mit einem groben Modell eines
analogen Systems zu beginnen und dieses bei Bedarf partiell zu
verfeineren, da die Ergebnisse der Verfeinerung nicht
notwendigerweise mit der groben Modellierung konsistent sind.

3.2.   Psychologische Erkenntnisse

Psychologische Studien können für die Künstliche Intelligenz eine wichtige Orientierungshilfe bei der Entwicklung von Problem- lösungsprogrammen für komplexe Aufgaben liefern [Ringle 83]. Der Bezug zu psychologischen Erkenntnissen hilft zum einen bei der Vermeidung von Sackgassen (Entwicklung nicht erweiterbarer Problemlösungstechniken) und zum anderen bei der Validierung, indem das Verhalten des Programmes schrittweise mit dem Problemlösungsverhalten von Menschen verglichen werden kann. Eine Ähnlichkeit der jeweiligen Problemlösungsmethoden ist darüberhin- aus sehr wünschenswert zur Vereinfachung des Wissenstransfers und für die Erklärungsfähigkeit des Programmes.

Andererseits wird in der Künstlichen Intelligenz die Analogie zu menschlichem Problemlösungsverhalten häufig in einer sehr unklaren Weise gebraucht, die das tatsächliche Verhalten des Programmes eher verschleiert als verdeutlicht und eine nicht vorhandene Allgemeingültigkeit suggeriert [Ringle 83]. Ein Beispiel aus dem Bereich des diagnostischen Problemlösens ist die Erklärung für die Bedeutung "semiaktiver" Diagnosen (Differenti- aldiagnosen einer aktivierten Diagnose) in PIP (s. Kap. 3.1.2.3):

"This state can be viewed as sort of thinking about something in the back of one's mind" [Pauker 76, S. 150].

"They correspondent to hypotheses that, although not strong enough to be investigated, are 'at the back of the physicians mind' " [Barr 81, Vol. 2, S. 204].

Die Implementierung von semiaktiven Diagnosen in PIP ist jedoch grundlegend verschieden von der Bedeutung von Diagnosen im "Hinterkopf von Ärzten". In PIP sind semiaktive Diagnosen schlicht solche, die von allen ihren Symptomen aktiviert werden (während inaktive Diagnosen nur durch eine Teilmenge ihrer Symptome aktiviert werden). Bei Ärzten besteht das Problem von Diagnosen im Hinterkopf in der Beschränkung des Kurzzeitgedächt- nisses, die es notwendig macht, sich nur auf wenige aktive Diagnosen zu konzentrieren. Deswegen werden "semiaktive" Diagnosen z.B. dann aktiviert, wenn zu der aktuellen Arbeitshypothese widersprechende Befunde erhoben werden [Felto- vich 80, S. 311].

Auch die Kritik von Dreyfus [Dreyfus 79] bezieht sich teilweise auf Behauptungen und Vorhersagen von KI-Wissenschaftlern über Verallgemeinerungen und Analogien der Fähigkeiten ihrer Programme zu denen von Menschen, die weder belegt waren noch eingetroffen sind. Um glaubwürdig zu sein, muß der Gebrauch psychologischer Begriffe und Analogien daher durch eine klare Betrachtung der relevanten Ähnlichkeiten und Unterschiede gerechtfertigt werden [Ringle 83].

Diagnostische Problemlösungsprogramme können in besonderem Maße von der Psychologie profitieren, da Diagnostik verhältnismäßig gut von anderen menschlichen Fähigkeiten abgrenzbar ist und menschliche Experten noch deutlich besser sind als die bisher existierenden Programme (außer in ganz kleinen Anwendungsbereichen). Aus diesen Gründen und wegen der in der Diagnostik überragenden Bedeutung der Erklärungsfähigkeit wundert es kaum, daß nahezu alle D-XPSe erklärtermaßen versuchen, die menschliche diagnostische Vorgehensweise zu simulieren.

3.2.1   Überblick über Studien der medizinische Diagnostik

Diagnostisches Problemlösen wurde im medizinischem Bereich in zahlreichen Studien untersucht. Im folgenden fassen wir die Ergebnisse von bekannten Studien [Elstein 78, Kassirer 78, Feltovich 80] zusammen, die primär mit der Methode des "Laut-Denkens" während einer diagnostischen Sitzung anstatt der retrospektiven Erklärung gestellter Diagnosen nach einer Sitzung gewonnen wurden. Die Versuchspersonen waren aufgefordert bzw. wurden gefragt, nach jedem neuen Symptom bzw. nach einer Gruppe von Symptomen zu sagen, wie sich ihre Einschätzung des Falles verändert hat und insbesondere an welche Diagnosen sie gerade denken.

In der aufwendigsten Untersuchung von Elstein et al. untersuchten zwei Gruppen von Ärzten (aufgeteilt in ausgezeichnete und "normale" Ärzte) instruierte Schauspieler, die die Symptomatik von Patienten simulierten. Bei Kassirer et al. erfragten die Ärzte die Symptomatik von einem anderen Arzt, der die Symptomatik des Patienten gut kannte. In der Studie von Feltovich et al. bekommen die Versuchspersonen, die in drei Gruppen aufgeteilt waren (erfahrene Ärzte, Assistenzärzte und Studenten), nacheinander die einzelnen Symptome eines Falles präsentiert.

Während Elstein et al. und Kassirer et al. die allgemeine Form des diagnostischen Problemlösens untersuchen und zu sehr ähnlichen Ergebnissen kommen, die kaum einen Unterschied zwischen ausgezeichneten und nicht ausgezeichneten Ärzten feststellen, konzentrierten sich Feltovich et al. auf den Inhalt und die Organisation des diagnostischen Wissens, worin sich Experten und Anfänger erheblich unterscheiden.

3.2.2   Form des diagnostischen Problemlösens

Die wichtigsten Ergebnisse der Studien [Elstein 78] und [Kassirer 78], die auch in zahlreichen anderen Studien gefunden wurden, sind:

(1) Die prinzipielle Vorgehensweise eines Arztes ist (ähnlich wie
    bei einem Forscher) hypothetisch-deduktiv, d.h. schon
    aufgrund weniger Symptome werden Verdachtsdiagnosen gene-
    riert, die anschließend gezielt überprüft werden.
(2) Eine verdächtigte Hypothese wird nicht isoliert überprüft,
    sondern mit ähnlichen Diagnosen, den Differentialdiagnosen,
    verglichen.
(3) Die Menge der Diagnosen, die gleichzeitig aktiviert sind, ist
    durch die Beschränkung des Kurzzeitgedächtnisses auf ca. fünf
    bis sieben Diagnosen begrenzt.

Darüberhinaus sind folgende Beobachtungen aus diesen Studien für
Diagnostik-Expertensysteme interessant:

(4) Die Ergebnisse von Elstein et al. unterstützen nicht die
    Auffassung, daß der diagnostische Prozeß im wesentlichen
    eine streng hierarchische Suche ist, bei der allgemeine
    Diagnosekategorien schrittweise verfeinert werden:
    "The data from the present study indicate that a physician's
    initial problem formulation cannot be characterized as either
    highly general or highly specific. In fact, a set of initial
    problem formulation typically includes hierarchies of for-
    mulations at various levels of specifity. Moreover, the data
    from the physician's recall protocols indicate that the
    elaboration of a problem-formulation hierarchy may proceed in
    three ways: (1) from general to specific, (2) from specific
    to general, or (3) generation of general and specific formu-
    lations almost simultaneously" [Elstein 78, S. 185].

(5) Elstein et al. bestätigen die große Rolle der assoziativen
    Diagnostik und schreiben über den überraschend geringen
    Gebrauch von pathophysiologischem Wissen:

    "The item pertaining to consideration of pathophysiological
    processes was checked a relatively small portion of time.
    Since knowledge of pathophysiological processes is considered
    to be one of the foundations of clinical medicine, this
    result is somewhat surprising. It may be that for the
    experienced physician, the utilization of such knowledge is
    so well established (routinized), that he is no longer
    consciously aware of its use in generating problem
    formulation. On the other hand, it is also possible that the
    generation of problem formulation is essentially a
    cue-to-disease mechanism that does not require consideration
    of the pathophysiology underlying disease mechanisms. This
    second hypothesis receives some support from data being
    discussed under the topic "associative processes of problem
    formulation" [Elstein 78, S. 193f].

(6) Bei der Bewertung von Diagnosen scheinen Ärzte nur ein sehr
    grobes Bewertungsschema für die Gewichtung von Symptom-Diag-
    nose Assoziationen zu benutzen. Elstein et al. testete ein
    dreiwertiges und ein siebenwertiges Schema und fand, daß
    beide in etwa gleichgut das Verhalten der Ärzte voraussagen

konnte [Elstein 78, S. 101].

Kassirer & Gorry betonen die Bedeutung von weiteren Bewertungskriterien:

- Adäquatheit einer Diagnose (alle Symptome sollten erklärbar sein sowie Occam's Razor, d.h. die einfachste Erklärung
  ist die beste)
- Kohärenz (Übereinstimmung der Diagnose mit physiologischen Zusammenhängen und mit der Prädisposition des
  Patienten wie Alter, Geschlecht, Risikofaktoren, Komplikationen von anderen Diagnosen, etc.)
- Mechanismen zur Behandlung von widersprüchlichen Informationen (Abschätzung ihrer Glaubwürdigkeit, Suche nach
  einer "harmlosen" Erklärung, Neuformulierung der Arbeitshypothese, Betrachtung von pathophysiologischen Abläufen,
  etc.)
- Strategien der Unterscheidung zwischen Differentialdiagnosen (Bestätigung der besten Diagnose, Diskriminierung zwischen ähnlich gut bewerteten Diagnosen, Ausschluß der
  weniger gut bewerteten Diagnosen)

3.2.3 Struktur des diagnostischen Wissens

Die Studie von Feltovich et al. ist vor allem deswegen
interessant, weil sie im Gegensatz zu den oben erwähnten Studien
Unterschiede zwischen Anfängern und Experten in der Qualität und
Organisation des diagnostischen Wissens findet und somit einen
Schritt in Richtung einer Theorie des Wissenserwerbes darstellt.
Feltovich et al. unterscheiden zwischen zwei Typen von Fehlern:

- Fehler in der Wissensbasis: Unkenntnis einer Krankheit oder
  zu allgemeine bzw. zu spezielle Diagnoseprofile (Erwartungen
  bezüglich der Symptomatik einer Diagnose)
- Fehler in der Wissensorganisation: zu wenige Querverbindungen
  (cross-referencing) zwischen Diagnosen und unvollständiges
  Generieren der vollen differentialdiagnostischen Menge (logical
  competitor set) für eine Symptomatik.

Anfänger starten mit dem Erlernen der klassischen (häufigsten)
Krankheiten, die später bei der Ausdifferenzierung die Funktion
von "Landmarken" in der Gedächtnisorganisation übernehmen. Die
Diagnoseprofile von Anfängern sind lehrbuchartige, prototypische
Muster, die sich erst im Laufe der Praxis an die tatsächlich
vorkommende Variationsbreite der Krankheiten anpassen (tuning).
Bei Experten ist eine Krankheit darüberhinaus in zahlreiche
Varianten aufgegliedert, die jeweils geringfügig andere
Symptomausprägungen haben.

Fehler in der Wissensorganisation besagen, daß das relevante
Wissen zwar im Prinzip vorhanden aber nicht verfügbar ist, wenn

es gebraucht wird. Das Wissen von Experten scheint sehr stark
in adäquate Kontexte organisiert zu sein (z.B. "das
gesund-aussehende fünfjährige Kind" oder "akutes Nieren-
problem"), die für die Generierung der richtigen Differentialdiagnosen eine große Rolle spielen. Experten verfügen über sehr
viele solcher Kontexte, die Diagnosen in verschiedene Hierarchien
einordnen. Anfänger besitzen demgegenüber wesentlich weniger
Kontexte und eine einfachere hierarchische Struktur und haben
deswegen eine geringere Verfügbarkeit ihres Wissens.

3.3   Richtlinien zur Entwicklung von Diagnostik-Expertensystemen

Die Erfahrungen mit den bisherigen Diagnostiksystemen und die Erkenntnisse psychologischer Studien deuten vor allem auf eine große Vielfalt plausibler Vorgehensweisen zur Lösung diagnostischer Probleme hin. Wir sind überzeugt, daß eine umfassende Diagnostiktheorie diese Vielfalt widerspiegeln muß. Die z.Z einzigen Kandidaten für eine Theorie, nämlich die statistischen Ansätze, sind ungeeignet, da sie zu starke Bedingungen für ihre korrekte Anwendbarkeit voraussetzen.

Es scheint deswegen keine Alternative für die Entwicklung von Diagnostik-Shells zu geben, als sich hauptsächlich auf Erfahrungen mit den verschiedenen Ansätzen zu stützen und diese geeignet zu kombinieren und zu verbessern. Deswegen besitzen auch psychologische Studien eine besonders hohe Relevanz, da sie Erkenntnisse über das bisher einzige allgemeine und erfolgreiche Verfahren zum diagnostischen Problemlösen vermitteln. Im folgenden fassen wir Richtlinien zusammen, die bei der Entwicklung von Diagnostiksystemen berücksichtigt werden sollten.

Die zahlreichen, verschiedenen Techniken für das zentrale Problem der Diagnosebewertung lassen sich grob entlang von vier, voneinander unabhängigen Kriterien charakterisieren (s. Tab. 3.3):

[1] statistische, assoziative bzw. kausale Bewertungsart
[2] kategorische bzw. probabilistische Gewichtung
[3] monotone bzw. nicht-monotone Ableitung
[4] direkte bzw. stufenweise (hierarchische) Vorgehensweise

                    Bemerkungen:

zu [1]: Die statistische und assoziative Bewertungsart beruhen
        überwiegend auf der Auswertung empirischer Falldaten,
        unterscheiden sich jedoch erheblich in der Art der
        Auswertung. Die kausale Form basiert primär auf einem
        (bei den anderen Bewertungsarten nicht notwendigen)
        Verständnis der Funktionsweise des zu diagnostizierenden
        Systems. Alle drei Bewertungsarten sind in sich
        abgeschlossen und ergänzen sich teilweise in ihren
        Stärken und Schwächen (s. Tab. 3.1).

zu [2] und [3]: Probabilistische bzw. nicht-monotone Repräsenta-
        tionsformen sind zwei Erweiterungen der traditionellen
        Logik, mit denen unsicheres bzw. unvollständiges Wissen
        dargestellt wird (unvollständiges Wissen kann im
        Gegensatz zu unsicherem Wissen durch zusätzliche
        Informationen vervollständigt werden). Beide Repräsenta-
        tionsformen beinhalten die traditionelle Logik als
        Spezialfall. Bei der probabilistischen Gewichtung gibt es
        zahlreiche Methoden der Evidenzverstärkung, die sich in
        ihren Voraussetzungen und ihrem Präzisionsanspruch
        unterscheiden (z.B. Bayes' Theorem, MYCIN-, INTERNIST-,

MED1-Modell, etc.).

zu [4]: Bei der direkten Vorgehensweise wird unmittelbar von
Symptomen auf Enddiagnosen geschlossen, bei der stufen-
weisen Vorgehensweise über einen diagnostischen Mittelbau. Dabei hat sich insbesondere die Trennung zwischen
Vorverarbeitung und diagnostischer Auswertung der Daten
[Chandrasekaran 83, Clancey 85] sehr bewährt (s. Fig.
3.6). Über die Struktur der Diagnosehierarchie zeigen
die Ergebnisse der Studien von [Feltovich 80] und
[Elstein 78], daß eine Strenge Hierarchie unzureichend
ist und daß auch Schlüsse von speziellen zu allgemeinen
Diagnosen gezogen werden, wesuegen eine heterarchische
oder netzwerkartige Struktur (s. Fig. 3.7) angemessener
ist. Damit läst sich partielles Uissen flexibler
darstellen.

	Bewertungsart	Gewichtung	Ableitung	Vorgehensweise
Flußdiagramme	(assoziativ)	kategori.	monoton	stufenweise
Bayes' Theorem	statistisch	probabili.	monoton	direkt
Dempster-Shafer Theorie	statistisch	probabili.	monoton	stufenweise
Klassische asssoz. D-XPSe	assoziativ	probabili.	monoton	stufenweise
Vorschlag Doyle *	assoziativ	kategori.	nicht-mono.	stufenweise
Mengentheoreti- scher Ansatz **	kausal	probabili.	monoton	direkt
Modellbasierte D-XPSe (ABEL)	kausal	kategori.	monoton	stufenweise

* Doyle schlägt in [Doyle 83] vor, probabilistische
Regelbewertungen in assoziativen D-XPSen durch explizite Angabe
von Ausnahmen der Regeln zu ersetzen.

** In dem Ansatz von Reggia [Reggia 83] werden Diagnosen danach
bewertet, ob sie alle vorhandenen Symptome "Überdecken", d.h.
erklären können. Der Bewertungsalgorithmus basiert auf einer
Verallgemeinerung der mathematischen MengenÜberdeckung. Er
berücksichtigt jedoch keine Ableitungsketten, Rückkopplungspfade
oder Schweregrade von Zuständen wie das kausale Modell in ABEL
[Patil 81].

Tab. 3.3: Klassifikation von Diagnostikbewertungsstrategien

Obwohl die Tabelle 3.3 wesentliche Unterschiede zwischen den
Bewertungsmechanismen der Diagnostikansätze verbirgt, zeigt sie,
daß bisher kein Ansatz alle Kategorien integriert, was wir für
eine der wichtigsten Anforderungen an Diagnostik-Shells halten.
Auf deren Bedeutung deuten auch die Ergebnisse der psychologischen Studien hin, die zeigen, daß Menschen einen Pluralismus
von Bewertungsstrategien benutzen. Ein Diagnostik-Shell sollte
also eine probabilistische Gewichtung, nicht-monotone Ableitung
und eine stufenweise Vorgehensweise sowie die statistische,
assoziative und kausale Bewertungsart ermöglichen. Die drei
Bewertungsarten sind Alternativen, von denen in einem Einzelfall
diejenige ausgewählt werden sollte, deren Voraussetzungen erfüllt
sind und für die das präziseste Wissen vorhanden ist.

Fig. 3.6 und Fig. 3.7 zeigen Strukturierungsprinzipien des
diagnostischen Mittelbaus, die ebenfalls in dem Shell
repräsentierbar sein sollten.

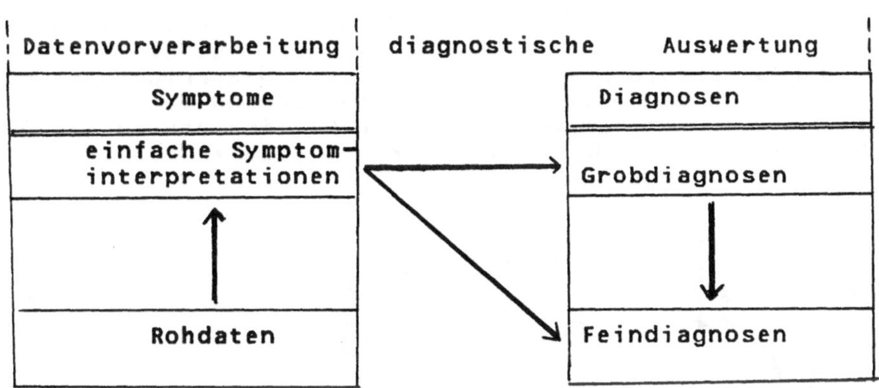

Fig. 3.6: Struktur des diagnostischen Mittelbaus

	KFZ-Bereich	medizinischer Bereich
Rohdaten	Benzinverbrauch = 10 L	Puls = 100 Blutdruck = 80
Symptominter- pretationen	typspezifischer Ben- verbrauch zu hoch	hoher Schockindex
Grobdiagnose	Verbrennung	Kreislaufschock
Feindiagnose	Leerlaufsystem	Kreislaufschock durch starken Flüssigkeits- verlust

Beispiele zu Fig. 3.6

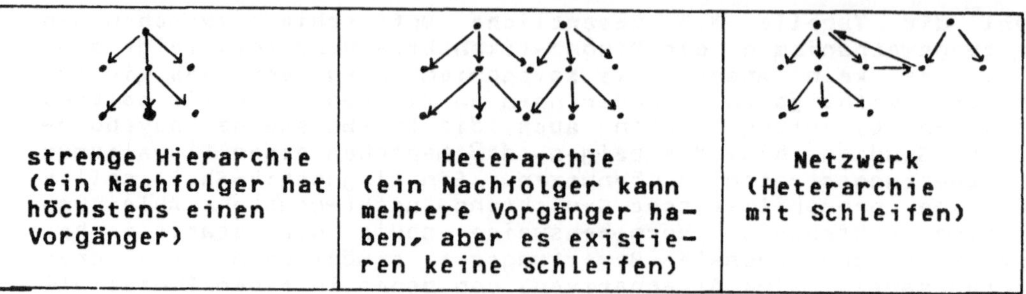

Fig. 3.7: Verschiedene Typen von Diagnosehierarchien

Bezüglich der diagnostischen Vorgehensweise demonstrieren die
Studien von Elstein et al. und Kassirer & Gorry die überragende
Bedeutung der hypothetisch-deduktiven Methode und der Differentialdiagnostik. In [Puppe 86c] wird darauf hingewiesen, daß die
hypothetisch-deduktive Vorgehensweise in der Routine-Diagnostik
durch Standarduntersuchungen ergänzt wird, die erfahrungsgemäß
notwendig sind, um die Anzahl der Hypothesize-and-Test-Schleifen
zu vermindern und um sicherzugehen, daß keine schwerwiegenden
Krankheiten übersehen werden. Daraus ergibt sich folgendes Modell
des diagnostischen Vorgehens:

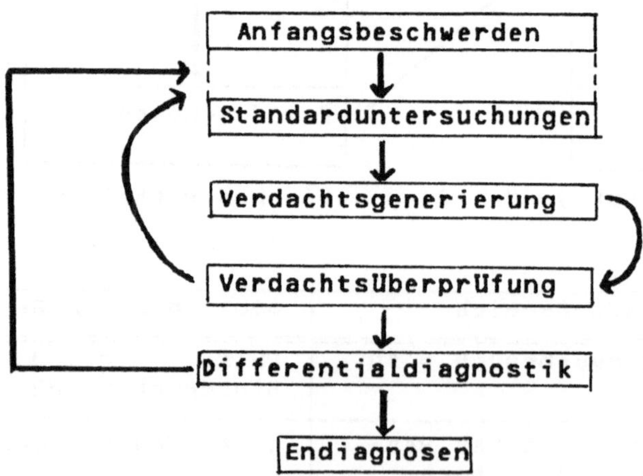

Fig. 3.8: Modell der diagnostischen Vorgehensweise

Schließlich sollte ein Diagnostikshell die enge Wechselwirkung zwischen Diagnose und Therapie berücksichtigen (Fig. 3.9).

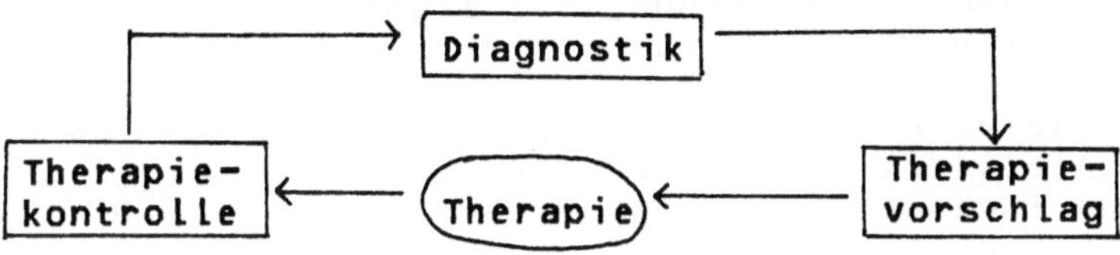

Fig. 3.9: Diagnose-Therapie-Zyklus

4.   Beschreibung von MED2

Mit der folgenden Beschreibung des assoziativen Diagnostik-Ex-
pertensystem-Shells MED2 versuchen wir,

(1) das assoziative diagnostische Vorgehen allgemein zu beschrei-
    ben (konkretisiert anhand von MED2),
(2) die genaue Funktionsweise der Mechanismen von MED2 nachvoll-
    ziehbar zu machen,
(3) eine Anleitung zum Aufbau einer Wissensbasis mit MED2 zu ge-
    gen und
(4) zu zeigen, wie weit die Diagnostikanforderungen und Richtli-
    nien in Kap. 3 von MED2 erfüllt werden.

Um dem Leser den Zugang zu MED2 zu erleichtern, ist dieses
Kapitel in vier aufeinander aufbauende, weitgehend in sich
abgeschlossene Schalen (Unterkapitel) gegliedert.

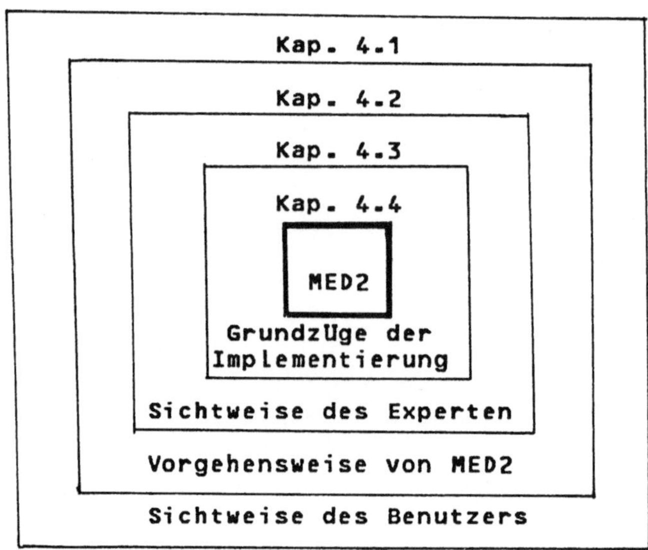

4.1   Beispieldialog

Die äußerste "Schale" der Beschreibung von MED2 ist die Sichtweise des Benutzers, die anhand eines Dialoges gezeigt wird. Inhaltlich geht es dabei um die Eignung einer potentiellen Anwendung für Expertensysteme allgemein und für MED2 insbesondere. Weitere Dialogbeispiele aus dem KFZ-Bereich und dem medizinischen Bereich sind im Anhang A und B aufgeführt. Zunächst geben wir eine Übersicht über alle Optionen, die der Benutzer während eines Dialoges mit MED2 hat.

Ein Dialog beginnt damit, daß der Benutzer die Questionsets auswählt, die seine Hauptbeschwerden charakterisieren. Danach stellt MED2 detaillierte Fragen zu den angegeben Beschwerden.

Die verschiedenen Fragetypen werden wie folgt beantwortet:

- Auswahl einer Antwortalternative: bei One-Choice-Fragen
- Auswahl einer oder mehrerer Alternativen: bei Multiple-Choice-Fragen
- Angabe einer Zahl: bei numerischen Fragen
- Angabe einer oder mehreren Lokalisationen: die zulässigen Lokalisationsnamen kann man mit dem Kommando "h" (s.u.) herausfinden. Jede Lokalisationsangabe kann mit einer Seitenangabe verbunden werden:
  r = rechts
  l = links
  rl = beidseitig, rechts stärker als links
  lr = beidseitig, links stärker als rechts
  s = beidseitig symmetrisch
  Beispiel einer Schmerzlokalisation: (thorax r)

- Angabe einer Dauer oder Frequenz: dazu gibt man eine Zahl und eine Zeiteinheit an, z.B. Schmerzdauer = "10 min". Die gültigen Zeitbezeichnungen sind:
  sec = Sekunden
  min = Minuten
  h   = Stunden
  d   = Tage
  w   = Wochen
  mo = Monate
  y   = Jahre

- eine Zeitangabe: sie besteht aus einer Dauer (s.o.), einer Zeitrelation (bef = vor; aft = nach und sim = gleichzeitig) und einem Bezugspunkt, z.B. '3 w bef Zeitpunkt'. Mögliche Bezugspunkte sind alle bereits beantworteten Zeitfragen, vom Benutzer mit dem Kommando 'tm' selbst definierte Bezugspunkte und 'now' (der Untersuchungszeitpunkt). 'Now' kann auch weggelassen werden: '3 w' bedeutet dasselbe wie '3 w bef now'. Bei ungenauen Zeitangaben kann auch die Dauer zum Bezugspunkt fehlen, z.B. 'bef Zeitpunkt'.

FÜr alle Fragen gibt es zusätzlich die Optionen:

-- = Antwort unbekannt
- = Nein / Sonstiges

Diese Informationen kann man im Dialog abfragen mit dem Kommando:

h = Hilfen zur Beantwortung von Fragen

Semantische Hilfen zur Beantwortung von Fragen liefern:

* = Erklärung zur Frage
+ = Erklärung zu den Antwortalternativen

Die Existenz der dazu notwendigen, zusätzlichen Information
in der Wissensbasis wird durch ein '+' bzw '*' vor dem Fragetext angezeigt. Weitere Kommandos für den Benutzer sind:

v = Verbessern von früheren Antworten. Zum Herausfinden der zu
     verbessernden Fragen werden erst die Questionsets über ein
     Menü selektiert.
q = Selektion weiterer Questionsets, die nach Abarbeitung des ak-
     tuellen Questionset vorrangig erfragt werden.
w = Aufruf der Erklärungskomponente (s.u.)
stop = Abbruch der Sitzung
redo = Wiederholung der Sitzung mit den bereits eingegebenen Daten
       (nur erforderlich, falls die Wissensbasis während des Dia-
       loges verändert wurde, s.u.)
jump = Abbruch der Abarbeitung des gerade aktuellen Questionsets;
       Übergang zum nächsten Questionset.

Weiterhin kann der Benutzer auch in den Problemlösungsprozeß ein-
greifen und den Status von Pathokonzepten manipulieren:

y = Verankerung von Pathokonzepten im Working-Memory, so daß
     diese Pathokonzepte ständig mituntersucht werden.
y+ = Etablierung von Pathokonzepten durch den Benutzer
y- = Ausschluß von Pathokonzepten durch den Benutzer
r = Rücknahmemöglichkeit vorgenommener Manipulationen

In der Erklärungskomponente kann sich der Benutzer jederzeit informieren, welche Schlußfolgerungen bisher gezogen und wie sie zustande gekommen sind. Wenn die im folgenden aufgelisteten Kommandos sich auf konkrete Objekte (Kommandos, die mit b und i beginnen) beziehen, ist das jeweils zuletzt selektierte das Bezugsobjekt. Die Kürzel bedeuten:

```
1. Stelle: Typ des Kommandos:
           S = Status
           B = Begründung
           I = Information über Wissensbasis
           M = Moduswechsel
2. Stelle: Bezugsobjekte:
           O = (beliebiges) Objekt
           F = Frage oder Frageklasse
           D = Diagnose (und evt. einfache Symptominterpretation)
           T = Therapievorschläge
           K = Kontextdiagnosen
           P = Plausibilitätskontrolle
3. Stelle: Feindifferenzierung:
           U = Übersicht
           A = ausführlichere Information
           E = Etabliert
           V = Verdächtigt
           -, + = Begründung nicht gefeuerter Regeln
           h = Hierarchie
           b = Bedeutung eines Objektes
```

1) Aktueller Systemzustand (s)

```
sde = Bisher etablierte Diagnosen
ste = Therapievorschläge für etablierte Enddiagnosen
ske = Bisher etablierte Kontextdiagnosen
sdv = Verdächtigte aber noch nicht etablierte Diagnosen
sfu = Bisher erfragte und noch zu erfragende Questionsets
sfa = Fragen und Antworten eines abgearbeiteten Questionsets
spa = Explanationsets und ihre Erklärung durch Diagnosen
spu = Übersicht über Explanationsets
```

2) Begründungen von Schlußfolgerungen

```
bfu = Grund für das Stellen der aktuellen Frage im Dialog
bfa = ausführliche Begründung der Indikation der aktuellen
      Frageklasse
bdu = Begründung von Diagnosen und Symptominterpretationen
bda = Detaillierte Begründung von Diagnosen
bd+ = Auflistung und Begründung der positiven nicht gefeuerten
      Regeln von Diagnosen und Symptominterpretationen
bd- = Auflistung und Begründung der negativen nicht gefeuerten
      Regeln von Diagnosen
bpu = Erklärbarkeit der Symptomatik durch eine Diagnose
```

3) Allgemeine Informationen über die Wissensbasis (i)

```
ioa = Regeln zur Herleitung eines Objektes
idv = Regeln zur Verdachtsgenerierung von Diagnosen
iob = Regeln, die aus einem Objekt Schlußfolgerungen ziehen
iou = Attribute eines Objektes
ioh = Hierarchische Beziehungen von Diagnosen und Manifestationen
ifh = alle Manifestationen einer Frageklasse
idh = alle Nachfolgerdiagnosen einer Diagnose
ifu = alle Nachfolger einer übergeordneten Frageklasse
```

4) Umschalten des Modus (m)

```
mbg = Ein- bzw. Ausschalten des Begründungsmodus (bewirkt bei ei-
      nigen Kommandos, daß nur tatsächlich gefeuerte Regeln aus-
      gedruckt werden)
mxp = Ein- bzw. Ausschalten des Expertenmodus (bewirkt bei allen
      Kommandos, daß auch die interne Darstellung des Wissens
      ausgedruckt wird)
mkt = Ein- bzw. Ausschalten des Kommentarmodus (bewirkt bei Regeln
      zusätzlich das Ausdrucken von Kommentaren)
```

5) Sonstige Kommandos:

```
ein = Selektieren eines aktuellen  Objektes,  auf  das  sich  die
      sich  die nachfolgenden Kommandos beziehen. Ein Objekt kann
      sowohl   über   seine   interne  Nummer  (normalerweise   im
      Expertenmodus) als auch über seinen Namen (normalerweise im
      Benutzermodus)  selektiert  werden.  Bei  der Angabe  seines
      Namens genügen die Anfangsbuchstaben; falls die Buchstaben-
      sequenz  mehrdeutig  ist,  bietet  MED2  die  Liste  der
      Alternativen zur Auswahl an.
Anklicken rot unterlegter Objekte auf dem Bildschirm
    = Direkte Selektion von Objekten
nam = effiziente Selektion eines Objektes über seinen Namen und
      seinen Objekttyp
wek = Aufruf der Wissenserwerbskomponente
lis = Aufruf von LISP
??? = Erläuterung zur Benutzung der Erklärungskomponente
end = Ende des Erklärungsmodus
```

Die Wissensbasis für das folgende Beispiel besteht aus
ca. 10 Standardfragen, die Voraussetzungen für ein erfolgreiches Expertensystemprojekt erfassen, und ca. 50 Regeln
zu ihrer groben Auswertung. Sie ist in Kap. 4.3.1 vollständig
beschrieben. Zur umfassenden Beurteilung der Chancen eines
XPS-Projektes sind natürlich wesentlich mehr Informationen
erforderlich, was wir durch die Erweiterung der Wissensbasis
im Anhang D angedeutet haben.

Fallbeschreibung

Es soll abgeschätzt werden, wie gut die Chancen zur Entwicklung
eines Expertensystems für die Hardwarediagnostik sind. Das System
soll Fehlerprotokolle interpretieren und weitere Symptome vom
Benutzer erhalten.

Für die Vorverarbeitung der Fehlerprotokolle zur Extraktion diagnostisch relevanter Information ist ein ergänzendes, zusätzliches
Programm geplant.

Das Wissen ist auf mehrere Experten verteilt, die mit ihrer
Arbeit überlastet sind. Als zusätzliche Wissensquelle für den
Knowledge-Engineer steht brauchbare Literatur zur Verfügung.

Das folgende vollständige Protokoll zeigt den Dialog zur
Symptomeingabe und die von MED2 erstellte Zusammenfassung und
Begründung der Ergebnisse. Benutzereingaben sind unterstrichen.

```
(ss-startd 'neu)

Diagnostik-Expertensystem-Shell MED2

Questionsets angeben, zu denen dann detaillierte Fragen gestellt werden
1  Allgemeine_Fragen (qdi)
2  Spezielle_Fragen (qgd)
? 1 2


mgd1:  Problemcharakterisierung
Charakterisieren Sie Ihren Anwendungsbereich!
1   Wiedererkennen bekannter Muster
2   Fehlersuche in technischem oder biologischem System
3   Entwurf eines Objektes, das bestimmten Anforderungen genuegt
4   Bestimmung einer Sequenz von Aktionen zum Erreichen eines Zielzustandes
? 2


mgd12:  Einsatzgebiet
Charakterisieren Sie das Einsatzgebiet genauer!
1   Innere Medizin
2   KFZ-Diagnostik
? h

sie haben folgende antwortmoeglichkeiten
eine der antwortalternativen
- = nein/sonstiges
-- = unbekannt
? -


Welche Fragen koennen Sie beantworten? (- = alle) (1 2 = Fragen 1 und 2)
(- 1 2 = alle, ausser 1 und 2)
1 Gebiet (mdi1)                          2  Art_des_Wissens (mdi2)
3 Wissensquellen (mdi5)                  4  Wissensfluktuation (mdi3)
5 Symptomerfassung (mdi4)                6  Problemloesbarkeit (mdi6)
? -


mdi1:  Gebiet
Wie umfangreich ist das Wissen in Ihrem geplanten Anwendungsgebiet?
1   gegenueber Allgemeinwissen nicht abgrenzbar
2   relativ gross und abgrenzbar
3   eng begrenzt und abgrenzbar
4   sehr klein
? 2


+mdi2:  Art_des_Wissens
Charakterisieren Sie die Art des zur Verfuegung stehenden Wissens?
1   Erfahrungswissen
2   strukturelles Wissen
? +


ad 1: empirische Assoziationen
ad 2: kausale Modelle
? 1 2


+mdi5:  Wissensquellen
Wo ist das Wissen vorhanden?
1   ein Experte
2   verteilt auf mehrere Experten
3   Literatur
4   Software
? 2 3


mdi51:  Mitarbeit_der_Experten
Wie gut ist voraussichtlich die Mitarbeit von Experten?
1   kooperativ und viel Zeit
2   kooperativ aber wenig Zeit
```

```
3   wenig kooperativ
4   keine Beteiligung
? 2


+mdi3:  Wissensfluktuation
Wie schnell aendert sich das Wissen?
1   schnell
2   mittel
3   langsam
? +


ad 1: Wissen veraltet in etwa ein bis drei Jahren.
ad 2: Wissen veraltet in etwa vier bis zehn Jahren.
ad 3: Wissen bleibt laenger als zehn Jahre gueltig.
? 2


+mdi4:  Symptomerfassung
Wodurch sollen die Symptome im geplanten Expertensystem erfasst werden?
1   Fachpersonal
2   ungeschultes Personal
3   nichtnumerische Messverfahren
4   numerische Messverfahren
? 2 3


mdi42:  Vorverarbeitung_der_nichtnumerischen_Daten
Existiert ein Programm zur Vorverarbeitung der Daten?
1   ja
2   geplant
3   nein
? 2


mdi6:  Problemloesbarkeit
Wie sind Probleme im Anwendungsbereich ohne Expertensysteme loesbar?
1   unbefriedigend
2   durch konventionelle Programme
3   durch Experten
? 3


******************** Uebersicht der Ergebnisse *********************
Eignung_fuer_Expertensystem
        --> Eignung_fuer_MED2
Diagnostik
        --> assoziative_Diagnostik
            --> Eignung_fuer_MED2
        --> Modell-basierte_Diagnostik
*******************************************************************


                 Vorschlaege zur Behandlung der Enddiagnosen:


pk4:  Modell-basierte_Diagnostik       -
pk7:  Eignung_fuer_MED2
Sie koennen das Diagnostik-Expertensystem-Shell MED2 zum Aufbau einer
Wissensbasis in ihrem Anwendungsgebiet benutzen!
*******************************************************************
```

```
*******************************  Symptome  *********************************


******    Uebersicht ueber Questionsets    **************

Allgemeine_Fragen                 Known : true
Spezielle_Fragen                  Known : true


*********************************************************************************
Questionset Allgemeine_Fragen                              true

Problemcharakterisierung      Fehlersuche in technischem oder biologischem Syste
m
Einsatzgebiet                 false

*********************************************************************************
Questionset Spezielle_Fragen                               true

Gebiet                        relativ gross und abgrenzbar
Art_des_Wissens               Erfahrungswissen
                              strukturelles Wissen
Wissensquellen                verteilt auf mehrere Experten
                              Literatur
Wissensfluktuation            mittel
Symptomerfassung              ungeschultes Personal
                              nichtnumerische Messverfahren
Problemloesbarkeit            durch Experten
Vorverarbeitung_der_nichtnumerischen_Daten
                              geplant
Mitarbeit_der_Experten        kooperativ aber wenig Zeit


        Einfache Symptominterpretationen:

Bewertung_Wissenserwerb          gut

Begruendung von Bewertung_Wissenserwerb = gut
Wertemenge: schlecht mittel gut
Bewertung_Wissenserwerb
gut        Weil Voraussetzungen_fuer_Wissenserwerb = mittel
           und  Mitarbeit_der_Experten = kooperativ aber wenig Zeit
           und  Wissensquellen = Literatur


Voraussetzungen_fuer_Wissenserwerb
                          mittel

Begruendung von Voraussetzungen_fuer_Wissenserwerb = mittel (-1)
Bewertungsschema: (-1 1)
Bewertungsskala: schlecht mittel gut
Voraussetzungen_fuer_Wissenserwerb
1          Weil Wissensquellen = Literatur

0          Weil Wissensfluktuation = mittel

-2         Weil Wissensquellen = verteilt auf mehrere Experten
Kommentar:   wegen Koordinationsproblemen
```

```
*********************** Uebersicht der Ergebnisse  ***********************
Eignung_fuer_Expertensystem
       --> Eignung_fuer_MED2
Diagnostik
       --> assoziative_Diagnostik
            --> Eignung_fuer_MED2
       --> Modell-basierte_Diagnostik
*************************************************************************
               Vorschlaege zur Behandlung der Enddiagnosen:

pk4:  Modell-basierte_Diagnostik      -
pk7:  Eignung_fuer_MED2  (Aufbau_von_MED2_Wissensbasis):
      Sie koennen das Diagnostik-Expertensystem-Shell MED2 zum Aufbau
      einer Wissensbasis in ihrem Anwendungsgebiet benutzen!
*************************************************************************




Etablierte Explanationsets:

kausales_Wissen
p4  (20)  Weil  Art_des_Wissens = strukturelles Wissen


empirisches_Wissen
p4  (20)  Weil  Art_des_Wissens = Erfahrungswissen


Erklaerung der etablierten Explanationsets:
kausales_Wissen kann erklaert werden durch:
-->Modell-basierte_Diagnostik
empirisches_Wissen kann erklaert werden durch:
-->Eignung_fuer_Expertensystem
---->Eignung_fuer_MED2
-->assoziative_Diagnostik
---->Eignung_fuer_MED2

Keine unerklaerten Explanationsets
```

***************************** Begruendungen *******************************

****
Eignung_fuer_Expertensystem   Strength : 108

          Bewertung von Eignung_fuer_Expertensystem : etabliert (108)
          Notwendige Bedingung   : erfuellt
          Hinreichende Bedingung : -
          Ausschluss   : -
          Pro   : sehr wahrscheinlich (90)
          Kontra   : neutral (0)
          Erklaerungswert   : alle Symptome erklaert (100 %)
          Praedisposition   : haeufig
          Differentialdiagnostik : -

Begruendung von Notwendige Bedingung: erfuellt
pp   Weil Problemloesbarkeit = durch Experten

Begruendung von Pro: sehr wahrscheinlich (90)
p5   (40) Weil Nicht Bewertung_Wissenserwerb = schlecht
           und   Nicht Schwierigkeit_der_Symptomerfassung = gross
           und   Nicht Vorverarbeitung_der_nichtnumerischen_Daten = nein
           und   Nicht Problemloesbarkeit = unbefriedigend oder durch
                 konventionelle Programme
           und   Art_des_Wissens = Erfahrungswissen

p5   (40) Weil Bewertung_Wissenserwerb = gut

p3   (10) Weil Symptomerfassung = ungeschultes Personal
           und   Symptomerfassung = nichtnumerische Messverfahren
ausser   Wenn Vorverarbeitung_der_nichtnumerischen_Daten = geplant
                 oder nein

Begruendung der Praedisposition haeufig (10)
p3   (10) Weil associative_Diagnostik ist etabliert

Begruendung fuer Erklaerungswert: alle Symptome erklaert (100 %)
25 % der Explanationsets werden durch Eignung_fuer_Expertensystem erklaert.
75 % der Explanationsets werden durch andere Pathokonzepte erklaert.
Eignung_fuer_Expertensystem ist selbst erklaerungsbeduerftig.
Eignung_fuer_Expertensystem kann erklaeren:
-->empirisches_Wissen

****
Diagnostik   Strength : 999

          Bewertung von Diagnostik : etabliert (999)
          Notwendige Bedingung   : -
          Hinreichende Bedingung : erfuellt
          Ausschluss   : -
          Pro   : neutral (0)
          Kontra   : neutral (0)
          Erklaerungswert   : -
          Praedisposition   : durchschnittlich
          Differentialdiagnostik : positiv

```
Begruendung von Hinreichende Bedingung:  erfuellt
p7        Weil  Problemcharakterisierung = Fehlersuche in technischem
               oder biologischem System


Begruendung von Differentialdiagnostik:  positiv
Planung                    Strength : 0        Known : ausgeschlossen
Design                     Strength : 0        Known : ausgeschlossen


****************************************************************************
assoziative_Diagnostik          Strength : 999

          Bewertung von assoziative_Diagnostik : etabliert (999)
          Notwendige Bedingung   :  -
          Hinreichende Bedingung :  erfuellt
          Ausschluss             :  -
          Pro                    : neutral (0)
          Kontra                 : neutral (0)
          Erklaerungswert        : alle Symptome erklaert (100 %)
          Praedisposition        : durchschnittlich
          Differentialdiagnostik :  -


Begruendung von Hinreichende Bedingung:  erfuellt
p7        Weil  Diagnostik ist etabliert
          und   Art_des_Wissens = Erfahrungswissen



Begruendung fuer Erklaerungswert: alle Symptome erklaert (100 %)
25 %  der Explanationsets werden durch assoziative_Diagnostik erklaert.
75 %  der Explanationsets werden durch andere Pathokonzepte erklaert.
assoziative_Diagnostik ist selbst erklaerungsbeduerftig.
assoziative_Diagnostik  kann erklaeren:
-->empirisches_Wissen

****************************************************************************
Modell-basierte_Diagnostik      Strength : 999

          Bewertung von Modell-basierte_Diagnostik : etabliert (999)
          Notwendige Bedingung   :  -
          Hinreichende Bedingung :  erfuellt
          Ausschluss             :  -
          Pro                    : neutral (0)
          Kontra                 : neutral (0)
          Erklaerungswert        : alle Symptome erklaert (100 %)
          Praedisposition        : durchschnittlich
          Differentialdiagnostik :  -


Begruendung von Hinreichende Bedingung:  erfuellt
p7        Weil  Diagnostik ist etabliert
          und   Art_des_Wissens = strukturelles Wissen



Begruendung fuer Erklaerungswert: alle Symptome erklaert (100 %)
50 %  der Explanationsets werden durch Modell-basierte_Diagnostik erklaert.
50 %  der Explanationsets werden durch andere Pathokonzepte erklaert.
Modell-basierte_Diagnostik  kann erklaeren:
-->kausales_Wissen

****************************************************************************
Eignung_fuer_MED2               Strength : 999
```

```
Bewertung von Eignung_fuer_MED2 : etabliert (999)
Notwendige Bedingung     :  -
Hinreichende Bedingung : erfuellt
Ausschluss               :  -
Pro                      : neutral (0)
Kontra                   : neutral (0)
Erklaerungswert          : alle Symptome erklaert (100 %)
Praedisposition          : durchschnittlich
Differentialdiagnostik :  -
Variante                 : Aufbau_von_MED2_Wissensbasis
```

```
Begruendung von Hinreichende Bedingung:  erfuellt
p7        Weil  Eignung_fuer_Expertensystem ist etabliert
          und   assoziative_Diagnostik ist etabliert
ausser    Wenn  Gebiet = sehr klein
```

```
Begruendung fuer Variante: Aufbau_von_MED2_Wissensbasis
Diese Variante wird standardmaessig selektiert.
```

```
Begruendung fuer Erklaerungswert: alle Symptome erklaert (100 %)
50 %  der Explanationsets werden durch Eignung_fuer_MED2 erklaert.
50 %  der Explanationsets werden durch andere Pathokonzepte erklaert.
Eignung_fuer_MED2  kann erklaeren:
-->assoziative_Diagnostik
---->empirisches_Wissen
-->Eignung_fuer_Expertensystem
---->empirisches_Wissen
```

4.2 Abarbeitungsstrategie von MED2

Einen Überblick über die Vorgehensweise von MED2 gibt Fig. 4.1,
dessen einzelne Phasen in diesem Kapitel genauer beschrieben
werden.

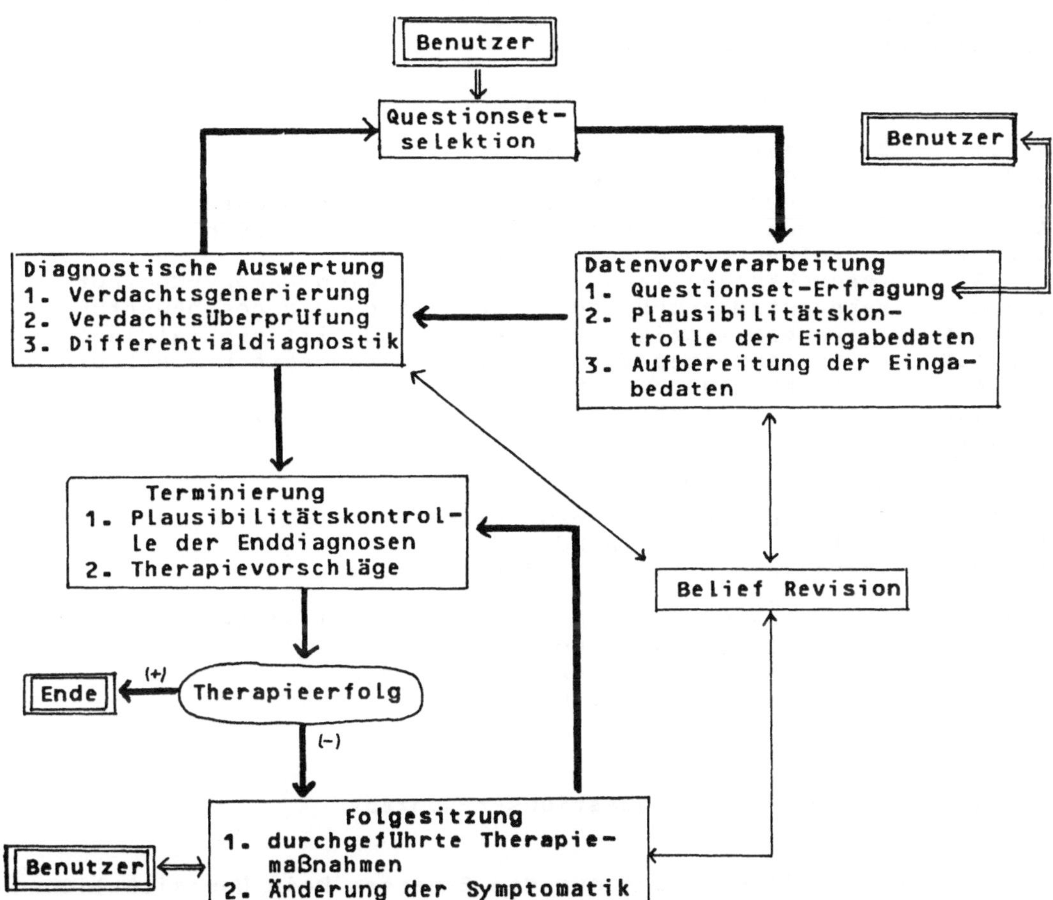

Fig. 4.1: Übersicht über die Inferenzstrategie von MED2

Erläuterung: MED2 beginnt mit der Abarbeitung der vom Benutzer
angegeben Hauptbeschwerden (Questionsets), wobei zunächst die
lokalen und dann die globalen Schlußfolgerungen abgeleitet
werden (Datenvorverarbeitung und diagnostische Auswertung). Falls

notwendig, werden weitere Questionsets vom System oder vom
Benutzer indiziert. Wenn der Benutzer Daten korrigiert oder wenn
Schlußfolgerungen durch Bekanntwerden zusätzlicher Information
zurückgezogen werden müssen, wird dazu das Belief-Revision Modul
aktiviert. Wenn keine Questionsets mehr indiziert sind,
terminiert MED2 und überprüft, ob die Enddiagnosen alle
vorhandenen Symptome erklären können. Außerdem werden Therapien
vorgeschlagen. Falls die Therapie nicht erfolgreich war, kann der
Benutzer Folgesitzungen durchführen, bei der die alte Diagnose
aufgrund der Auswirkungen der Therapie oder anderer Änderungen in
der Symptomatik revidiert wird.

Gliederung:

4.2.1	Das Questionsetkonzept
4.2.2	Datenvorverabeitung
4.2.2.1	Führung des questionsetinternen Dialoges
4.2.2.2	Plausibilitätskontrolle der Eingabedaten
4.2.2.3	Aufbereitung der Eingabedaten
4.2.3	Verdachtsgenerierung mit dem Working-Memory-Konzept
4.2.4	Verdachtsüberprüfung durch hybride Diagnosebewertung
4.2.4.1	Probabilistische Bewertung und Differentialdiagnostik
4.2.4.2	Stufenweises Vorgehen über diagnostischen Mittelbau
4.2.4.3	Nicht-monotone Ableitungen
4.2.4.4	Plausibilitätskontrolle mit Explanationsets
4.2.4.5	Diskussion der Diagnosebewertung
4.2.5	Dialogsteuerung
4.2.6	Notfalldiagnostik
4.2.7	Behandlung von Widersprüchen
4.2.8	Stellen von Mehrfachdiagnosen
4.2.9	Therapieselektion und Terminierung
4.2.10	Auswertung von Folgesitzungen
4.2.11	Rücknahme von Schlußfolgerungen (Belief Revision)
4.2.11.1	Der ITMS-Algorithmus
4.2.11.2	Implementierung des ITMS in MED2
4.2.11.3	Diskussion des ITMS

4.2.1.   Das Questionset-Konzept

Questionsets helfen nicht nur dem Experten beim übersichtlichen
und modularen Aufbau der Wissensbasis, sondern erfüllen auch zwei
wichtige Funktionen in der Inferenzstrategie:

* Vereinfachung der Dialogsteuerung durch einen höheren Abstraktionsgrad gegenüber Einzelsymptomen
* Trennung der Symptominterpretation in lokale (Questionset-
  interne) Datenvorverarbeitung und globale diagnostische
  Auswertung

Da das Questionset-Konzept in keinem anderen Diagnostikprogramm
realisiert ist, wollen wir hier seine Angemessenheit für

Diagnostikanwendungen diskutieren. Die kritische Frage ist, ob die Symptome innerhalb eines Questionsets tatsächlich immer zusammen erfragt werden sollen, oder ob unter verschiedenen Bedingungen eine unterschiedliche Aufteilung erforderlich ist, was der Idee des Questionset-Konzepts zuwiderlaufen würde. Diese Frage ist nur empirisch zu beantworten.

In der Medizin, in der die Symptomerhebung am besten systematisiert ist, werden Symptome in drei Gruppen aufgeteilt:

- Anamnese (Befragung des Patienten)
- körperliche Untersuchung (durch den Arzt ohne aufwendige Hilfsmittel möglich)
- technische Untersuchungen

Die Anamnese orientiert sich meist an den Hauptbeschwerden des Patienten, z.B. Brustschmerz, Gelbsucht, Schluckbeschwerden, Ödeme, die "Leitsymptome" genannt werden. Ein Leitsymptom umfaßt zahlreiche Aspekte zur Feindifferenzierung, z.B. genaue Lokalisation, Dauer, Intensität, Qualität, verstärkende und abschwächende Bedingungen, etc, die sich in der Brustschmerz-wissensbasis von MED1 [Puppe 84] zu 17 Fragen zur Erfassung brustschmerzbezogener Aspekte aufaddieren. Die Strukturierung der Symptomatik in Leitsymptome spiegelt sich auch in der Literatur wider (z.B. in [Heisig 82] für die Innere Medizin).

Bei körperlichen Untersuchungen (z.B. von Brust, Bauch oder Kopf) oder bei technischen Untersuchungen (z.B. Röntgen, EKG, Labortests) werden gewöhnlich viele Daten aus einer Untersuchung gewonnen die auch als eine Einheit vom Expertensystem erfragt werden sollten. Für die bei technischen Untersuchungen notwendige, gezielte Indikation bieten Questionsets eine angemessene Abstraktionsebene.

Obwohl in der technischen Diagnostik wesentlich weniger Erfahrungen aufgearbeitet sind, scheint auch hier eine ähnliche Strukturierung der Symptome notwendig zu sein. Tatsächlich war der Mangel einer brauchbaren Strukturierungsmöglichkeit ein schwerwiegendes Problem bei dem Versuch, mit MED1 einen Prototyp zur Hardware-Diagnostik zu erstellen [Puppe 85c].

In technischen Systemen entsprechen die Beanstandungen des Benutzers (z.B. in der KFZ-Diagnostik Geräusche, Kraftstoffver-brauch, Startprobleme etc.) den Leitsymptomen in der Medizin, und Inspektionen bzw. gezielte Tests einzelner Komponenten (z.B. Zündzeitpunkt, Kompression, Rollenprüfstand zur Leistungsmessung) sind den körperlichen bzw. technischen Untersuchungen vergleich-bar. Auch automatisch erfaßte Daten lassen sich entsprechend den Meßverfahren zu einem oder mehreren Questionsets zusammenfassen.

Die Einteilung der Symptomatik in Questionsets scheint also in den meisten Fällen sehr natürlich zu sein. Aus systematischen Gründen ist es jedoch wichtig, daß Symptome in verschiedenen Zusammenhängen erfaßt werden können, z.B. gehört die Frage nach

---

der Einnahme von Medikamenten sowohl zur generellen Medikamenten-
anamnese als auch in den Kontext der Symptome, die das Medikament
verursachen bzw. beeinflussen kann (s. auch Kap. 4.2.6
"Notfalldiagnostik"). Zur Behebung dieses Problems erlaubt das
Questionset-Konzept in MED2 die Zuordnung einer Manifestation zu
mehreren Questionsets, damit sichergestellt werden kann, daß die
Manifestation in jedem relevanten Kontext erfragt werden kann.

4.2.2. Datenvorverarbeitung

Ähnlich wie bei der Analyse von Bildern oder gesprochener Sprache
ist es auch in vielen anderen Bereichen sinnvoll, zwischen
datengesteuerter Vorverarbeitung und hypothesengesteuerter Auswertung der Daten zu unterscheiden. Die Trennlinie zwischen beiden Vorgehensweisen bilden in MED2 die oben erwähnten Questionsets, deren interne Abarbeitung von lokaler Information gesteuert
wird. Sie umfaßt die Questionset-interne Dialogführung und die
Plausibilitätskontrolle und Aufbereitung der Eingabedaten.

4.2.2.1 Führung des Questionset-internen Benutzerdialoges

Der Questionset-interne Dialog entspricht dem Ausfüllen eines
kleinen Fragebogens. Die erste Frage überprüft, ob der Fragebogen
überhaupt beantwortet werden kann, z.B. ob ein Leitsymptom
vorhanden ist oder eine technische Untersuchung durchgeführt
wurde. Als nächstes werden die Standardfragen des Questionsets
gestellt, die in Abhängigkeit der Antworten durch Folgefragen
präzisiert werden. Der Unterschied zum Fragebogen besteht vor
allem darin, daß dem Benutzer die nicht relevanten Fragen eines
Questionsets unsichtbar bleiben und daß er zu ihm unverständ-
lichen Fragen oder Antwortalternativen Erklärungstext anfordern
kann.

4.2.2.2 Plausibilitätskontrolle der Eingabedaten

Eine Diagnose kann nicht besser sein als die Qualität ihrer Eingabedaten. Während eine Plausibilitätskontrolle der Daten in
bisherigen D-XPSen weitgehend vernachlässigt wurde (eine Ausnahme
sind Systeme, die ihre Daten direkt von Meßgeräten beziehen, wie
PDS [Fox 83]), spielt sie bei Menschen eine große Rolle.
Benutzte Kriterien zur Validierung der Eingabedaten sind:

- Interne Konsistenz: Test auf Widerspruchsfreiheit und auf
  Einhaltung von physiologisch oder technisch möglichen Bereichen
  bei Messungen
- Externe Konsistenz: Test auf Kompatibilität mit Allgemeinwissen
- Glaubwürdigkeit: Zuverlässigkeit der Wissensquellen; wenn möglich, Absicherung durch kompetente, indirekte Zeugen ("expert
  witness technique"; [Kassirer 78])

- Übereinstimmung mit Erwartungen aufgrund der aktuellen Verdachtsdiagnosen

Zur Überprüfung der Konsistenz der Benutzerdaten gibt es in MED2 folgende Mechanismen:

- Einschränkung des Wertebereichs bei Fragen (z.B. Alter des Menschen: 0 - 120 Jahre)
- Kennzeichnung von inkonsistenten Kombinationen verschiedener Fragen mit Regeln vom TYP 'contra' (wenn eine solche Regel feuert, wird der Benutzer aufgefordert, eine der Fakten, die zu der Inkonsistenz geführt haben, zurückzuziehen)

Eine implizite Maßnahme zur Konsistenzerhaltung ist der geschickte Aufbau einer Fragehierarchie, so daß voneinander abhängige Fragen als Folgefragen aufeinander Bezug nehmen und gegebenenfalls unterdrückt werden. Dadurch kann die Notwendigkeit von 'contra'-Regeln zur Plausibilitätskontrolle oft vermieden werden.

Bei der Glaubwürdigkeit einer Wissensquelle muß zwischen ihrer Überprüfung und den daraus gezogenen Konsequenzen unterschieden werden. Der Schwierigkeitsgrad der Überprüfung kann von "sehr einfach" bei Meßgerätdefekten bis zu "extrem schwierig" bei bewußten Falschaussagen von Menschen variieren. Wenn es in der Wissensbasis möglich ist, Regeln zur Herleitung der allgemeinen Unglaubwürdigkeit von einer Wissensquelle anzugeben, dann kann sie als Diagnose hergeleitet und als Ausnahme zu den Regeln angegeben werden, die direkte Schlußfolgerungen aus den Rohdaten der fragwürdigen Wissensquelle ziehen. Dadurch wird erreicht, daß der normale Inferenzprozeß nur dann beeinflußt wird, wenn tatsächlich ein Anlaß dazu besteht.

Wenn Eingabedaten nicht mit Erwartungen übereinstimmen, kann es außer fehlerhaften Daten noch viele andere Fehlerquellen geben (s. Kap. 4.2.7). Wegen dieser Mehrdeutigkeit überprüft MED2 derzeitig keine Erwartungen.

4.2.2.3 Aufbereitung der Eingabedaten zu aussagekräftigeren Symptominterpretationen

Die Aufbereitung der Rohdaten basiert meist auf relativ einfachen, kategorischen Regeln. Deswegen ist es bei der Strukturierung der Wissensbasis gewöhnlich vorteilhaft, diesen Teil von der Diagnostik abzugrenzen, was MED2 durch eine den jeweiligen Anforderungen entsprechende Repräsentation der lokalen Symptominterpretationen und globalen Diagnosen unterstützt. Die Hauptunterschiede sind, daß die Regeln zur Datenvorverarbeitung immer "forward" (datengesteuert) abgearbeitet werden und im Aktionsteil die Evaluation arithmetischer und zeitbezogener Formeln erlauben, während die Diagnoseregeln gezielt (hypothetisch-deduktiv) aktiviert werden und im Aktionsteil in standardisierter Form die Evidenz einer Diagnose verändern.

Das Ergebnis der Datenvorverarbeitung ist die Herleitung aussage-
kräftiger Symptominterpretationen, die in der folgenden
heuristischen Diagnosebewertung den Gebrauch der jeweils
üblichen Fachterminologie ermöglichen. Zum Beispiel basieren
in der medizinischen Fachsprache Schlußfolgerungen nicht direkt
auf Laborwerten, sondern auf Begriffen wie "Tachykardie"
(erhöhter Puls) oder "Hyperbilirubin" (zu hohe Bilirubinwerte).
In manchen Bereichen, z.B. in dem Datenbank-Tuning-Projekt [Puppe
85c], besteht ein großer Teil der Diagnostik aus der Berechnung
von relevanten Kenngrößen aus Monitorwerten, deren diagnostische
Auswertung dann mit relativ wenigen Erfahrungsregeln möglich ist.

4.2.3.   Verdachtsgenerierung mit dem Working-Memory-Konzept

Während es in kleinen Anwendungsbereichen möglich ist, immer
alle Diagnosen zu überprüfen, muß sich ein Problemlöser in
großen Bereichen auf die wichtigsten Verdachtsdiagnosen konzentrieren, weil er sonst sehr ineffizient arbeiten würde und zu
einer gezielten Symptomerfassungsstrategie unfähig wäre. Dazu
eignet sich die Hypothezise-and-Test-Strategie, bei der eine
Diagnose zunächst verdächtigt werden muß, bevor sie überprüft
wird. Um Differentialdiagnosen systematisch miteinander vergleichen zu können, sollte nicht nur die jeweils beste Diagnose
(wie in MED1), sondern mehrere Diagnosen nebenläufig untersucht
werden. Diese Anforderungen werden mit dem Working-Memory-Konzept
[Puppe 84b] erfüllt.

Seine Motivation ist die Nachahmung des Kurzzeitgedächtnisses des
Menschen, wobei wir aber (vorläufig) dessen Beschränkung auf ca.
fünf bis sieben Diagnosen (s. Kap. 3.2) ignoriert haben. Das
Working-Memory in MED2 enthält immer alle verdächtigen, aber noch
nicht etablierten Diagnosen. Sie werden umfassend ausgewertet,
da bei ihnen auch ihre Backward-Regeln überprüft werden, während
für alle übrigen Diagnosen nur die Forward-Regeln aktiviert sind.
Diese explizite Steuerung der Regelaktivierung ist die Grundlage
der Effizienzsteigerung durch das Working-Memory. Weiterhin hat
es folgende Funktionen:

- Ermöglichung des direkten Vergleiches zwischen Differentialdiagnosen, bevor diese etabliert werden.
- Indikation von Questionsets (z.B. technischen Untersuchungen)
  zur gleichzeitigen Abklärung mehrerer Diagnosen im Working-Memory. Insbesondere bei der Differentialdiagnostik ist es
  erforderlich, daß diagnostische Untersuchungen indiziert
  werden, die nicht nur für den augenblicklichen Spitzenreiter
  relevant sind, sondern die den maximalen Informationswert zur
  Differenzierung zwischen den konkurrierenden Diagnosen liefern.
- Erklärung des Systemvorgehens. Insbesondere, wenn die Darstellung mehrerer Windows möglich ist, können in einem
  Window ständig die aktuellen Verdachtsdiagnosen des Systems

gezeigt werden, was dem Benutzer das Nachvollziehen der Vorgehensweise des Systems wesentlich erleichtert.

Eine weitere, noch nicht implementierte Funktion des Working-Memories ist die Möglichkeit einer effizienten Analyse der Beziehungen zwischen den aktuellen Verdachtsdiagnosen in dem Diagnosenetzwerk, da nur für die wenigen Diagnosen im Working-Memory nach Relationen gesucht zu werden braucht. Dadurch könnte die Art der "kombinatorischen" Verdachtsgenerierung wie z.B. in CADUCEUS (Suche nach einer potentiellen gemeinsamen Ursache für Symptome aus verschiedenen Organsystemen; s. Kap. 3.1.3.1) ökonomisch realisiert werden.

Die Aufnahme einer Diagnose in das Working-Memory (Verdachtsgenerierung) erfolgt in zwei Stufen:

1) Die Punktsumme von Forwardregeln (Regeln vom TYP 'f' und 'fb') muß einen bestimmten Schwellwert überschreiten (s. Tab. 4.2).
2) Nach der daraufhin erfolgten Aktivierung der Backward-Regeln muß der Schwellwert immer noch überschritten sein (eine Verminderung der Punktsumme kann durch Regeln mit negativer Evidenz verursacht sein).

Für Verdachtsdiagnosen, die aus besonderen Gründen (z.B. Gefährlichkeit oder effektive Therapisierbarkeit) schon bei geringeren Verdachtsmomenten untersucht werden sollten als es ihrer Punktsumme entspricht, kann der Experte einen "Aufmerksamkeitsfaktor" für Pathokonzepte (Attribut ATTENTION) angeben.

Weitere Gründe für die Aufnahme einer Diagnose in das Working-Memory sind:

- Eine Diagnose D1 ist in der Diagnoseheterarchie Vorgänger einer Diagnose D2, die im Working-Memory ist. Dann ist es erforderlich, D1 auf Ausschluß zu untersuchen, da dies möglicherweise negative Evidenz für D2 liefert (normalerweise sind Diagnosen nur dann im Working-Memory, wenn sie positiv verdächtigt sind).
- Wenn eine Diagnose auf Etablierung geprüft wird, werden alle ihre Differentialdiagnosen in das Working-Memory transferiert, damit ein vollständiger Vergleich möglich ist.
- Wenn sich der Benutzer für bestimmte Diagnosen besonders interessiert, kann er sie im Working-Memory verankern, so daß sie ständig mituntersucht werden.

4.2.4.   Verdachtsüberprüfung durch hybride Diagnosebewertung

Wir sind überzeugt, daß ein Diagnostik-Shell alle in Kap. 3.3 skizzierten Bewertungstechniken integrieren sollte. In MED2 haben wir uns zunächst auf eine adäquate Repräsentation der assoziativen Bewertungsart konzentriert. Ihre Stärke liegt in der Kombination von probabilistischem und nicht-monotonem Schließen, die so realisiert ist, daß die Flexibilität des diagnostischen Mittelbaus (auch zirkuläre Ableitungspfade) erhalten bleibt. Die zusätzliche, einfache Repräsentation von kausalem Wissen dient bisher nur zur Plausibilitätskontrolle der assoziativ hergeleiteten Enddiagnosen und zur Erklärung. Ihr Ausbau und die Verarbeitung von statistischem Wissen gehören zu den Hauptzielen für die Weiterentwicklung von MED2 (s. Kap. 5.6).

4.2.4.1 Probabilistische Bewertung und Differentialdiagnostik

Das Symptomprofil einer Diagnose wird in MED2 mit assoziativen Regeln repräsentiert. Die Vorbedingung einer Regel ist eine konjunktive Verknüpfung von (negierbaren) Aussagen, die durch zahlreiche Prädikate (s. Kap. 4.3.3.7) über den Symptomen und Symptominterpretationen gebildet werden können. Die Regeln können kategorisch oder probabilistisch gewichtet werden. Obwohl die probabilistische Bewertungsart die kategorische als Spezialfall impliziert, ist deren Unterscheidung für den Wissenserwerb und die Erklärung von Schlußfolgerungen so wichtig, daß wir in MED2 jeweils verschiedene Darstellungsformen gewählt haben. Bei Regeln zur Diagnosebewertung gibt es je zwei positive (p6 und p7) und negative (n6 und n7) Kategorien, die beide zur Etablierung bzw. zum Ausschluß ausreichen, von denen aber p7 und n7 kategorisch und p6 und n6 probabilistisch interpretiert werden: wenn ein kategorisches Kriterium zutrifft, sind die übrigen probabilistischen Kriterien sowohl beim Inferenzprozeß als auch bei der Diagnosebegründung uninteressant und bleiben unberücksichtigt (eine äquivalente Unterscheidung im Bereich der Datenvorverarbeitung ist mit den beiden Regeltypen 'add' und 'dq' möglich).

Bei der probabilistischen Bewertungsart benutzen wir dieselben Basiskomponenten wie das Theorem von Bayes. Der Unterschied liegt in der vielfältigeren Wissensrepräsentation und dem gröberen Bewertungsschema von MED2. Die Basiskomponenten sind:

- Berücksichtigung von Diagnoseprädispositionen
- Symptom-Diagnose Wahrscheinlichkeiten
- Entscheidung durch Differentialdiagnostik

Bei den meisten Anwendungen von Bayes-Theorem sind die Diagnoseprädispositionen konstante Apriori-Wahrscheinlichkeiten. Diese Beschränkung haben wir in MED2 aufgehoben, so daß sie aus Patientendaten hergeleitet werden können. Dies geschieht in zwei Stufen:

1) Auswertung der immer verfügbaren Grunddaten (wie Alter und Geschlecht beim Menschen oder Baujahr und Kilometerzahl beim Auto) oder Bezug auf eine konstante Apriori-Wahrscheinlichkeit der Diagnose

2) Berücksichtigung von speziellen Parametern (wie diagnose-spezifische Risikofaktoren)

Auf diese Weise kann MED2 statt konstanter Apriori-Wahrscheinlichkeiten wesentlich aussagekräftigere patientenspezifische Diagnoseprädispositionen ermitteln.

Die unterschiedlichen Komponenten bei der eigentlichen Bewertung einer Diagnose in MED2 erklärt Fig. 4.2.

E&B (Pro):   Erwartete und beobachtete Symptome
E&NB (Kontra):   Erwartete aber nicht beobachtete Symptome
NE&B (Erklärungswert):   Nicht erwartete aber beobachtete Symptome

Fig. 4.2: Komponenten bei der probabilistischen Bewertung einer Diagnose

Da nur in idealen Fällen die tatsächlich beobachtete und die von einer Diagnose erwartete Symptomatik vollständig übereinstimmen, muß der Grad der Übereinstimmung abgeschätzt werden. Dazu dienen in MED2 die drei Aspekte "Pro", "Kontra" und "Erklärungswert". Der Erklärungswert (s. Kap. 4.2.4.4) drückt aus, wie vollständig die etablierten Diagnosen die beobachtete Symptomatik erklären können.

Bei der Gewichtung der Symptom-Diagnose Wahrscheinlichkeiten haben wir uns an dem Modell von INTERNIST [Miller 82] orientiert, bei dem im Gegensatz zu den präzisen Prozentzahlen des Theorem von Bayes nur zwischen jeweils sechs positiven und negativen Wahrscheinlichkeitskategorien unterschieden wird. Da die Wahrscheinlichkeiten von Experten geschätzt werden müssen, erscheint uns diese grobe Bewertungsskala angemessen. Durch die Möglichkeit zur konjunktiven Verknüpfung von Aussagen in Regeln (s.o.) können in MED2 auch Symptomkorrelationen repräsentiert werden (was in den meisten D-XPSen möglich ist, aber nicht in INTERNIST und im Theorem von Bayes).

Obwohl die Differentialdiagnostik im allgemeinen eine sehr gute Technik der Entscheidungsfindung ist, kann sie im Theorem von Bayes zu Fehlern führen, wenn

a) keine der Differentialdiagnosen, sondern eine ganz andere Diagnose zutrifft (d.h. die Menge der Differentialdiagnosen

nicht vollständig ist) oder
b) mehrere Diagnosen gleichzeitig zutreffen.

In MED2 gibt es folgende Mechanismen gegen diese Fehlerquellen:

- Bei der Etablierung einer Differentialdiagnose muß die Diagnose
  nicht nur erheblich besser als ihre Konkurrenten bewertet
  werden, sondern auch ihre absolute Bewertung muß ein Minimum
  übersteigen. Dadurch wird erreicht, daß bei einer unvollständigen Menge von Differentialdiagnosen statt einer falschen gar
  keine gestellt wird.
- Der Experte gibt in der Wissensbasis an, welche Diagnosen
  üblicherweise Differentialdiagnosen sind. Diagnosen, die nicht
  als Differentialdiagnosen gekennzeichnet sind, können als
  Mehrfachdiagnosen unabhängig voneinander etabliert werden.

Falls eine Diagnose keine Differentialdiagnosen hat, wird sie
ausschließlich aufgrund ihrer absoluten Bewertung etabliert.

Das probabilistische Modell von MED2 weist im Vergleich zu
statistischen Methoden eine größere Flexibilität bei der
Auswertung der Basiskomponenten auf, und im Vergleich zu den
Bewertungsschemata von anderen assoziativen D-XPSen berücksichtigt es als einziges die volle Menge der Basiskomponenten (die
bisherigen assoziativen D-XPSe konzentrieren sich überwiegend auf
die Darstellung und Auswertung von Symptom-Diagnose-Wahr-
scheinlichkeiten, haben keine explizite Repräsentation der
Diagnoseprädisposition und führen mit Ausnahme von INTERNIST
keine Differentialdiagnostik durch).

Die Konzentration auf eine möglichst vollständige Darstellung
der probabilistischen Bewertungskriterien und deren Verrechnung
in grober Form ist vor allem eine Konsequenz unserer Erfahrungen
mit dem relativ feinen Bewertungsschema von MED1 [Puppe 83a, Kap.
3.2.6.3], dessen Möglichkeiten von den Experten beim Aufbau von
Wissensbasen kaum in Anspruch genommen wurden. MED1 erlaubt den
Experten zwei Freiheitsgrade bei der Bewertung von Diagnosen:

1) Evidenzwerte in Regeln
2) Für jede Diagnose ein eigenes Intervallschema, mit dem die
   Evidenzsumme zu einer Wahrscheinlichkeitsklasse umgerechnet
   wird.

In der Praxis haben die meisten Experten in den mit MED1
erstellten Wissensbasen nur einen Freiheitsgrad, nämlich die
Regelbewertung, ausgenutzt und für alle Diagnosen dasselbe
Intervallschema verwendet. Da jedoch die Bedeutung der
Evidenzwerte der Regeln nur im Kontext des Intervallschemas
verständlich sind, ist ihre Erklärung erschwert, weswegen wir in
MED2 diesen kaum benutzten Freiheitsgrad nicht mehr zur Verfügung
stellen.

Die Einteilung der Regelevidenzen in Punktkategorien ist
ebenfalls eine gegenüber MED1 vorgegebene Standardisierung, die

die Erklärung erleichert. Allerdings kann der Experte diese Standardisierung auch durchbrechen und andere Punktbewertungen in Regeln vergeben.

4.2.4.2 Stufenweises Vorgehen über diagnostischen Mittelbau

Probabilistische Bewertungsschemata sind angemessen, wenn das Wissen unsicher ist. Unvollständiges Wissen hingegen läßt sich besser durch explizite Darstellung des fehlenden Wissens repräsentieren. Dafür gibt es zwei Grundtechniken:

- stufenweises Vorgehen (über diagnostischen Mittelbau)
- nicht-monotones Schließen (s. nächstes Abschnitt)

Der diagnostische Mittelbau ist die Gesamtheit aller Teilinterpretationen der Symptomatik, die den diagnostischen Lösungsprozeß strukturieren helfen. Seine Vorteile umfassen:

- Einschränkung des Suchraumes, da der Ausschluß von Grobdiagnosen die Überprüfung ihrer Feindiagnosen erspart.
- Reduktion der Unsicherheit, da die Herleitung von Zwischendiagnosen sich auch oft dann absichern läßt, wenn die Enddiagnose noch unbekannt ist.
- Darstellung von partiellem Wissen der Art: es gibt Evidenz für eine Grobdiagnose, aber keine Evidenz für die untergeordneten Feindiagnosen.

Der diagnostische Mittelbau ist in MED2 aufgeteilt in:

- Einfache Symptominterpretationen, die sofort bei der Datenerfassung durchgeführt werden (s. Kap. 4.2.2.3).
- Komplexere Interpretationen (Grobdiagnosen), die schrittweise zu Enddiagnosen verfeinert werden.

Die einfachste Verfeinerungsstrategie besteht darin, in einer strengen Hierarchie von Pathokonzepten zunächst auf der obersten Hierarchieebene die zutreffende Grobdiagnose zu etablieren, dann einen Nachfolger zu selektieren, usw. (bekannt als Establish-Refine-Strategie). Diese Vorgehensweise kann aber zu starr sein, nämlich wenn es mehr als einen Ableitungspfad für eine Feindiagnose gibt, was mit einer strengen Hierarchie nicht darstellbar ist. Beispiel: in der Medizin können Diagnosen u.a. nach Anatomie (Leber, Nieren, etc.) oder nach dem Zeitverlauf der Krankheit (akut, chronisch, etc.) eingeteilt werden. In einer strengen Hierarchie muß ein Kriterium zum Hauptkriterium gemacht werden, das durch das andere differenziert wird. Wenn jedoch z.B. die Anatomie das Hauptkriterium ist, ist es nicht mehr möglich, eine "akute Krankheit" zu repräsentieren, da nur noch "akute Lebererkrankung" und "akute Nierenerkrankung" darstellbar sind [Szolovits 85, Kap. 2.3.1]. Deswegen koexistieren in vielen Anwendungsbereichen verschiedene hierarchische Einteilungen (z.B. in der Medizin symptomatische, ätiologische, anatomische, chronologische und pathophysiologische Hierarchien), und es wird für jeden Einzelfall entschieden, welches die geeignetste ist.

In MED2 können mehrfache, auch sich überlappende Diagnosehierarchien repräsentiert werden, so daß der Experte die seinem Anwendungsgebiet angemessene Hierarchie oder Heterarchie darstellen kann. Zur Realisie.ung dienen Diagnose-Diagnose Regeln, die in Abhängigkeit des Status einer Diagnose (etabliert oder ausgeschlossen) und eventuellen weiteren Bedingungen Evidenz auf andere Diagnosen übertragen. In den meisten Fällen sind die Nachfolger einer Diagnose untereinander Differentialdiagnosen, da sie um die Erklärung der übergeordneten Diagnose konkurrieren. Durch Regeln zur Verdachtsgenerierung kann die Hierarchie auch übersprungen und direkt eine Feindiagnose aktiviert werden. Daraus ergeben sich folgende Probleme:

1. Ein Teil der Symptomatik einer Feindiagnose ist in ihren Vorgängern bewertet. Wenn die Feindiagnose unter Umgehung der Hierarchie oder in einer Mehrfach-Hierarchie über eine andere Vorgängerdiagnose aktiviert ist, bleibt die Evidenz in den nicht aktivierten Vorgängern unberücksichtigt. Dies gilt insbesondere auch dann, wenn ein Vorgänger ausgeschlossen werden kann und damit wichtige negative Evidenz für die Feindiagnose fehlt. Deswegen werden in MED2 bei Aktivierung einer Feindiagnose automatisch alle ihre Vorgänger (und deren Vorgänger usw.) mitaktiviert. Allerdings bleibt auch mit diesem Mechanismus die Evidenz von den Vorgängerdiagnosen unberücksichtigt, die zwar wahrscheinlich (bzw. unwahrscheinlich) sind, die aber nicht etabliert (bzw. ausgeschlossen) werden können.
2. Die diagnostische Vorgehensweise in multiplen Hierarchien verläuft nicht immer von "oben" nach "unten", sondern manchmal auch in umgekehrter Richtung. Dadurch können zirkuläre Ableitungsketten entstehen, die insbesondere bei der Zurücknahme von Schlußfolgerungen zu Verfälschungen führen würden. Dazu ein Beispiel aus dem Bereich der Lebererkrankungen: Die Pathokonzepte "Pfortaderhochdruck" und "Leberzirrhose" korrelieren stark miteinander, d.h. wenn das eine Pathokonzept etabliert ist, wird auch das andere sehr wahrscheinlich. In MED2 repräsentiert man diese Korrelation durch zwei Regeln:

        Pfortaderhochdruck ==> Leberzirrhose (mit Evidenz x)
        Leberzirrhose   ==> Pfortaderhochdruck (mit Evidenz y)

Die Problematik dieser Situation für die Rücknahme von Schlußfolgerungen zeigt Fig. 4.3.

```
   S1  =>  P1                        |----->--|
   S2  =>  P2        S1  -->  P1              P2  <-- S2
   P2  =>  P1                        |--<-----|
   P1  =>  P2
```

Wenn P1 einmal durch S1 etabliert ist, kann es nicht mehr
zurückgezogen werden, da es sich durch die Schleife P1 => P2
=> P1 selbst bestätigt.

Fig. 4.3: eine Ableitungsschleife

Zur Vermeidung solcher Verzerrungen werden zirkuläre
Ableitungsketten in MED2 blockiert (s. Kap. 4.2.11).

4.2.4.3   Nicht-monotone Ableitungen

Ein guter diagnostischer Mittelbau ermöglicht die Zusammenfassung
der bekannten Fakten eines Falles durch Etablierung der adäquaten
Grob- und Zwischendiagnosen. Wenn jedoch trotz unvollständiger
Daten weitergehende Schlüsse erforderlich sind (z.B. um zur
Therapie zu kommen), dann muß bekannt sein, unter welchen
Annahmen sie gültig sind, und es müssen Vorkehrungen getroffen
werden, diese Schlüsse bei Bedarf (nach Bekanntwerden neuer
Informationen) wieder zurücknehmen zu können. Dieses "De-
fault-Reasoning" ist die Grundidee nicht-monotoner Ableitungen.

Wie Doyle [Doyle 83] hervorhebt, ist das nicht-monotone Schließen
eine attraktive Alternative zum probabilistischen Schließen, da
die Unsicherheit einer Schlußfolgerung nicht in Wahrscheinlichkeiten kodiert werden muß, sondern explizit als Liste der
Ausnahmen zur Schlußfolgerung angegeben werden kann (s. Fig.
4.4).

probabilistisches Schließen	nicht-monotones Schließen
A => B (70 %)	A => B ||- C
Die Regel gilt in 70 % aller Fälle.	Die Regel gilt, außer wenn eine der Ausnahmen aus C zutrifft.

Fig. 4.4: probabilistisches und nicht-monotones Schließen

Ein wichtiger Spezialfall des nicht-monotonen Schließens sind
Regeln der Form A => B ||- (non B), d.h. A => B, wenn nichts
bekannt ist, das gegen B spricht ("normale Defaults").

Die Angabe von Ausnahmen für eine Schlußfolgerung kann deren
probabilistische Bewertung jedoch nur so weit ersetzen, wie das
Aufzählen von Ausnahmen möglich und praktikabel ist. Es ist

unmöglich, wenn das bekannte Wissen unvollständig ist und unpraktikabel, wenn die resultierende Beschreibung zu komplex würde.

Beispiel: Wenn bei der Bewertung einer Diagnose viele Einzelsymptome relevant sind, ist es am einfachsten, alle einzelnen Beziehungen probabilistisch zu bewerten und die Etablierung der Diagnose von deren Summation abhängig zu machen. Wenn jedoch für eine Diagnose einige typische Symptomkonstellationen angegeben werden können, dann sollten für solche Regeln die Ausnahmen der Symptomkonstellation-Diagnose-Beziehungen explizit angegeben werden.

Ein häufig angeführtes Beispiel für nicht-monotone Ableitungen sind Regeln der Art: S => P1 ||- P2, wobei P2 eine Differentialdiagnose von P1 ist (z.B. in [Charniak 80, S. 211ff]). Solche Regeln bieten jedoch keine Möglichkeiten zum direkten Vergleich der Differentialdiagnosen vor ihrer Etablierung. Das wird besonders deutlich, wenn man die Regel S => P2 ||- P1 hinzufügt, da dann sowohl P1 als auch P2 etablierbar wären, ohne daß eine Kontrollmöglichkeit über deren Etablierung bestünde (die Situation ist typisch für Differentialdiagnosen, die ja gerade so definiert sind, daß sie eine ähnliche Symptomatik besitzen). Differentialdiagnostik läßt sich daher schlecht durch solche "nicht-kommutativen, symmetrischen, nicht-monotonen Regeln" durchführen; wesentlich besser ist der direkte Vergleich der konkurrierenden Diagnosen vor ihrer Etablierung. Die Entscheidung zwischen Differentialdiagnosen ist meist probabilistisch: es wird die Diagnose etabliert, die hinreichend besser bewertet ist als ihre Konkurrenten.

Wir sind daher der Meinung, daß probabilistisches und nicht-monotones Schließen nicht Alternativen sind, sondern sich ergänzen (vgl. auch [Doyle 83, s. 42]). In MED2 sind die folgenden Formen des nicht-monotonen Schließens möglich:

(1) Für alle Regeln können Ausnahmen angegeben werden, von denen angenommen wird, daß sie im "Normalfall" (wenn nichts Gegenteiliges bekannt ist) nicht zutreffen. Wenn jedoch eine Ausnahme bekannt wird, wird die Regel blockiert, wenn ihre Aktion noch nicht durchgeführt worden ist, bzw. zurückgezogen, wenn sie bereits gefeuert hat. Die Ausnahmen werden durch eigenständige Regeln (vom TYP 'ret') repräsentiert, die im Aktionsteil die Liste aller Regeln haben, für die sie Ausnahmen sind. Der Vorteil dieser Darstellung ist, daß auch zu Ausnahmeregeln Ausnahmen angegeben werden können.
(2) Alle in MED2 abgeleiteten Schlußfolgerungen sind nur unter der impliziten Annahme gültig, daß keine hinreichende gegenteilige Evidenz bekannt wird. Wenn jedoch z.B. für eine etablierte Diagnose aufgrund von zusätzlicher Information Regeln mit negativer Evidenz feuern, kann sie abhängig von der neuen Gesamtevidenz wieder zurückgezogen werden. Durch diesen Mechanismus kann die gesamte Diagnostikstrategie "aggressiver" gestaltet werden, d.h. Diagnosen können auch

dann etabliert werden, wenn noch nicht alle relevanten Daten vorhanden sind (was in MED1 ein großes Problem war).

Die Realisierung des Zurückziehens von Regeln und Schlußfolgerungen in MED2 ist in Kap. 4.4.11 beschrieben.

4.2.4.4   Plausibilitätskontrolle mit Explanationsets

Während die primäre Bewertungsart assoziativ ist (Symptom-Diagnose-Assoziationen), verfügt MED2 zur Plausibilitätskontrolle auch über eine einfache "kausale" Diagnose-Symptom-Repräsentation.

Am Ende einer Sitzung überprüft MED2, ob die etablierten Diagnosen alle beobachteten, erklärungsbedürftigen Symptome erklären können. Falls das nicht der Fall ist und ein relativ gut bewertetes, aber nicht etabliertes Pathokonzept in der Lage ist, die unerklärten Symptome zu erklären, so wird das Pathokonzept etabliert. Bei dieser Form der Plausibilitätskontrolle gibt es zwei Probleme:

- Welche Symptome sind erklärungsbedürftig?
- Wie pflanzt sich die Erklärung der Symptome in der Diagnosehierarchie fort?

Die Erklärungsbedürftigkeit von Symptomen wird mit Explanationsets repräsentiert, die Symptomgruppen ähnlicher diagnostischer Bedeutung zusammenfassen und entsprechend ihrem Schweregrad gewichten (z.B. ist ein starker Schmerz erklärungsbedürftiger als ein geringfügiger Schmerz). Im Unterschied zu Questionsets, die Symptome nach der Datenerfassungsmethode zusammenfassen, gruppieren Explanationsets Symptome nach ihrer "kausalen" Zusammengehörigkeit. Beispiel: In dem Questionset "körperliche Untersuchung des Bauches" kann es für "Lebervergrößerung" und für "Milzvergrößerung" verschiedene Explanationsets geben. Andererseits kann der Explanationset "Lebervergrößerung" auch Symptome von anderen Questionsets (z.B. technischen Untersuchungen) repräsentieren, die auf eine Lebervergrößerung hindeuten.

Für jedes Explanationset wird in der Wissensbasis eine Liste von Pathokonzepten angegeben, die es erklären können. Falls die Pathokonzepte keine Enddiagnosen sind, sind sie selbst erklärungsbedürftig und können durch ihre Nachfolger in der Heterarchie erklärt werden (für diesen Zweck benutzen wir eine Diagnoseheterarchie anstatt eines zirkulären Diagnosenetzwerkes wie bei der assoziativen Bewertung).

Unser Mechanismus ist dem "Binding-Score" von PIP und der Auswertung des "Import-Value" (Gewichtung der Erklärungsbedürftigkeit von Symptomen) von INTERNIST ähnlich. Die wichtigsten Unterschiede sind:

- PIP und INTERNIST erklären einzelne Symptome, während in MED2
  die Symptome vor ihrer Erklärung zu Explanationsets
  zusammengefaßt werden.
- In MED2 wird explizit angegeben, welche Pathokonzepte welche
  Explanationsets erklären können, während dies in PIP und
  INTERNIST implizit aus den assoziativen Symptom-Diagnose-Assoziationen hergeleitet wird.

Wir haben die Symptom-Diagnose- und Diagnose-Symptom-Beziehungen
unabhängig voneinander repräsentiert, da wir glauben, daß die
assoziative und kausale Bewertung grundsätzlich unterschiedlicher
Natur sind. Während derzeit in MED2 im assoziativen Bereich
eine wesentlich höhere Feinheit der Wissensdarstellung möglich
ist, haben wir vor, die kausale Darstellung unabhängig davon
wesentlich auszubauen.

4.2.4.5   Diskussion der Diagnosebewertung

Die Kombination der verschiedenen Bewertungskriterien für eine
Diagnose wird in drei Stufen realisiert:

1) Umwandlung der symbolischen Bewertungskategorien in Zahlen,
   die als Punktekonten der Diagnose für jedes Kriterium auf-
   addiert werden.
2) Verrechnung der verschiedenen Punktekonten zu einem Gesamt-
   indikator.
3) Vergleich des Gesamtindikators mit einem absoluten Schwellwert und mit den Gesamtbewertungen der Differentialdiagnosen.

Mit der Vielfalt von Bewertungsmechanismen (kategorische und
probabilistische Gewichtung mit Prädisposition und Differentialdiagnostik, Regeln mit Ausnahmen, dynamisches Generieren und
Zurückziehen von Schlußfolgerungen, einfache kausale Plausibilitätskontrolle) kann MED2 viele der vom Menschen benutzten
Methoden zum Umgang mit vagem Wissen simulieren. Durch diese
Ähnlichkeit erleichtert MED2 auch die Handhabung der Mechanismen,
da ihre jeweilige Nützlichkeit dem Diagnostiker geläufig ist.
Andererseits sind weitere Methoden des Menschen noch nicht
simulierbar, deren Ergänzung ein wichtiges Ziel der Weiterentwicklung von MED2 ist. Dazu gehören:

- Ausbau der kausalen Bewertungsart (s. Kap. 5.6)

- Verbesserung der Differentialdiagnostik
  Derzeitig wird eine Differentialdiagnose aufgrund ihrer
  relativen Bewertung (durch Vergleich mit ihren Konkurrenten)
  und ihrer absoluten Bewertung (durch Vergleich mit einer
  Konstanten) selektiert. Die absolute Bewertung soll sicher-
  stellen, daß überhaupt genügend Grundevidenz für eine zu
  etablierende Differentialdiagnose vorhanden ist. Wenn jedoch

aufgrund globaler Daten bereits sicher ist, daß eine Diagnose aus einer Gruppe von Differentialdiagnosen zutreffen muß, dann ist die absolute Schwelle ein unnötiges Hindernis bei der Etablierung. Daher sollte die absolute Schwelle zur Etablierung der Differentialdiagnosen durch Regeln manipulierbar sein.

- Vorausschau (look ahead)
Der Vergleich zwischen einzelnen Differentialdiagnosen ist häufig nur in dem globalen Kontext der vollständigen Interpretation der Symptomatik möglich (insbesondere die abschließende Plausibilitätskontrolle). Dazu wendet der Mensch häufig die Technik des "was wäre, wenn ..." an, d.h. er überlegt sich die Konsequenzen von verschiedenen Annahmen und vergleicht deren Ergebnisse.
Diese Technik ließe sich in MED2 simulieren, wenn die aussichtsreichsten Differentialdiagnosen hypothetisch etabliert und parallel weiteruntersucht würden, um deren globale Auswirkungen miteinander zu vergleichen. Dazu müßten für alle hypothetisch hergeleiteten Schlußfolgerungen die Annahmen, unter denen sie gelten, mitabgespeichert werden. Dies entspricht der Technik des ATMS (s. Kap. 4.2.11), mit dem Unterschied, daß nicht alle Basisannahmen protokolliert werden, sondern nur die hypothetisch etablierten Differentialdiagnosen "Basisannahmen" sind. Wegen ihrer geringen Zahl könnten sie symbolisch abgespeichert und auf "Bitvektoren" verzichtet werden.

- globale Abschätzung der Zuverlässigkeit der Endergebnisse
Wenn die Wissensbasis viele Regeln mit Ausnahmen enthält, macht es einen Unterschied, ob bei der Herleitung der Endergebnisse die Ausnahmen bekannt sind, aber nicht zugetroffen haben oder ob sie einfach unbekannt sind. Daher sollte die generelle Zuverlässigkeit der Endergebnisse abgeschätzt werden, wofür sich als Indikator der Detaillierungsgrad bei der Symptomerfassung eignen würde.

- Integration einer statistischen Bewertung
Die derzeitige Diagnosebewertung in MED2 ist im Hinblick auf eine subjektive Abschätzung von Symptom-Diagnose Wahrscheinlichkeiten entworfen. Häufig sind jedoch in kleinen, aber wichtigen Teilbereichen des Anwendungsbebietes statistische Daten verfügbar, die eine bessere Entscheidungsgrundlage als das Erfahrungswissen von Experten darstellen. Deswegen sollte MED2 auch eine präzise Auswertung dieser Daten ermöglichen. Da die probabilistischen Bewertungskategorien intern ohnehin in Zahlen übersetzt werden, sind die Voraussetzungen der Wissensrepräsentation in MED2 bereits gegeben, so daß nur das Verrechnungsschema erweitert werden müßte.

4.2.5 Dialogsteuerung

Je nach Art der Symptomeingabe kann man folgende prinzipielle Dialogmodi von Diagnostik-Expertensystemen unterscheiden (die in der Praxis meist kombiniert werden müssen):

a) eingebettete Systeme, die ihre Daten direkt von Meßgeräten bekommen.
b) interaktive Systeme, die mit dem Benutzer einen Dialog führen. Sie untergliedern sich in:

   b1) passive Systeme, die vom Benutzer vorgegebene Daten verarbeiten und
   b2) aktive Systeme, die im Dialog die Initiative haben und vom Benutzer Daten erfragen.

Eingebettete Expertensysteme erfordern meist eine Vorverarbeitung der Daten zum Erkennen von Meßwertfehlern und zur Datenabstraktion. Die Vorverarbeitung ist relativ einfach, wenn die Meßgeräte numerische Daten liefern und kann beliebig aufwendig werden, wenn komplexere Muster (z.B. EKG oder Bilder) interpretiert werden müssen.

In interaktiven Systemen übernimmt meist der Benutzer die Vorverarbeitung der Daten. In passiven Systemen besteht das Hauptproblem darin, in welcher Form der Benutzer dem System seine Symptome mitteilen kann. In aktiven Systemen wird der Dialog vom Programm gesteuert. Dabei können folgende Probleme auftreten:

- Eine verwirrende Reihenfolge bei der Symtomerfassung.
- Ein unnötig langer Dialog durch Erfragen unwichtiger Symptome.
- Die vermeidbare Indikation aufwendiger und risikoreicher technischer Untersuchungen.

In MED2 können alle Dialogmodi kombiniert werden. Die kleinste Einheit der Symptomerfassung sind dabei nicht einzelne Fragen (Manifestationen), sondern Questionsets.

Wenn Daten von Meßgeräten verarbeitet werden sollen, muß MED2 nur um ein Schnittstellenprogramm zu dem Meßgerät erweitert werden. Je nach Komplexität kann die notwendige Vorverarbeitung der Daten innerhalb von MED2 mit Regeln und abgeleiteten Manifestationen in einem Questionset oder außerhalb von MED2 durch ein anderes Programm durchgeführt werden. Dabei können auch Meßgerätdefekte als Diagnosen hergeleitet werden und bei der Interpretation der Daten berücksichtigt werden.

Falls der Benutzer aktiv Symptome eingeben will, wählt er in hierarchisch strukturierten Menüs die Questionsets aus, die seine Beobachtungen umfassen. Gibt der Benutzer keine Questionsets vor, übernimmt MED2 die Initiative:

1. Zunächst wird überprüft, ob Questionsets aufgrund kategorischer Regeln indiziert sind. Das entspricht einer standardisierten, erfahrungsgesteuerten Symptomerhebung.
2. Falls diese Strategie zu keinem Ergebnis führt, wird der Questionset ausgewählt, der zur Überprüfung der Diagnosen im
   Working-Memory am nützlichsten ist.
3. Wenn keine brauchbaren Verdachtshypothesen herleitbar sind,
   übernehmen die allgemeinen Kontext-Diagnosen die Dialogsteuerung, deren Questionsets eine eher systematische Erfassung der
   Symptomatik beinhalten.

Ein Spezialfall ist die Etablierung einer Diagnose, an die sich
häufig Fragen und Ableitungen zur Klärung ihres Typs und
Schweregrades anschließen. Sie können in MED2 in einem
diagnosespezifischen Questionset zusammengefaßt werden, der
direkt nach der Etablierung der Diagnose aktiviert wird.

Der Hauptvorteil des Questionset-Konzeptes zur Dialogsteuerung
ist die Bündelung zusammengehöriger Fragen zu einer Steuerungs-
einheit. Der daraus resultierende, mögliche Nachteil einer zu
detaillierten Erfassung der Symptome kann durch eine hierarchische Organisation der Fragen innerhalb eines Questionsets
ausgeglichen werden. Wenn die Hierarchie sehr breit ist, so daß
viele Fragen der gleichen Hierarchiestufe gestellt werden müssen,
gibt MED2 dem Benutzer eine Übersicht sowie die Möglichkeit, alle
nicht beantwortbaren Fragen von vornherein auszusortieren.

4.2.6   Notfalldiagnostik

Notfalldiagnostik unterscheidet sich von "normaler" Diagnostik
dadurch, daß bei Erkennen von kritischen Situationen sofort
Aktionen eingeleitet werden müssen, ehe die Diagnostik
abgeschlossen ist. Das bedingt:

- Eine Dialogsteuerung, die sich nur auf die wichtigsten
  (handlungsrelevanten) Symptome konzentriert.
- Die vordringliche Untersuchung der Diagnosen, die schnelles
  Handeln erfordern.
- Die sofortige Ausgabe von Handlungsanweisungen nach Etablierung
  einer Notfalldiagnose.

In MED2 kann eine kritische Situation als durch eine besondere
Priorität ausgezeichnetes Pathokonzept definiert werden, das
auch bei relativ geringem Verdacht vorrangig untersucht
wird. Falls es etabliert wurde, druckt MED2 die entsprechenden
Therapiemaßnahmen sofort aus, falls diese durch eine hohe
Dringlichkeit gekennzeichnet sind.

Das Hauptproblem bei der Notfalldiagnostik ist rasche und
fokussierte Symptomerfassung. Sie hängt von der Qualität der
Benutzerschnittstelle und der Anzahl der eingegebenen Symptome

ab. In MED2 entspricht letzere der Anzahl der Fragen in einem
Questionset, die gestellt werden. Die Festlegung der optimalen
Größe eines Questionsets ist insofern relativ schwierig, da seine
Struktur beim Aufbau der Wissensbasis festgelegt werden muß und
während einer Sitzung nicht geändert werden kann.

Wenn die im Notfall erforderliche Symptomerfassungsstrategie
keine zu große Variabilität aufweist, ist die beste Strategie in
MED2, spezielle "Notfall-Questionsets" aufzubauen, die nur die
jeweils wichtigsten Symptome erfassen und bei Erkennen des
Notfalls aktiviert werden.

4.2.7 Behandlung von Widersprüchen

Scheinbare Widersprüche (das gleichzeitige Vorliegen von stark
positiver und negativer Evidenz für eine Diagnose) können durch
Fehler in der Wissensbasis verursacht sein, oder sie deuten an,
daß mindestens eine der implizit gemachten Annahmen nicht
zutrifft (z.B. daß die Eingabedaten korrekt sind, daß keine
Ausnahmen von Regeln vorliegen, etc.). Die Auflösung von
Widersprüchen erfordert daher Zusatzwissen zur Überprüfung aller
potentiellen Fehlerquellen, was in den bisherigen assoziativen
D-XPSen nicht repräsentiert ist. Deswegen können sie Widersprüche
nur probabilistisch behandeln. Meist wird ein Mittelwert zwischen
positiver und negativer Evidenz gebildet.

In MED2 sind folgende Voraussetzungen zur adäquaten Behandlung
von Widersprüchen gegeben:

- Das Vorliegen von widersprüchlicher Evidenz wird in MED2
  erkannt, da positive und negative Evidenz getrennt abgespeichert werden.
- In den Ausnahmen von Regeln sind Voraussetzungen für ihre Gültigkeit explizit repräsentiert, die bei Vorliegen von
  widersprüchlicher Evidenz gezielt überprüft werden könnten.

Jedoch fehlen weitere wichtige Voraussetzungen:

- Metawissen über die Zuverlässigkeit des eigenen Wissens
- Kausales Wissen, das im allgemeinen weniger widersprüchlich
  als heuristisches Wissen ist (von letzterem verlangt
  man im allgemeinen nur, daß es in den meisten Fällen gute
  Ergebnisse liefert)
- Allgemeinwissen, um die Gültigkeit der Eingabedaten besser beurteilen zu können

Wir können jedoch z.Z. wegen fehlender Erfahrungen mit solchen
Problemen in unseren Wissensbasen noch nicht abschätzen, wie
wichtig Ausnahmen von Regeln im Vergleich zu den fehlenden
Voraussetzungen sind. Deswegen werden Widersprüche derzeit nur
probabilistisch behandelt.

4.2.8   Mehrfachdiagnosen

Mehrfachdiagnosen sind verschiedene, gleichzeitig vorhandene
Diagnosen, die zusammen das vorhandene Krankheitsbild erklären
können. Damit ein D-XPS Mehrfachdiagnosen stellen kann, müssen
folgende Aspekte berücksichtigt werden:

- im Bereich der Kontrollstruktur: Die ansonsten mächtige Technik
  der Differentialdiagnostik kann das Erkennen von Mehrfachdiagnosen verhindern (wie beim Theorem von Bayes), da nur eine (die
  beste) Diagnose aus der Menge der Differentialdiagnosen
  etabliert wird. Das explizite Berücksichtigen aller Kombinationen von Mehrfachdiagnosen (vgl. [deKleer 86]) scheidet in
  größeren Anwendungsbereichen aus kombinatorischen Gründen
  ebenfalls aus. Eine effiziente Lösung ist die Partitionierung
  der Diagnosen in Gruppen von ähnlichen Diagnosen, wobei die
  Differentialdiagnostik nur innerhalb einer Gruppe angewandt
  wird.

- Erkennen untypischer Symptomausprägungen: Wenn mehrere Krankheiten gleichzeitig vorhanden sind, können ihre Symptome sich
  überlagern oder maskiert werden, wodurch sich das äußere Er-
  scheinungsbild einer Krankheit u.U. erheblich verändert. Eine
  assoziative Repräsentation solcher Änderungen ist wegen der
  kombinatorischen Vielfalt nur begrenzt möglich. Die automatische Ableitung der Effekte von Symptomüberlagerungen
  erfordert die Fähigkeit zur kausalen Simulation von
  Krankheiten (realisiert z.B. in ABEL (s. Kap. 3.1.3.2) und
  Davis' System (s. Kap. 3.1.3.4)).

MED2 kann Mehrfachdiagnosen stellen, da die Differentialdiagnostik auf Gruppen von Diagnosen beschränkt ist. Es kann jedoch
untypische Symptomausprägungen nur dann erkennen, wenn diese
explizit in der Wissensbasis repräsentiert sind (z.B. als
Ausnahmen von Regeln), da keine kausalen Modelle darstellbar
sind.

4.2.9   Therapieselektion und Terminierung

Nach Etablierung einer Diagnose berechnet MED2 mit entsprechenden
Regeln die vorliegende Variante der Diagnose, die direkt mit
einem Therapievorschlag gekoppelt ist. Falls keine spezielle
Diagnosevariante hergeleitet werden kann, wählt MED2 die
"Default"-Variante aus. Der Therapievorschlag besteht im
einfachsten Fall im Ausdrucken von Text; es ist aber auch
möglich, MED2 über eine vorgesehene Programmschnittstelle mit
detaillierten Therapieprogrammen zu koppeln.

Im Normalfall gibt MED2 den Therapievorschlag erst am Ende einer
Sitzung aus und berücksichtigt dabei die Diagnosehierarchie,

indem Therapievorschläge jeweils nur für die Enddiagnosen gemacht
werden. Wenn die Therapiemaßnahme besonders dringlich ist, kann
MED2 aber auch sofort nach Etablierung einer Diagnose die
Therapieanweisung dem Benutzer mitteilen.

MED2 terminiert, wenn:

(1) der Benutzer die Sitzung abbricht, oder
(2) kein Questionset mehr indiziert ist, oder
(3) alle Explanationsets durch Enddiagnosen erklärt sind.

4.2.10   Auswertung von Folgesitzungen

Die meisten derzeitigen D-XPSe können nur eine singuläre
Diagnosesitzung verarbeiten, eine darauffolgende zweite Sitzung
würde als neuer Fall behandelt. Dabei gehen überschriebene Daten
aus der ersten Sitzung verloren. Die bekannteste Ausnahme ist das
VM-Programm [Fagan 85] zur Überwachung von Patienten, die an eine
Eiserne Lunge angeschlossen sind. VM bekommt in regelmäßigen
Abständen (zwei oder zehn Minuten) ca. 30 Meßwerte über den
Patienten, die in Abhängigkeit vom momentanen Zustand des
Patienten interpretiert und mit von Ärzten vorgegebenen
Erwartungswerten verglichen werden. Für ihre zeitliche Auswertung
stehen spezielle Prädikate zur Verfügung, die bei jedem neuen
Datensatz ausgewertet werden, z.B. (FLUKTUATION, arteriel-
ler_Blutdruck, Änderung_in_beiden_Richtungen, 15, 20, Negation) =
der mittlere arterielle Blutdruck hat sich nicht um mehr als 15
Torr in den letzten 20 Minuten geändert. Da der größte Teil der
Daten von VM zeitabhängig ist, wird bei jedem Durchlauf der
erweiterte Datensatz vollständig neu interpretiert, was die
Auswertung erheblich vereinfacht.

Eine allgemeine Repräsentation von zeitlichen Veränderungen in
großen diagnostischen Wissensbasen (wie in MED2 vorgesehen) muß
folgende Aspekte berücksichtigen (die ersten beiden Punkte wie in
VM):

- Abspeichern einer Geschichte von Werten für zeitveränder-
  liche Parameter.
- Spezielle Prädikate zur Auswertung von zeitlichen Veränderungen einzelner Symptome.
- Berücksichtigung von zwischenzeitlich durchgeführten Therapiemaßnahmen.
- Gezielte Korrektur der Schlußfolgerungen, die auf den alten
  Werten beruhen.
- Automatische Umrechnung des "Jetzt": wenn alte Zeitangaben sich
  auf "jetzt", d.h. den Untersuchungszeitpunkt, beziehen, dann
  müssen sie in nachfolgenden Sitzungen automatisch auf den
  neuesten Stand gebracht werden.

Der wesentliche Unterschied zwischen der Behandlung neuer Sitzungen in VM und MED2 besteht darin, daß MED2 die bereits hergeleiteten Schlußfolgerungen aus der letzten Sitzung nur korrigiert, während VM sie komplett neu ableitet. Die Korrektur wird in MED2 wie folgt ausgeführt:

(1) Frage nach dem zeitlichen Abstand seit der letzten Sitzung und Umrechnung der früheren Zeitangaben. Eine wesentliche Forderung für Zeitrepräsentationen ist eine adäquate Repräsentation des "Jetzt" [Allen 83]. In MED2 gilt der Untersuchungszeitpunkt als "Jetzt" und ist das Default-Referenzobjekt für Zeitangaben. Bei einer Folgesitzung werden alle Referenzen auf den Untersuchungszeitpunkt automatisch durch eine Referenz auf "session x" ersetzt, wobei x ein Zähler für die Anzahl der bisherigen Sitzungen ist. Die "session x" hat als Referenzobjekt den neuen Untersuchungszeitpunkt, dessen Abstand zum alten durch die oben erwähnte Zeitfrage bekannt ist. Damit sind insbesondere auch die Zeitangaben auf den neuesten Stand gebracht, die sich indirekt auf den Untersuchungszeitpunkt beziehen. Da die meisten zeitlichen Schlußfolgerungen nur die zeitlichen Relationen der Symptome untereinander betreffen, brauchen sie nicht zurückgezogen werden. Nur die Regeln, die zeitliche Veränderungen herleiten ($incr, $decr, $stab, $grad) werden neu ausgewertet.

(2) Therapiefragen
Dafür gibt es spezielle Questionsets vom TYP 'tp', die die einzelnen durchgeführten Therapiemaßnahmen erfassen.

(3) Eingabe der geänderten Symptomatik
Die Eingabe von Symptomänderungen wird in MED2 im Prinzip wie das gewöhnliche Verbessern von Symptomen behandelt (s. nächsten Abschnitt). Die Besonderheiten bei Folgesitzungen sind:

- Der alte Wert eines Symptomes geht nicht verloren, sondern wird auf einem speziellen Attribut der Manifestation zusammen mit der Sitzung, bis zu der es galt, abgespeichert.
- Die Regeln, die die Geschichte des Symptoms auswerten, werden aktiviert.

Dazu verfügt MED2 über die Regelprädikate '$decr', '$incr' und '$stab' (s. Kap 4.3.3.7), die eine ähnliche Semantik wie das Prädikat 'Fluktuation' von VM haben. Sie überprüfen, ob sich der Wert bei one-choice- und numerischen Fragen in einer vorgegeben Zeitspanne um einen Mindestbetrag verändert hat. Der wesentliche Unterschied zur "FLUKTUATION" ist, daß als zusätzliche Bedingung eine Therapie oder ein anderes Ereignis angegeben werden kann, das innerhalb der Zeitspanne stattgefunden haben muß. Dadurch können gezielt therapeutische Einflüsse auf ein Symptom ausgewertet werden. Mit dem Prädikat '$grad' (s. Kap. 4.3.3.7) kann der Anstieg eines Meßwertes seit der letzten Sitzung mit einem früheren Anstieg oder einem Absolutbetrag verglichen werden.

4.2.11 Rücknahme von Schlußfolgerungen

Ein Bedarf zum Zurückziehen von Schlußfolgerungen (Belief Revision) entsteht in der Diagnostik in folgenden Situationen:

- Fakten werden vom Benutzer korrigiert oder durch neue Daten überschrieben. Alle Schlußfolgerungen, die auf diesen Fakten basieren, müssen zurückgezogen werden.
- Eine Ausnahme einer Regel wird bekannt.
- Für eine etablierte Diagnose wird zusätzliche, negative Evidenz bekannt, die zu ihrer Revision führt.

Der einfachste (und ineffizienteste) Belief-Revision-Algorithmus (BRA) ist die Wiederholung des gesamten Inferenzprozesses unter Berücksichtigung der neuen Daten bzw. die Wiederholung des Inferenzprozesses ab dem Zeitpunkt, wo das geänderte Datum zum ersten Mal gebraucht worden ist (chronologisches Backtracking). Wesentlich effizienter ist es, nur die Schlußfolgerungen zu korrigieren, die von der Änderung der Daten tatsächlich betroffen sind. Die beiden wichtigsten Ansätze sind:

- TMS (Truth Maintenance System; auch: Reason Maintenance System) [Doyle 79, McAllester 80, Goodwin 82]
- ATMS (Assumption-Based TMS) [deKleer 84, 86]

Beim TMS werden für jede Schlußfolgerung alle ihre Begründungen mitabgespeichert. Dabei wird willkürlich eine nicht-zirkuläre Begründung als "Current Support" ausgezeichnet. Die Rücknahme eines Datums geschieht in zwei Schritten:

1. Überprüfung aller Begründungen, in denen das zurückgezogene Datum enthalten ist. Falls eine ungültig gewordene Begründung der Current Support für eine Schlußfolgerung ist, wird diese temporär als "unbekannt" markiert und Schritt 1 für sie wiederholt. Das Ergebnis ist die Demarkierung aller direkt oder indirekt betroffenen Schlußfolgerungen.
2. Ableiten eines neuen Status für die temporär unbekannten Schlußfolgerungen. Wenn eine andere Begründung für die Schlußfolgerung gefunden wurde, wird sie etabliert (Status "in"), andernfalls bekommt sie den Status "out".

Die Effizienz dieses Algorithmus hängt vor allem von der Menge der in Schritt 1 vorübergehend zurückgezogenen Schlußfolgerungen ab, die wiederum von dem Vernetzungsgrad der Wissensbasis abhängt.

Beim ATMS werden für eine Schlußfolgerung nicht nur ihre direkten Begründungen abgespeichert, sondern auch die Basisannahmen

(Fakten), unter denen die Schlußfolgerung gültig ist. Wenn die Schlußfolgerung auf verschiedene Weise herleitbar ist, werden jeweils verschiedene Mengen von Basisannahmen (Kontexten) abgespeichert, die zur Vermeidung von Redundanzen minimiert werden (z.B. wenn die Schlußfolgerung X sowohl aus A & B als auch aus B alleine herleitbar ist, wird als Kontext nur B abgespeichert).

Eine mögliche Implementierung des ATMS ist die Repräsentation aller Basisannahmen der Wissensbasis in einem Bit-Vektor. Für jede Schlußfolgerung wird dann eine Menge von Bit-Vektoren gespeichert, die alle minimalen Kontexte markieren, die Voraussetzung für die Gültigkeit der Schlußfolgerung sind. Die Überprüfung der Gültigkeit ergibt sich dann aus dem Vergleich des Bit-Vektors, der die gerade gültigen Basisannahmen repräsentiert (Current Environment), mit den Bit-Vektoren der Schlußfolgerung.

Das ATMS korrigiert beim Belief-Revision keine Schlußfolgerungen, sondern ändert nur das Current Environment. Seine Effizienz hängt damit von dem Aufwand zur Generierung minimaler Mengen von Basisannahmen für die Schlußfolgerungen und zur Überprüfung der Teilmengenrelation zwischen Kontexten ab. Der Hauptvorteil des ATMS liegt in der Fähigkeit zum direkten Vergleich zwischen den Konsequenzen von verschiedenen Annahmen (im TMS ist das nicht möglich, da es immer nur einen konsistenten Zustand gibt).

Die Rechen- und Speichereffizienz des ATMS hängt von der Menge der Basisannahmen der Wissensbasis ab. Je mehr Fakten die Wissensbasis enthält, desto größer werden die Bitvektoren der Schlußfolgerungen und desto aufwendiger der Vergleich zwischen zwei Bit-Vektoren.

Die Effizienz beider Algorithmen in der skizzierten Form ist in größeren Diagnostikanwendungen gering, da

- (bzgl. ATMS) die Menge der Grundannahmen (Symptome), die für jede Schlußfolgerung abgespeichert werden muß, sehr groß und nach oben unbegrenzt ist. In unseren derzeitigen Wissensbasen gibt es ca. 150 (KFZ-Wb) bzw. 1000 (medizinische Wb) Basismanifestationen, für deren Wert aber mindestens je ein Byte Speicherplatz benötigt wird, da ihr Wertebereich z.B. numerische, Multiple-Choice- oder Zeitangaben umfaßt.
- (bzgl. TMS) der Vernetzungsgrad der Symptome und Diagnosen hoch ist.

Außer dem hohen Vernetzungsgrad verschlechtert die probabilistische Bewertungsstrategie die Effizienz des TMS beträchtlich. Während es bei kategorischer Bewertung ausreicht, eine Begründung (Current Support) für eine Schlußfolgerung abzuspeichern, müssen bei probabilistischer Evidenzverstärkung alle Regeln berücksichtigt werden. Entsprechend erfordert die Änderung eines Datums im TMS die vorübergehende Demarkierung aller Schlußfolgerungen, bei denen sich eine Regel auf dieses Faktum bezieht (im kategorischen Fall wäre eine Diagnose nur dann betroffen, wenn ihr Current Support ungültig wird).

Durch die Differentialdiagnostik wird der Vernetzungsgrad noch größer und die Situation wesentlich schlechter, da jetzt die Etablierung einer Diagnose nicht nur von ihren eigenen Regeln abhängt, sondern auch von der Bewertung aller ihrer Differentialdiagnosen. Deswegen könnte die Änderung eines unspezifischen Symptoms wie Kopfschmerzen dazu führen, daß im TMS die meisten Schlußfolgerungen temporär zurückgezogen und anschließend wieder neu hergeleitet würden. Intuitiv erscheint das unnötig, da ein solches Symptom bei den meisten Diagnosen nur eine geringe Bedeutung hat und wahrscheinlich zu keiner Statusänderung führen wird.

Die Leitidee des BRA in MED2 ist daher, einen informierteren Indikator in die Gültigkeit einer Schlußfolgerung als den "Current Support" zu benutzen, mit dem sofort bei Überprüfung der Schlußfolgerung entschieden werden kann, ob sie zurückgezogen werden muß, um die temporäre Demarkierung von Schlußfolgerungen zu vermeiden (Immediate-Check TMS = ITMS). Nur falls sich der Status einer Schlußfolgerung tatsächlich ändert, wird die Änderung weiterpropagiert. Dabei können folgende Probleme auftreten:

- Ineffiziente Abarbeitungsreihenfolge: wenn mehrere Regeln einer Schlußfolgerung revidiert werden, könnte die Schlußfolgerung nach jeder Einzeländerung ihren Status wechseln.
- Inkorrektes Ergebnis: wenn die Wissensbasis zirkuläre Begründungen für eine Schlußfolgerung enthält, kann es vorkommen, daß der Status einer Schlußfolgerung nicht geändert wird, obwohl der nicht-zirkuläre Teil der Begründung allein zu schwach wäre (eine Begründung ist zirkulär, wenn sie direkt oder indirekt von dem Status der zu begründenden Schlußfolgerung abhängt).

Beide Probleme werden im TMS vermieden, da zunächst alle von einer Änderung betroffenen Schlußfolgerungen vorübergehend als unbekannt markiert und anschließend neu hergeleitet werden. Dabei werden zirkuläre Begründungen automatisch zurückgesetzt und alle Schlußfolgerungen nur einmal hergeleitet.

Im ITMS lösen wir beide Probleme durch Ausnutzung von Zusatzwissen:

- Die Einzeländerungen einer Schlußfolgerung werden zusammengefaßt und dann erst ihr Status überprüft.
- Zirkuläre Begründungen werden schon bei ihrer Entstehung erkannt und nicht zugelassen.

Während zirkuläre Ableitungsketten in einer Wissensbasis sehr nützlich zur flexiblen Etablierung von partiellen Lösungen sind (s. "stufenweises Vorgehen"), können zirkuläre Begründungen ohne Beeinflußung des Ableitungsprozesses unterdrückt werden, da sie nur das bestätigen, was ohnehin schon bekannt ist (unter der Voraussetzung, daß Regeln nicht aufgrund partieller Etablierung einer Schlußfolgerung feuern, die in MED2 gegeben ist, da Diagnosen entweder "etabliert", "ausgeschlossen" oder "unklar" sind).

Zur Blockade zirkulärer Schlußfolgerungen werden alle zirkulären Ableitungsketten beim Aufbau der Wissensbasis vorberechnet, was möglich ist, da die Regeln keine Variablen enthalten. Alle daran beteiligten Regeln werden als zirkulär markiert und bei der Diagnose, die sie herleiten, unter dem Attribut CIRCRULES abgespeichert.

Außerdem werden bei dieser Markierung nicht-monotone Zirkularitäten (mit denen die Etablierung einer Schlußfolgerung zu ihrer eigenen Revision führen kann) entdeckt, und der Benutzer wird aufgefordert, diese zu eliminieren.

Wenn eine Diagnose etabliert wird, werden alle ihre CIRCRULES blockiert, die nicht zu ihrer Herleitung beigetragen haben (die anderen CIRCRULES müssen eine nicht-zirkuläre Ableitung haben, da sie gefeuert haben, bevor die Diagnose etabliert war). Wenn die Diagnose zurückgezogen wird, werden erst alle notwendigen Korrekturen vorgenommen und dann die Blockade ihrer CIRCRULES aufgehoben (s. Beispiel im nächsten Abschnitt). Die Kosten zur Laufzeit für diese Operationen sind gering, da nur vorberechnete Listen von Regeln markiert werden brauchen.

Um zu verhindern, daß eine Schlußfolgerung mehrmals überprüft wird, muß gewährleistet sein, daß vor ihrer Überprüfung alle sie betreffenden Änderungen berücksichtigt sind. Das läßt sich erreichen, indem zuerst die Basisschlußfolgerungen (die nur von Fakten abhängen) überprüft werden und dann schrittweise die darauf aufbauenden Schlußfolgerungen unter Berücksichtigung der hierarchischen Abhängigkeiten. Dies wird in Schritt 3 des ITHS durchgeführt.

4.2.11.1   Der ITMS-Algorithmus

Der ITMS ist anwendbar für Inferenzsysteme, die mit probabilistischen oder kategorischen Regeln aus Fakten und abgeleiteten Schlußfolgerungen neue Schlußfolgerungen herleiten (Schlußfolgerungen sind typischerweise Diagnosen). Nicht-monotone Zirkularitäten dürfen nicht vorkommen. Wenn monotone Schleifen existieren, müssen für die an den Schleifen beteiligten Regeln folgende Voraussetzungen erfüllt sein:

- Eine Schlußfolgerung hat nur maximal drei Zustände: unklar (dann kann keine Regel feuern, die Konsequenzen aus der Schlußfolgerung herleitet), etabliert und ausgeschlossen.
- Alle Regeln, die an einer Zirkularität beteiligt sind, sind bei Schlußfolgerungen, für die sie positive bzw. negative Evidenz liefern, als positive bzw. negative "CIRCRULES" gekennzeichnet. Die Vorberechnung der CIRCRULES ist möglich, wenn Schlußfolgerungen in Regeln nur als Konstanten referiert und nicht als Variablen zur Laufzeit berechnet werden. Wenn eine Schlußfolgerung etabliert bzw. ausgeschlossen wird, werden alle ihre positiven bzw. negativen CIRCRULES blockiert, sofern sie nicht schon gefeuert haben. Wenn eine Schlußfolgerung auf den Status 'unklar' zurückgesetzt wird, werden die blockierten Schlußfolgerungen wieder freigegeben.

Input: Revision eines Faktums, einer Regel oder einer Schlußfolgerung

Output: Korrektur der Wissenbasis, als ob die Änderungen von Anfang an berücksichtigt worden wären.

---

1. Revision bzw. Ausführung aller unmittelbar betroffenen Regeln (wenn sich ein Faktum oder eine Schlußfolgerung geändert hat, werden alle Regeln, die den alten Wert benutzen, zurückgezogen, und alle Regeln, die auf den neuen Wert zugreifen, aktiviert).
   Die Rücknahme einer Regel wird als die Ausführung der Regel mit inverser Aktion durchgeführt.
2. Alle von diesen Regeländerungen betroffenen Interpretationen werden auf eine globale Datenstruktur AGENDA gesetzt.
3. Falls AGENDA leer, dann STOP.
   Sonst Selektion einer Interpretation X von AGENDA, von der keine andere Interpretation in AGENDA direkt abhängt.
4. Löschen von X aus AGENDA.
5. Überprüfen von X, ob die (in Schritt 1 durchgeführten) Änderungen ihren Status verändert hat.
   Falls nein: GOTO 3.
   Falls ja: GOTO 1.

Die Behandlung von Zirkularitäten wollen wir an dem folgenden, kleinen Beispiel illustrieren (zur Vereinfachung benutzen wir nur kategorische Regeln):

```
R1: A => B,      R2: B => C,
R3: C => A,      R4: X => A,
R5: Y => A,      R6: Z => B,
```

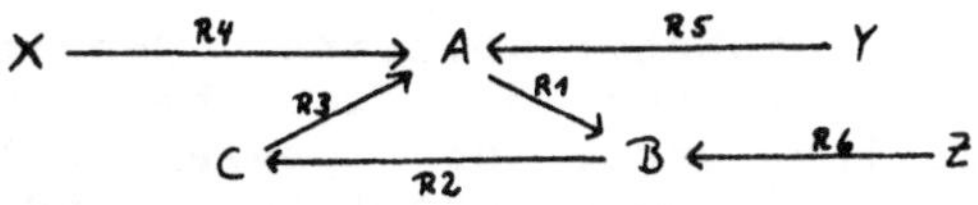

Während des Aufbaus der Wissensbasis werden folgende Attribute
vorbesetzt (PRULES = positive Forward-Rules einer Schlußfolge-
ung):

```
A: PRULES: (R1)      CIRCRULES: (R3)
B: PRULES: (R2)      CIRCRULES: (R1)
C: PRULES: (R3)      CIRCRULES: (R2)
X: PRULES: (R4)
Y: PRULES: (R5)
Z: PRULES: (R6)
```

Ein Beispiel einer möglichen Ableitungskette ist (da immer nur
die Rücknahme einer Schlußfolgerung aktiviert ist, lassen wir
die AGENDA weg; "-R1" bedeutet: Rücknahme von R1):

```
Start: Unklar (A, B, C, X, Y, Z)
1. Benutzereingabe (X)
2. Strength (A) := 1 => Etabliert (A)                    durch R4
3. Blockade der CIRCRULES (A) => Blockiert (R3)
4. Strength (B) := 1 => Etabliert (B)                    durch R1
   [da R1 gefeuert hat, wird es nicht blockiert]
5. Strength (C) := 1 => Etabliert (C)                    durch R2
STOP [R3 ist blockiert; derzeitiger Stand X -> A -> B -> C]


6. Benutzereingabe (Y)
7. Strength (A) := 2                                     durch R5
STOP


8. Benutzereingabe (Z)
9. Strength (B) := 2                                     durch R6
STOP


10. Benutzerrücknahme (X)
11. Strength (A) := 1                                    durch -R4
    [der ITMS erkennt direkt, daß A noch eine
     nicht zirkuläre Begründung hat]
STOP


12. Benutzerrücknahme (Y)
13. Strength (A) := 0 => Unklar (A)                      durch -R5
14. Strength (B) := 1
    [auch hier ist kein "Unlabeling" wie im TMS notwendig]
15. Blockiert (R1)
    [weil R1 eine CIRCRULE von B ist, die nicht
    gefeuert hat]
16. Freigabe (R3)
    [blockierte CIRCRULES werden freigegeben, nachdem
    alle anderen Inferenzen durchgeführt worden sind]
17. Strength (A) := 1 => Etabliert (A)                   durch R3
STOP [Endzustand: Z -> B -> C -> A]
```

Bei probabilistischen Regelbewertungen ändert sich in dem Beispiel nur der Wertebereich der 'STRENGTH', der dann die reellen statt der ganzen Zahlen umfaßt. Die Entscheidung, wann eine Diagnose etabliert wird, wird dabei durch Vergleich mit ihren Differentialdiagnosen getroffen.

Da zirkuläre Begründungen blockiert sind und nicht-monotone Zirkularitäten nicht vorkommen, ist die Korrektheit und Terminierung des Algorithmus leicht ersichtlich.

Die Effizienz des ITMS kann durch mehrfache Revisionen einer Schlußfolgerung beeinträchtigt werden, die in folgenden Situationen möglich sind:

1. Die angegebene Methode zur Blockade zirkulärer Begründungen kann auch Begründungen blockieren, die eine nicht-zirkuläre Komponente enthalten.
   In dem obigen Beispiel war es nicht nötig, die Regel R3 (C => A) zu blockieren, da sie über Z eine nicht-zirkuläre Ableitung hatte. Die Blockade dieser Regel führte dazu, daß A unnötigerweise zurückgezogen und anschließend "rehabilitiert" wurde.
   Zum Erkennen solcher Situationen müßte die Strategie zur Blockade von Regeln informierter sein, was jedoch einen erheblichen Verwaltungsaufwand erfordern würde, der seinen Nutzen möglicherweise übersteigt.

2. Die Selektion eines Basis-Objektes von der AGENDA in Schritt drei des ITMS erfordert die Berechnung der transitiven Hülle aller abhängigen Objekte für alle Objekte in der AGENDA. Wenn dieses aufwendige Verfahren vermieden wird und z.B. (wie in der Implementierung von MED2) nur Ein-Schritt Relationen zwischen Objekten berücksichtigt werden, kann eine mehrfache Revision eines Objektes vorkommen:
   Beispiel: Gegeben seien die Regeln A => B, B => C, X => A, Y => B. A, B und C seien etabliert.
   Wenn X und Y ihren Status ändern, dann sollte A vor C überprüft werden, da A in einer Zwei-Schritt Relation von C abhängt. Dies kann jedoch bei bloßer Berücksichtigung von Ein-Schritt Relationen nicht erkannt werden.

Eine optimale Realisierung des ITMS muß einen bereichsabhängigen Kompromiß zwischen den Verwaltungskosten zur Vermeidung einer mehrfachen Überprüfung von Schlußfolgerungen und den Kosten, dies gelegentlich zu tun, anstreben.

4.2.11.2   Implementierung des ITMS in MED2

Bei der Implementierung des ITMS in MED2 brauchte der existierende Inferenzmechanismus nur um folgende Komponenten erweitert werden:

- Blockade und Freigabe zirkulärer Begründungen
- Definition von inversen Aktionen für die Regeln (meistens
  Subtraktion von Punkten von einem Punktekonto)
- Verwaltung der AGENDA
  Das ist der aufwendigste Teil der Implementierung. Wenn ein
  Faktum, eine Regel oder eine Schlußfolgerung zurückgezogen
  werden muß, wechselt MED2 in den "Belief-Revision-Modus", in
  dem alle Änderungen von Objekten auf der AGENDA registriert
  werden, um die Objekte anschließend in einer effizienten
  Reihenfolge überprüfen zu können. Die Reihenfolge wird
  außer durch die bereits erwähnte Berücksichtigung von
  Ein-Schritt Abhängigkeiten zwischen den Objekten auch durch
  die Typisierung der Schlußfolgerungen gesteuert: z.B. werden
  Symptominterpretationen grundsätzlich vor Pathokonzepten überprüft. In unseren derzeitigen Wissensbasen ist diese Strategie
  ausreichend zur Vermeidung von mehrfachen Revisionen.

Das Laufzeit-Verhalten des ITMS in MED2 ist vergleichbar zum
Laufzeit-Verhalten des normalen Inferenzprozesses, da die
Rücknahme von Regeln als das Ausführen ihrer inversen Aktion
behandelt wird. Die Verwaltungskosten zum Blockieren und
Freigeben von zirkulären Regeln und zur Berechnung der
Reihenfolge in der AGENDA sind verhältnismäßig gering.

4.2.11.3 Diskussion des ITMS

Einen Vergleich des ITMS mit dem TMS und ATMS gibt Tabelle 4.1.

	Speicheraufwand für jede Schlußfolgerung	Belief-Revision Mechanismus	Verwaltungskosten
TMS	Begründungen und "Current Support"	De- und Remarkier-ung der betroffenen Schlußfolgerungen aufgrund des "Current Support"	Generierung der Begründungen und des "Current Supports"
ATMS	Basis-Annahmen und Begründungen	Vergleich zwischen dem "Current Envir-onment" und den Ba-sisannahmen einer Schlußfolgerung	Generierung und Minimierung von Mengen von Basis-annahmen
ITMS	STRENGTH und CIRC-RULES	Remarkierung aller Schlußfolgerungen aufgrund ihrer STRENGTH	Blockade und Frei-gabe von zirkulä-ren Regeln und Up-date der STRENGTH

Tab. 4.1: Vergleich zwischen TMS, ATMS und ITMS

Durch die Fähigkeit der sofortigen Überprüfung einer Schlußfolgerung ist das ITMS in großen Anwendungsbereichen mit stark vernetzten, redundanten Wissensbasen wie in der Diagnostik den beiden anderen Algorithmen klar überlegen. Die Effizienz des ITMS basiert wesentlich auf der Vorausberechnung zirkulärer Ableitungspfade in der Wissensbasis, was nur möglich ist, wenn die zirkulären Regeln keine Variablen enthalten oder die Variablen nur wenige Instanzen haben.

Das ITMS kann man als eine Erweiterung des TMS betrachten, bei dem der statische Teil der Wissensbasis vorausberechnet ist und bei dem die Current-Support-Strategie durch einen aussagekräftigeren Indikator in die augenblickliche Unterstützung der Schlußfolgerung (die kategorische oder probabilistische Strength) ersetzt ist.

Damit entspricht das ITMS wesentlich besser der Art und Weise, wie Menschen Schlußfolgerungen korrigieren, die ebenfalls ohne einen "Unlabeling-Prozeß" direkt entscheiden, welche Konsequenzen die Änderung einer Annahme hat. Ein schwerwiegendes Problem auch für Menschen sind zirkuläre Begründungen (sicherlich ein wichtiger Aspekt bei Vorurteilen). Sie können ohne Informationsverlust nur blockiert werden (wie in MED2), wenn keine Ableitungen aus der partiellen Bestätigung einer Schlußfolgerung gezogen werden. Diese Voraussetzung ist nicht gegeben, wenn z.B. der Zustand "etabliert" in "möglich", "wahrscheinlich" und "gesichert" aufgespalten würde, und Regeln der Art "wenn eine Diagnose möglich ist und ein weiteres Symptom trifft zu, dann ist sie wahrscheinlich" benutzt würden.

4.3 Formale Beschreibung zum Aufbau einer Wissensbasis

Gliederung:

4.3.1 Aufbau einer vollständigen Beispiel-Wissensbasis

Bereich: Eignung eines Anwendungsgebietes für XPSe und MED2

4.3.1.1 Einleitung

Wir illustrieren in diesem Beispiel alle Phasen bei der Entwicklung einer diagnostischen Wissensbasis und machen den Leser mit der Kernstruktur von MED2 vertraut. Als Anwendungsbereich dient die Fragestellung, ob sich ein Gebiet für den Einsatz von Expertensystemen und insbesondere für MED2 eignet. Natürlich kann mit dieser Wissensbasis nur eine erste Orientierung über die Erfolgschancen eines Expertensystemprojektes und keine definitive Entscheidung getroffen werden. Dies wird auch durch die Verbesserung der Wissensbasis im Anhang D unterstrichen, die der Leser aufgrund seiner persönlichen Erfahrung zur Vertiefung seiner MED2-Kenntnisse fortsetzen kann, bevor er seine eigene Wissensbasis aufbaut.

Die erste, kreative Phase beim Aufbau einer Wissensbasis besteht aus dem Sammeln und Aufbereiten des Wissens. In der Diagnostik gibt es dabei zwei komplementäre Vorgehensweisen:

a) diagnoseorientierte Vorgehensweise	b) symptomorientierte Vorgehensweise
I. Diagnosen erfassen II. Diagnoseprofile erstellen III. Auflösung von Symptom- interpretationen IV. Symptome zusammenfassen	I. Symptome erfassen II. einfache Symptominterpre- tationen ergänzen III. Diagnosen erfassen IV. Diagnoseprofile erstellen
V. weiteres Wissen hinzufügen (Diagnosebe- wertung, Therapie, Symptomerfassung etc.)	
2. Phase: Formalisierung des Wissens	

Bei der diagnoseorientierten Vorgehensweise beginnt man mit der Erfassung und hierarchischen Strukturierung der Diagnosen, die das System erkennen soll. Für diese Diagnosen werden Profile erstellt, d.h. es werden jeweils alle Symptome aufgelistet, die für oder gegen die Diagnose sprechen. Anschließend werden Symptominterpretationen zu erfragbaren Symptomen aufgelöst, die Symptome in Fragen und Fragegruppen zusammengefaßt und die hierarchischen Abhängigkeiten zwischen den Fragen hinzugefügt.

Diese Vorgehensweise eignet sich insbesondere zum Entwickeln von schnellen Prototypen. Ihr Nachteil ist ihre Änderungsfeindlichkeit, da die so erfaßte Symptomatik sich nur für die Herleitung der anfangs berücksichtigten Diagnosen eignet und beim Hinzufügen

von weiteren Diagnosen bzw. einer Ausweitung des Anwendungsgebietes im allgemeinen geändert werden muß.

Den Nachteil kann man durch die symptomorientierte Vorgehensweise
vermeiden. Voraussetzung ist, daß man bereits einen verhältnismäßig guten Überblick über das Anwendungsgebiet besitzt. In
diesem Fall beginnt man mit der systematischen Erfassung und
Strukturierung aller Symptome, von denen man weiß, daß sie
wichtig werden. Zur Herleitung von Diagnosen erstellt man dann
nur noch die Diagnoseprofile auf dem Fundament der bereits
erfaßten Symptome, so daß das Hinzufügen weiterer Diagnosen ohne
Umstrukturierung der existierenden Wissensbasis erfolgen kann.

Bei beiden Vorgehensweisen muß zusätzliches Wissen vor der
Formalisierungsphase hinzugefügt werden: die Bewertung der
Diagnosen erfordert eine Gewichtung der Symptome in den
Diagnoseprofilen, die Festlegung von Ausnahmen, die Berücksich-
tgung der Prädisposition und die Bestimmung der Differentialdiag-
nosen; darüberhinaus muß Wissen zur Vorgehensweise bei der
Symptomerfassung und zur Therapie ergänzt werden.

4.3.1.2   Wissensakquisition

Für den Aufbau der Beispiel-Wissensbasis wählen wir die diagnose-
orientierte Vorgehensweise, da ein schneller Prototyp erstellt
werden soll, und zeigen, wie die Konkretisierung aller
Schritte (I - V) aussehen könnte.

I.   Diagnosen erfassen

In dem Beispiel-Bereich sollen folgende Fragestellungen
behandelt werden:

- Eignung eines Anwendungsgebietes für XPSe
- Bestimmung des Problemtyps vom Anwendungsgebiet
- Eignung des Anwendungsgebietes für MED2

Daraus ergibt sich folgende Diagnosehierarchie:

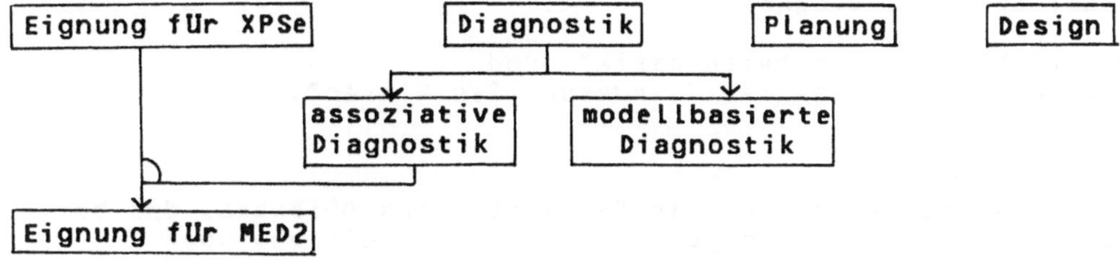

Ein ganz anderer Zugang, um die Eignung eines Anwendungsgebietes
für XPSe zu ermitteln, ist die Frage nach existierenden XPSen,
deren positive Antwort unmittelbar die Eignung bestätigen würde.
Daraus ergibt sich eine zweite Diagnosehierarchie, bei der die
Ableitungsrichtung umgekehrt ist und dadurch Zirkularitäten
entstehen (Eignung für XPSe & assoziative Diagnostik --> Eignung
für MED2 und Eignung für MED2 --> assoziative Diagnostik).

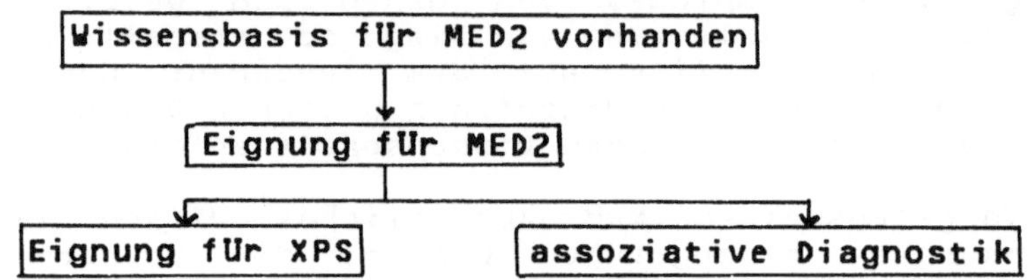

II.   Diagnoseprofile erstellen

Pk1: Eignung für XPSe

   * Das Problem kann von Experten gelöst werden und
     die Bedingungen für den Wissenserwerb sind erfüllt und
     die Symptomerfassung ist im Vergleich zur Symptominterpreta-
     tion nicht zu schwierig, oder
   * für das Anwendungsgebiet existieren schon Wissensbasen.
   * Der Problemtyp ist assoziative Diagnostik (dieses Merkmal
     erleichtert die Entwicklung eines Expertensystemes und wird
     deswegen als "Prädisposition" behandelt).

Pk2: Diagnostik

   * Das Problem läßt sich als "Fehlersuche" charakterisieren.

Pk3: assoziative Diagnostik

   * Der Problemtyp ist "Diagnostik" und
     die Art des Wissens ist Erfahrungswissen, oder
   * das Problem läßt sich als Wiedererkennen bekannter Muster
     charakterisieren, oder
   * es existiert bereits ein D-XPS im Anwendungsgebiet.

Pk4: modellbasierte Diagnostik

   * Der Problemtyp ist "Diagnostik" und
     die Art des Wissens ist "strukturelles Wissen".

Pk5: Design

   * Das Problem läßt sich als "Entwurf eines Objektes, das be-
     stimmten Anforderungen genügt", charakterisieren, oder
   * als das "Finden von Mustern, die aus kleineren Bausteinen
     schematisch erzeugt werden können".

Pk6: Planung

* Das Problem läßt sich als "Bestimmung einer Sequenz von Aktionen zum Erreichen eines Zielzustandes" charakterisieren.

Pk7: Eignung für MED2

* Der Problemtyp ist "assoziative Diagnostik" und der Bereich ist prinzipiell für Expertensysteme geeignet, oder
* eine Wissensbasis für MED2 ist bereits vorhanden.

Pk8: Wissensbasis für MED2 vorhanden

* Innere Medizin
* KFZ-Diagnostik

III.   Auflösung von Symptominterpretationen

Der nächste Schritt nach Erstellung der Diagnoseprofile besteht in der Auflösung von Symptominterpretationen. Das Symptom "Bedingungen für den Wissenserwerb erfüllt" ist zu abstrakt, als daß es erfragt werden könnte, daher wird es aus anderen Symptomen hergeleitet. Sein Profil hat folgende Gestalt:

* Die prinzipiellen Voraussetzungen für Wissenserwerb sind erfüllt und
* die tatsächliche Mitarbeit von Experten ist gewährleistet.

Die "prinzipiellen Voraussetzungen für den Wissenserwerb" sind umso besser,

* je kleiner das Anwendungsgebiet ist,
* je langsamer sich das Wissen in dem Anwendungsgebiet ändert,
* und je besser das Wissen aufgearbeitet ist.

IV.   Symptome zusammenfassen

Als nächstes müssen die Symptome der Diagnoseprofile zusammengefaßt und strukturiert werden. Im ersten Durchlauf ergeben sich folgende Fragen und Antwortalternativen:

1) Problemlösbarkeit
    - durch Experten

2) Schwierigkeit der Symptomerfassung
    - gering
    - hoch

3) Existierende Wissensbasen

4) Problemcharakterisierung
        - Fehlersuche
        - Wiedererkennen bekannter Muster
        - Entwurf eines Objektes
        - Bestimmung einer Sequenz von Aktionen
        - Erzeugen von Mustern

5) Art des Wissens
        - Erfahrungswissen
        - strukturelles Wissen

6) Mitarbeit der Experten

7) Größe des Anwendungsgebietes

8) Wissensfluktuation

9) Aufarbeitung des Wissens (Wissensquellen)

Zusätzlich kommen noch die beiden Symptominterpretationen hinzu, die im Rahmen der Datenvorverarbeitung aus den Basissymptomen hergeleitet werden:

10) Voraussetzungen für Wissenserwerb   und
11) Bewertung Wissenserwerb

Ein für die Strukturierung großer Wissensbasen wichtiger Schritt ist die Einteilung der Symptome in Questionsets. Diese Strukturierung ist jedoch in unserem sehr kleinen Beispiel nicht nötig. Aus Demonstrationsgründen teilen wir die Fragen trotzdem in zwei Questionsets ein:

Questionset "Allgemeine Fragen":

3) Problemcharakterisierung
4) existierende Wissensbasen

Questionset "Spezielle Fragen":

Alle übrigen Symptome

Die nächste Verfeinerung besteht in einer genauen Ausformulierung der Antwortalternativen und in einer hierarchischen Strukturierung der Fragen. Außerdem fügen wir noch die Abkürzungen für die Objekte hinzu. Sie müssen mit einem 'q' für Questionsets und einem 'm' für Manifestionen (Fragen und einfache Symptominterpretationen) beginnen.

Questionset qgd: Allgemeine Fragen

mgd1 = Problemcharakterisierung
1. Wiedererkennen von Mustern (--> mgd11)
2. Fehlersuche (--> mgd12)
3. Entwurf von Objekten
4. Bestimmung einer Sequenz von Aktionen

Wir haben hier die beiden, sich auf 'Muster' beziehenden Antwortalternativen der oben grob ausformulierten Frage zusammengefaßt und unterscheiden die Art des Musters in einer Folgefrage:

mgd11 = Generierbarkeit der Muster
1. ja
2. nein

Der Bezug zwischen beiden Fragen muß durch eine spezielle Regel "Wenn mgd1 = 1, dann frage mgd11" (vom TYP 'ask') hergestellt werden. Solche Regeln sind durch Pfeile bei den Antwortalternativen gekennzeichnet.

Falls das Problem sich als Fehlersuche charakterisieren läßt, soll in einer Folgefrage das genaue Einsatzgebiet genannt werden, wobei die auswertbaren Antwortalternativen existierende Wissensbasen von MED2 sind:

mgd12 = Einsatzgebiet
1. Innere Medizin
2. KFZ-Diagnostik

Die bei dieser Frage notwendige Antwortalternative "nein/sonstiges" braucht nicht explizit angegeben werden, da sie von MED2 standardmäßig bei allen Fragen hinzugefügt wird (ebenso wie die Antwortalternative "unbekannt").

Für den zweiten Questionset gibt es folgende Manifestationen:

qdi = spezielle Fragen

mdi1 = Größe des Anwendungsgebietes
1. gegenüber Allgemeinwissen nicht abgrenzbar
2. relativ groß und abgrenzbar
3. eng begrenzt und abgrenzbar
4. sehr klein

mdi2 = Art des Wissens
1. Erfahrungswissen (empirische Assoziationen)
2. strukturelles Wissen (kausale Modelle)

Erläuterungen zu Antwortalternativen können in MED2 in einem speziellen Attribut XRANGE abgespeichert werden, deren Existenz dem Benutzer im Dialog angezeigt wird und die er sich auf Wunsch anschauen kann.

mdi3 = Wissensfluktuation
1. schnell (1 - 3 Jahre)
2. mittel (4 - 10 Jahre)
3. langsam (über 10 Jahre)

Bei dieser Manifestation könnte man auch direkt nach einer
Jahreszahl anstatt nach qualitativen Begriffen fragen (ihr
ANSWERTYP wäre dann "numerisch" oder "Dauer" statt "one-choice").
Das ist jedoch nur sinnvoll, wenn der Benutzer prinzipiell
in der Lage ist, präzise numerische Angaben zu machen, was
bei der Frage nach der Wissensfluktuation schwierig ist.

Bei der "Schwierigkeit der Symptomerfassung" muß berücksichtigt
werden, ob die Daten von einem Meßgerät automatisch eingelesen
oder vom Benutzer eingegeben werden sollen. Deswegen ist es
sinnvoll, zunächst eine Übersichtsfrage und in Abhängigkeit der
Antworten Folgefragen zu stellen:

mdi4 = Symptomerfassung
1. durch Fachpersonal (--> mdi41)
2. durch ungeschultes Personal
3. durch nichtnumerische Meßverfahren (z.B. bildgebende
   diagnostische Verfahren) (--> mdi42)
4. durch numerische Meßverfahren

Die Frage "Schwierigkeit der Symptomerfassung" ist eigentlich nur
sinnvoll, wenn die Daten durch Fachpersonal erhoben werden, da
ungeschultem Personal ohnehin kein hoher Schwierigkeitsgrad beim
Erkennen von Syptomen zugemutet werden sollte. Eine äquivalente
Folgefrage ist bei nichtnumerischen Meßverfahren angebracht.
Solche Daten können von einem Expertensystem nur ausgewertet
werden, wenn ein Programm zur Vorverarbeitung existiert, das die
diagnostisch relevanten Parameter extrahiert. Daraus ergeben sich
die Folgefragen:

mdi41 = Schwierigkeit der Symptomerfassung
1. groß
2. gering

mdi42 = Vorverarbeitung der nichtnumerischen Meßdaten
1. ja
2. geplant
3. nein

Als nächstes kommen Fragen zu den Bedingungen des Wissenserwerbs:

mdi5 = Wissensquellen
1. ein Experte (--> mdi51)
2. verteilt auf mehrere Experten (--> mdi51)
3. Literatur
4. Software (z.B. Datenbanken)

mdi51 = Mitarbeit der Experten
1. kooperativ und viel Zeit
2. kooperativ und wenig Zeit
3. wenig kooperativ
4. keine Beteiligung

mdi6 = Problemlösbarkeit
1. unbefriedigend
2. durch konventionelle Programme
3. durch Experten

Schließlich ergänzen wir den Questionset noch um die zwei abgeleiteten Manifestationen:

mdi9 = Voraussetzungen für Wissenserwerb
1. schlecht
2. mittel
3. gut

mdi91 = Bewertung Wissenserwerb
1. schlecht
2. mittel
3. gut

V.   Weiteres Wissen hinzufügen

Der Kern der Wissensbasis, nämlich die Symptome, Questionsets, Symtominterpretationen und Diagnosen ist jetzt spezifiziert, und es fehlen hauptsächlich noch die Regeln. Der nächste
Schritt ist daher die Verfeinerung der Diagnoseprofile. Dabei
wollen wir die Unsicherheit zunächst nur qualitativ bewerten, was
durch verschieden viele '+' bzw. '-' angedeutet wird. Die Profile
der Symptominterpretationen sehen wie folgt aus:

mdi9 = Voraussetzungen für Wissenserwerb:
++   mdi1 = 3, 4 (Gebiet = eng begrenzt oder sehr klein)
+   mdi5 = 4   (Wissensquellen = Software)
+   mdi5 = 3   (Wissensquellen = Literatur)
+   mdi5 = 1   (Wissensquellen = ein Experte)
+   mdi3 = 3   (Wissensfluktuation = langsam)
0   mdi3 = 2   (Wissensfluktuation = mittel)
-     mid5 = 2   (Wissensquellen = mehrere Experten)
--   mdi3 = 1   (Wissensfluktuation = schnell)
---   mdi1 = 2   (Gebiet = relativ groß)
 Ausnahme: pk3 = etabliert (Problemtyp = assoziative Diagnostik)
---   mdi1 = 1   (Gebiet = gegenüber Allgemeinwissen nicht
                             abgrenzbar)

Die konkrete Bewertung der einzelnen Regel und ihre Verrechnung
ist immer etwas willkürlich. Eine mögliche Abbildung der
Bewertungskategorien in Punkte ist z.B.:

```
++  = 3 Punkte
+   = 1 Punkt
-   = -2 Punkte
--  = -6 Punkte
--- = -10 Punkte
```

mit folgender Bedeutung:

```
Punktsumme kleiner als -1 => Voraussetzungen sind schlecht
Punktsumme kleiner als +1 => Voraussetzungen sind mittel
ansonsten                 => Voraussetzungen sind gut
```

Bei der anderen Symptominterpretation mdi91 = Bewertung Wissenserwerb sind weniger Kombinationen möglich. Deswegen ist hier eine kategorische Herleitung der Ausprägungen 'gut', 'mittel' und 'schlecht' möglich, bei der jede Regel eine kontextfreie Aussage enthält.

```
mdi91 = Bewertung für Wissenserwerb
schlecht: mdi9  = 1 (Voraussetz. für Wissenserw. = schlecht)
schlecht: mdi51 = 4 (Mitarbeit der Exp. = keine Beteiligung)
schlecht: mdi9  = 2 und mdi51 = 3 und mdi5 <> 3
                    (Voraussetz. = mittel und Mitarbeit der Exp.
                    = wenig kooperativ und es steht keine
                    Literatur zur Verfügung)

gut:       mdi9  = 3 (Vorausetz. für Wissenserwerb = gut)
 Ausnahme  mdi51 = 4 (Mitarbeit der Exp. = keine Beteiligung)
gut:       mdi51 = 1 (Mitarbeit der Exp. = optimal)
 Ausnahme  mdi9  = 1 (Voraussetz. für Wissenserw. = schlecht)
gut:       mdi9  = 2 und mdi51 = 2 und mdi5 = 2
                    (Voraussetz. = mittel und Mitarbeit der Exp.
                    = kooperativ und Wissensquellen = Literatur)

mittel:    in den übrigen Fällen:
                    (Voraussetzungen = mittel und entweder Mitarbeit der
                    Exp. = kooperativ, aber keine Literatur oder Mitarbeit
                    der Exp. = wenig kooperativ und Literatur vorhanden)
                    (mdi9 = 2) (mdi51 = 2) (mdi5 <> 3) oder
                    (mdi9 = 2) (mdi51 = 3) (mdi5 = 3)
```

Man sieht an diesem Beispiel deutlich die jeweiligen Vorteile der indirekten (mit Punktsummen hergeleiteten) und der direkten (kategorischen) Bewertung: die indirekte benötigt weniger Vorbedingungen während die direkte Bewertung transparenter ist.

Als nächstes geben wir die präzisierten Profile der Diagnosen an. Die verschiedenen Möglichkeiten der Diagnosebewertung sind in Kap. 4.3.1.4 beschrieben. Wir geben zunächst die kategorischen und dann die probabilistischen Bewertungskriterien an (pp = notwendige Bedingung, p7 = hinreichende Bedingung, n7 = Ausschluß; p1 - p6 = positive Evidenz, n1 - n6 = negative Evidenz):

```
pk1 = Eignung für Expertensystem
pp   mdi6 = 3        (Problemlösbarkeit durch Experten)
p7   pk7 = etabl. (Eignung für MED2 bekannt)
n7   mdi2 <> 1       (Art des Wissens ist kein Erfahrungswissen)
n7   mdi6 = 2        (Problem ist durch konventionelle Progr. lösbar)
n7   mdi6 = 1        (Problem ist unbefriedigend lösbar)
n7   mdi42 = 3       (Anfallende nichtnumerische Daten können nicht
                      vorverarbeitet werden)
n7   mdi41 = 1       (Bei dem Problem ist die Symptomerfassung
                      schwieriger als die Symptominterpretation)
n7   mdi91 = 1       (Bewertung Wissenserwerb ist schlecht)

p5   mdi91 = 3       (Bewertung Wissenserwerb ist gut)
p5   mdi2 = 1 und mdi42 <> 3 und mdi41 <> 1 und mdi91 <> 1
                      (es trifft keine der Ausschlußbedingungen zu)
p4   mdi4 = 3,4 und mdi4 <> 1,2
                      (Die Daten werden vollautomatisch erfaßt)
 Ausnahme: mdi42 = 2,3 (Probleme mit nichtnumerischen Daten)
p3   mdi4 = 3,4 und mdi4 = 1,2
                      (Die Daten werden teilautomatisch erfaßt)
 Ausnahme: mdi42 = 2,3 (wie bei der letzten Regel)
n3   mdi91 = 2       (Bewertung Wissenserwerb = mittel)
```

Schließlich muß noch die Prädisposition spezifiziert werden: sie
verbessert sich, wenn der Problemtyp assoziative Diagnostik ist.

```
p3       pk3 etabl.   (der Problemtyp ist assoz. Diagnostik)
```

Ebenso wie bei den Symptominterpretationen ist die probabilistische Bewertung mehr oder weniger willkürlich. Deswegen ist es
meist nicht sinnvoll, präzisere Angaben als die oben benutzten
Bewertungskategorien zu machen. In MED2 kann man daher in
Ergänzung zu genauen Punktwerten auch direkt die Kategorien in
den Regeln verwenden. Sie werden intern wie folgt in Punkte
umgerechnet: p6 = 80 Punkte, p5 = 40, p4 = 20, p3 = 10, p2 = 5,
p1 = 2; n6 - n1 entsprechend mit negativem Vorzeichen. Eine
Diagnose wird etabliert, wenn sie mehr als 41 Punkte hat und wenn
sie mindestens 20 Punkte besser als ihre Differentialdiagnosen
ist. Da es für pk1 = Eignung für Expertensystem keine
Differentialdiagnosen gibt, entfällt die zweite Bedingung und die
Diagnose wird etabliert, wenn außer einer p5-Regel noch eine
weitere Bedingung zutrifft. Insbesondere reicht dafür auch die
Prädispositiion aus, die die vorhandene Punktsumme mit einem
Faktor multipliziert. Die genaue Ausbalancierung der Bewertung
bei vielen probabilistischen Komponenten ist sehr schwierig und
meistens nur anhand von Fallbeispielen möglich. Sie wird jedoch
wesentlich vereinfacht, wenn man beim Aufbau der Wissensbasis
zwischen den verschiedenen Bewertungsfaktoren (positive und
negative Evidenz und Prädisposition) trennt und möglichst
aussagekräftige Symptominterpretationen und Zwischendiagnosen
benutzt.

Da die Präzisierung der Diagnoseprofile der anderen Pathokonzepte
ausschließlich mit entsprechenden kategorischen Regeln möglich
ist, verzichten wir hier auf eine Auflistung.

Ein weiterer wichtiger Bewertungs- und Strukturierungsfaktor ist
der Erklärungswert der Enddiagnose(n). Dazu müssen wir zunächst
spezifizieren, welche Symptome wie stark erklärungsbedürftig
sind. In unserem Beispiel ist die Tatsache wichtig, ob das
geplante Expertensystem alle Wissensarten ausnutzen kann.
Deswegen legen wir zwei Explanationsets an:

dx1 = empirisches Wissen
p4   mdi2 = 1   (Art des Wissens = empirisches Wissen)
und
dx2 = strukturelles Wissen
p4   mdi2 = 2   (Art des Wissens = kausales Wissen)

dx1 (emirisches Wissen) kann durch folgende Diagnosen erklärt
werden:

- pk1 (Eignung für Expertensystem)
- pk3 (Assoziative Diagnostik)

dx2 (strukturelles Wissen) kann nur durch eine Diagnose erklärt
werden:

- pk4 (Modellbasierte Diagnostik)

Als nächstes legen wir für etablierte Diagnosen Therapievorschläge an. Da für eine Diagnose im allgemeinen mehrere
Therapien möglich sind, werden Therapien als eigene Objekte
behandelt und mit Regeln selektiert. Falls es jedoch nur eine
optimale Therapie gibt, kann man in MED2 auch eine
Standard-Therapie angeben. Die mit der Therapie verbundene Aktion
wird als LISP-Funktion angegeben; beim Ausdrucken von Text eignet
sich dazu die Funktion bp-Liste. Da in unserer Wissensbasis nur
ein Expertensystemkern behandelt wird, gibt es auch nur eine
Therapie:

v1: Therapie zu pk7 (Eignung für MED2)
      (bp-liste '(Sie können MED2 zum Aufbau einer Wissensbasis für
                 ihr Diagnostik-Problem benutzen))

Schließlich muß noch die Dialogsteuerung festgelegt werden. Ein
wichtiger Teil ist bereits innerhalb der Questionsets durch die
hierarchische Strukturierung der Manifestationen in Fragen und
Folgefragen realisiert. Es fehlt noch die Angabe, in welcher
Reihenfolge die Fragen der obersten Hierarchieebene eines
Questionsets gestellt werden und wie die Questionsets selbst
aktiviert werden.

Beim Questionset qgd (Allgemeine Fragen) gibt es nur eine solche
Frage:

INITSEQUENCE: mgd1

Beim Questionset qdi (Spezielle Fragen) gibt es mehrere Manifestationen, deren Reihenfolge so aussehen soll:

INITSEQUENCE: mdi1 mdi2 mdi5 mdi3 mdi4 mdi6

Die erste Aktivierung der Questionsets übernimmt zu Beginn einer Sitzung immer der Benutzer, indem ihm die existierenden Questionsets zur Auswahl angeboten werden.

Da es in unserer Wissensbasis nur zwei Questionsets gibt, ist es nicht nötig, daß das Expertensystem von sich Questionsets indiziert (was sowohl durch Manifestationen als auch etablierte und verdächtigte Diagnosen möglich wäre).

4.3.1.3   Wissensformalisierung

Zur Wissenseingabe kann die Wissenserwerbskomponente in zwei Modi benutzt werden:

- Interaktiver Modus
  In einem von MED2 geleiteten Dialog gibt der Wissensingenieur sein Wissen in MED2-Syntax ein, die sofort auf Korrektheit überprüft wird. Zusätzlich kann er sich für alle Objekte und Attribute Beispiele zeigen lassen.
- Semiaktiver Modus
  Der Benutzer schreibt seine Eingabe auf eine Datei. Beim anschließenden Einlesen können auftretende Fehler interaktiv korrigiert werden. Dieser Modus erfordert Grundkenntnisse eines System-Editors zum Beschreiben der Datei. Die Eingabesyntax ist in beiden Modi die gleiche.

Es besteht auch die Möglichkeit, eine interaktiv eingegebene Wissensbasis auf Datei herauszuschreiben und dort zu ändern oder eine über Datei eingegebene Wissensbasis interaktiv weiterzuentwickeln.

Ein wichtiges Grundprinzip bei der Gestaltung der Wissenserwerbskomponente ist, daß der Experte möglichst wenig Text eintippen soll. Deswegen haben alle Objekte eine Abkürzung und einen vollen Namen für den Gebrauch im Dialog. Beim Aufbau der Wissensbasis wird auf ein Objekt nur über seine Abkürzung Bezug genommen. Bei Fragen mit Antwortalternativen werden die Alternativen in Regeln ebenfalls nicht direkt, sondern über ihre Position referiert. Der Vorteil ist, daß insbesondere die Eingabe von Regeln sehr knapp erfolgen kann, z.B. wird für die Regel

Wenn   Voraussetzung_für_Wissenserwerb = mittel
und   Mitarbeit_der_Experten = kooperativ, aber wenig Zeit

```
und       Wissensquellen = Literatur
Dann      ist die Bewertung_Wissenserwerb "gut"
```

eingegeben:

```
radd5
typ add
condition ($= mdi9 2) ($= mdi51 2) ($= mdi5 3)
action (mdi91 3)
e
```

Wenn man bei der interaktiven Eingabe eine Abkürzung nicht
weiß, kann man sie über ihren Namen suchen. Dazu tippt
man die Anfangsbuchstaben des Namens ein und bekommt alle
Namen mit ihren Abkürzungen aufgelistet, die mit der angegebenen
Buchstabensequenz beginnen. Bei komplizierterem Suchen kann man
jederzeit aus der Wissenserwerbskomponente heraus die Erklärungskomponente aufrufen, und sich dort größere Zusammenhänge in der
Wissensbasis zeigen lassen.

Die genaue Syntax der Objekte ist in 4.3.2 beschrieben. Bei der
Eingabe von Texten (d.h. die Attribute NAME, PROMPT, XPROMPT,
RANGE und XRANGE) ist zu beachten:

1) Der NAME eines Objektes darf nur aus einem Wort bestehen. Wenn
   der NAME länger ist, müssen die Teilwörter durch Sonderzeichen
   verbunden werden (z.B. "Allgemeine_Fragen"). Jedoch sollte die
   Gesamtlänge des Wortes 30 Zeichen nicht überschreiten.
2) Bei den Antwortalternativen (RANGE) müssen Texte, die aus
   mehreren Wörtern bestehen geklammert werden, andernfalls wird
   jedes einzelne Wort als eine Antwortalternative interpretiert.
3) Wenn die Wissensbasis zweisprachig aufgebaut wird, müssen alle
   Texte in der zweiten Sprache nocheinmal eingegeben werden.

Die kommentierte Eingabedatei der Beispielwissensbasis ist
in Anhang C aufgelistet. Auf den nächsten Seiten zeigen wir
den von der Wissenserwerbskomponente von MED2 erzeugten Ausdruck
der Wissensbasis. Er ist wie folgt aufgeteilt:

- Auflistung der beiden Questionsets 'qgd = Allgemeine Fragen'
  und 'qdi = spezielle Fragen' mit ihren Fragen und einfachen
  Symptominterpretationen.
- Auflistung der acht Diagnosen und der Regeln zu ihrer Herlei-
  tung.
- Auflistung der Zirkularitäten in der Wissensbasis.
- Auflistung der Explanationsets mit ihren Regeln.

```
*********************************************************************
*********************************************************************
```

qgd   Allgemeine_Fragen

typ: gd   scosts: nil

initsequence: (mgd1)

manifestions: mgd1   Problemcharakterisierung
                    mgd11   Generierbarkeit_der_Muster
                    mgd12   Einsatzgebiet

mgd1   Problemcharakterisierung

Charakterisieren Sie Ihren Anwendungsbereich!

    1   Wiedererkennen bekannter Muster
    2   Fehlersuche in technischem oder biologischem System
    3   Entwurf eines Objektes, das bestimmten Anforderungen genuegt
    4   Bestimmung einer Sequenz von Aktionen zum Erreichen eines Zielzustandes

answertyp: mc   infotyp: basic   eval: nil

asknext :   ra4   (($= mgd1 1)) --> (mgd11)
            ra5   (($= mgd1 2)) --> (mgd12)

mgd11   Generierbarkeit_der_Muster

Gibt es ein Schema fuer die Erzeugung der zu erkennenden Muster?

(wie z.B. bei Molekuelstrukturen oder Computerkonfigurationen)

    1   ja
    2   nein

answertyp: oc   infotyp: basic   eval: nil

askfirst: ra4   (($= mgd1 1))

mgd12   Einsatzgebiet

Charakterisieren Sie das Einsatzgebiet genauer!

    1   Innere Medizin
    2   KFZ-Diagnostik

answertyp: oc   infotyp: basic   eval: nil

askfirst: ra5   (($= mgd1 2))

```
*********************************************************************
*********************************************************************


qdi     Spezielle_Fragen

typ: gd      scosts: nil

initsequence:  (mdi1 mdi2 mdi5 mdi3 mdi4 mdi6)


manifestions:      mdi1       Gebiet
                   mdi2       Art_des_Wissens
                   mdi3       Wissensfluktuation
                   mdi4       Symptomerfassung
                   mdi41      Schwierigkeit_der_Symptomerfassung
                   mdi42      Vorverarbeitung_der_nichtnumerischen_Daten
                   mdi5       Wissensquellen
                   mdi51      Mitarbeit_der_Experten
                   mdi6       Problemloesbarkeit



derivatives:       mdi9       Voraussetzungen_fuer_Wissenserwerb
                   mdi91      Bewertung_Wissenserwerb
```

```
mdi1     Gebiet

Wie umfangreich ist das Wissen in Ihrem geplanten Anwendungsgebiet?

     1   gegenueber Allgemeinwissen nicht abgrenzbar
     2   relativ gross und abgrenzbar
     3   eng begrenzt und abgrenzbar
     4   sehr klein

answertyp: oc     infotyp: basic      eval: nil
```

```
mdi2     Art_des_Wissens

Charakterisieren Sie die Art des zur Verfuegung stehenden Wissens?

     1   Erfahrungswissen
     2   strukturelles Wissen

(ad 1: empirische Assoziationen)
(ad 2: kausale Modelle)

answertyp: mc     infotyp: basic      eval: nil
```

mdi3   Wissensfluktuation

Wie schnell aendert sich das Wissen?

    1   schnell
    2   mittel
    3   langsam

(ad 1: Wissen veraltet in etwa ein bis drei Jahren.)
(ad 2: Wissen veraltet in etwa vier bis zehn Jahren.)
(ad 3: Wissen bleibt laenger als zehn Jahre gueltig.)

answertyp: oc   infotyp: basic   eval: nil

mdi4   Symptomerfassung

Wodurch sollen die Symptome im geplanten Expertensystem erfasst werden?

    1   Fachpersonal
    2   ungeschultes Personal
    3   nichtnumerische Messverfahren
    4   numerische Messverfahren

(ad 3: z.B. in der Medizin EKG oder Roentgen Geraeuschanalyse)

answertyp: mc   infotyp: basic   eval: nil

asknext :   ra1   (($= mdi4 1)) --> (mdi41)
            ra2   (($= mdi4 3)) --> (mdi42)

mdi41   Schwierigkeit_der_Symptomerfassung

Wie gross ist die Schwierigkeit des Symptomerkennens im Vergleich zur
Symptominterpretation?

    1   gross
    2   gering

answertyp: oc   infotyp: basic   eval: nil

askfirst: ra1   (($= mdi4 1))

mdi42   Vorverarbeitung_der_nichtnumerischen_Daten

Existiert ein Programm zur Vorverarbeitung der Daten?

```
    1  ja
    2  geplant
    3  nein
```

answertyp: oc   infotyp: basic   eval: nil

askfirst: ra2 (($= mdi4 3))

mdi5   Wissensquellen

Wo ist das Wissen vorhanden?

```
    1  ein Experte
    2  verteilt auf mehrere Experten
    3  Literatur
    4  Software
```

(ad 2: kein Experte verfuegt ueber das gesamte Wissen)

answertyp: mc   infotyp: basic   eval: nil

asknext : ra3 (($or mdi5 1 2)) --> (mdi51)

contradictions:
```
rcon1          Typ: contra  Condition: ($= mdi6 3) (non $or mdi5 1 2)
Wenn           Problemloesbarkeit = durch Experten
und            Nicht Wissensquellen = ein Experte oder verteilt auf
                         mehrere Experten
rcon2          Typ: contra  Condition: ($= mdi6 2) (non $= mdi5 4)
Wenn           Problemloesbarkeit = durch konventionelle Programme
und            Nicht Wissensquellen = Software
```


mdi51   Mitarbeit_der_Experten

Wie gut ist voraussichtlich die Mitarbeit von Experten?

```
    1  kooperativ und viel Zeit
    2  kooperativ aber wenig Zeit
    3  wenig kooperativ
    4  keine Beteiligung
```

answertyp: oc   infotyp: basic   eval: nil

askfirst: ra3 (($or mdi5 1 2))

mdi6   Problemloesbarkeit

Wie sind Probleme im Anwendungsbereich ohne Expertensysteme loesbar?

```
    1  unbefriedigend
    2  durch konventionelle Programme
```

3   durch Experten

answertyp: mc   infotyp: basic   eval: nil

contradictions:
rcon1   Typ: contra Condition: ($= mdi6 3) (non $or mdi5 1 2)
Wenn   Problemloesbarkeit = durch Experten
und   Nicht Wissensquellen = ein Experte oder verteilt auf
                          mehrere Experten
rcon2   Typ: contra Condition: ($= mdi6 2) (non $= mdi5 4)
Wenn   Problemloesbarkeit = durch konventionelle Programme
und   Nicht Wissensquellen = Software

mdi9   Voraussetzungen_fuer_Wissenserwerb

    1   schlecht
    2   mittel
    3   gut

answertyp: oc   infotyp: derived   eval: (-1 1)

hergeleitet aus folgenden Regeln:
3   rdq3   ($or mdi1 3 4) typ: dq
                  Gebiet = eng begrenzt und abgrenzbar oder sehr klein
1   rdq9   ($= mdi5 3) typ: dq
                  Wissensquellen = Literatur
1   rdq7   ($= mdi5 1) typ: dq
                  Wissensquellen = ein Experte
1   rdq6   ($= mdi3 3) typ: dq
                  Wissensfluktuation = langsam
1   rdq10 ($= mdi5 4) typ: dq
                  Wissensquellen = Software
0   rdq5   ($= mdi3 2) typ: dq
                  Wissensfluktuation = mittel
-2   rdq8   ($= mdi5 2) typ: dq
                  Wissensquellen = verteilt auf mehrere Experten
Kommentar: wegen Koordinationsproblemen
-6   rdq4   ($= mdi3 1) typ: dq
                  Wissensfluktuation = schnell
-10   rdq2   ($= mdi1 2) typ: dq
                  Gebiet = relativ gross und abgrenzbar
ausser   rr1   ($pc pk3) typ: ret
           Wenn   assoziative_Diagnostik ist etabliert
-20   rdq1   ($= mdi1 1) typ: dq
                  Gebiet = gegenueber Allgemeinwissen nicht abgrenzbar

mdi91   Bewertung_Wissenserwerb

    1   schlecht
    2   mittel
    3   gut

answertyp: oc   infotyp: derived   eval: nil

hergeleitet aus folgenden Regeln:
gut   radd5 ($= mdi9 2) ($= mdi51 2) ($= mdi5 3) typ: add

```
                       Voraussetzungen_fuer_Wissenserwerb = mittel
              und      Mitarbeit_der_Experten = kooperativ aber wenig Zeit
              und      Wissensquellen = Literatur
gut           radd4  ($= mdi51 1)  typ: add
                       Mitarbeit_der_Experten = kooperativ und viel Zeit
ausser        rr5  ($= mdi9 1)  typ: ret
              Wenn     Voraussetzungen_fuer_Wissenserwerb = schlecht
gut           radd3  ($= mdi9 3)  typ: add
                       Voraussetzungen_fuer_Wissenserwerb = gut
ausser        rr4  ($= mdi51 4)  typ: ret
              Wenn     Mitarbeit_der_Experten = keine Beteiligung
mittel        radd7  ($= mdi9 2) ($= mdi51 2) (non $= mdi5 3)  typ: add
                       Voraussetzungen_fuer_Wissenserwerb = mittel
              und      Mitarbeit_der_Experten = kooperativ aber wenig Zeit
              und      Nicht Wissensquellen = Literatur
mittel        radd6  ($= mdi9 2) ($= mdi51 3) ($= mdi5 3)  typ: add
                       Voraussetzungen_fuer_Wissenserwerb = mittel
              und      Mitarbeit_der_Experten = wenig kooperativ
              und      Wissensquellen = Literatur
schlecht      radd8  ($= mdi9 2) ($= mdi51 3) (non $= mdi5 3)  typ: add
                       Voraussetzungen_fuer_Wissenserwerb = mittel
              und      Mitarbeit_der_Experten = wenig kooperativ
              und      Nicht Wissensquellen = Literatur
schlecht      radd2  ($= mdi51 4)  typ: add
                       Mitarbeit_der_Experten = keine Beteiligung
schlecht      radd1  ($= mdi9 1)  typ: add
                       Voraussetzungen_fuer_Wissenserwerb = schlecht



*******************************************************************************************
**************************************************
*******************************************************************************************



existing_pcs:      pk1      Eignung_fuer_Expertensystem
                   pk2      Diagnostik
                   pk3      assoziative_Diagnostik
                   pk4      Modell-basierte_Diagnostik
                   pk5      Design
                   pk6      Planung
                   pk7      Eignung_fuer_MED2
                   pk8      MED2_Wissensbasis_vorhanden
```

```
*********************************************************************
*********************************************************************


pk1     Eignung_fuer_Expertensystem

children:          pk7      Eignung_fuer_MED2

xsets:             dx1      empirisches_Wissen




Regeln zur Verdachtsueberpruefung:
pp          rfb24  ($= mdi6 3)  typ: fb
                   Problemloesbarkeit = durch Experten
p7          rfb22  ($pc pk7)  typ: fb  circ: t
                   Eignung_fuer_MED2 ist etabliert
p5   (40)   rfb8   ($= mdi91 3)  typ: fb
                   Bewertung_Wissenserwerb = gut
p5   (40)   rfb7   (non $= mdi91 1) (non $= mdi41 1) (non $= mdi42 3)
                   (non $or mdi6 1 2) ($= mdi2 1)  typ: fb
                   Nicht Bewertung_Wissenserwerb = schlecht
            und    Nicht Schwierigkeit_der_Symptomerfassung = gross
            und    Nicht Vorverarbeitung_der_nichtnumerischen_Daten = nein
            und    Nicht Problemloesbarkeit = unbefriedigend oder durch
                       konventionelle Programme
            und    Art_des_Wissens = Erfahrungswissen
p4   (20)   rfb11  ($or mdi4 3 4) (non $or mdi4 1 2)  typ: fb
                   Symptomerfassung = nichtnumerische Messverfahren oder
                   numerische Messverfahren
            und    Nicht Symptomerfassung = Fachpersonal oder
                       ungeschultes Personal
ausser      rr2    ($or mdi42 2 3)  typ: ret
            Wenn   Vorverarbeitung_der_nichtnumerischen_Daten = geplant
                   oder nein
p3   (10)   rfb10  ($or mdi4 1 2) ($or mdi4 3 4)  typ: fb
                   Symptomerfassung = Fachpersonal oder ungeschultes
                   Personal
            und    Symptomerfassung = nichtnumerische Messverfahren oder
                   numerische Messverfahren
ausser      rr2    ($or mdi42 2 3)  typ: ret
            Wenn   Vorverarbeitung_der_nichtnumerischen_Daten = geplant
                   oder nein
n3   (-10)  rfb9   ($= mdi91 2)  typ: b
                   Bewertung_Wissenserwerb = mittel
n7          rfb6   (non $= mdi2 1)  typ: b
                   Nicht Art_des_Wissens = Erfahrungswissen
n7          rfb5   ($= mdi6 2)  typ: b
                   Problemloesbarkeit = durch konventionelle Programme
n7          rfb4   ($= mdi6 1)  typ: b
                   Problemloesbarkeit = unbefriedigend
n7          rfb3   ($= mdi42 3)  typ: b
                   Vorverarbeitung_der_nichtnumerischen_Daten = nein
n7          rfb2   ($= mdi41 1)  typ: b
                   Schwierigkeit_der_Symptomerfassung = gross
n7          rfb1   ($= mdi91 1)  typ: b
                   Bewertung_Wissenserwerb = schlecht
Regeln zur Herleitung der Praedisposition:
p3   (10)   rprae1 ($pc pk3)  typ: prae  circ: t
                   assoziative_Diagnostik ist etabliert
```

```
**********************************************************************
**********************************************************************
```

pk2   Diagnostik

```
children:           pk3       assoziative_Diagnostik
                    pk4       Modell-basierte_Diagnostik

canddiffs:          pk5       Design
                    pk6       Planung
```

```
Regeln zur Verdachtsueberpruefung:
p7          rfb12  ($= mgd1 2)  typ: fb
                   Problemcharakterisierung = Fehlersuche in technischem
                   oder biologischem System
```

```
**********************************************************************
**********************************************************************
```

pk3   assoziative_Diagnostik

```
parents:            pk2       Diagnostik

children:           pk7       Eignung_fuer_MED2

xsets:              dx1       empirisches_Wissen
```

```
Regeln zur Verdachtsueberpruefung:
p7          rfb23  ($pc pk7)  typ: fb  circ: t
                   Eignung_fuer_MED2 ist etabliert
p7          rfb14  ($pc pk2) ($= mdi2 1)  typ: fb
                   Diagnostik ist etabliert
            und    Art_des_Wissens = Erfahrungswissen
p7          rfb13  ($= mgd1 1) ($= mgd11 2)  typ: fb
                   Problemcharakterisierung = Wiedererkennen bekannter
                   Muster
            und    Generierbarkeit_der_Muster = nein
```

```
**********************************************************************
**********************************************************************
```

pk4   Modell-basierte_Diagnostik

```
parents:            pk2       Diagnostik

xsets:              dx2       kausales_Wissen
```

```
Regeln zur Verdachtsueberpruefung:
p7         rfb15  ($pc pk2) ($= mdi2 2)  typ: fb
               Diagnostik ist etabliert
           und   Art_des_Wissens = strukturelles Wissen
```

```
********************************************************************
********************************************************************
```

```
pk5     Design

canddiffs:          pk2      Diagnostik
                    pk6      Planung
```

```
Regeln zur Verdachtsueberpruefung:
p7         rfb17  ($= mgd1 1) ($= mgd11 1)  typ: fb
               Problemcharakterisierung = Wiedererkennen bekannter
               Muster
           und   Generierbarkeit_der_Muster = ja
p7         rfb16  ($= mgd1 3)  typ: fb
               Problemcharakterisierung = Entwurf eines Objektes, das
               bestimmten Anforderungen genuegt
```

```
********************************************************************
********************************************************************
```

```
pk6     Planung

canddiffs:          pk2      Diagnostik
                    pk5      Design
```

```
Regeln zur Verdachtsueberpruefung:
p7         rfb18  ($= mgd1 4)  typ: fb
               Problemcharakterisierung = Bestimmung einer Sequenz von
               Aktionen zum Erreichen eines Zielzustandes
```

```
***********************************************************************
***********************************************************************
```

pk7   Eignung_fuer_MED2

parents: pk8   MED2_Wissensbasis_vorhanden
                    pk3   assoziative_Diagnostik
                    pk1   Eignung_fuer_Expertensystem

defaultvariant: v1   Aufbau_von_MED2_Wissensbasis

Regeln zur Verdachtsueberpruefung:
p7   rfb21 ($pc pk8) typ: fb
                   MED2_Wissensbasis_vorhanden ist etabliert
p7   rfb19 ($pc pk1) ($pc pk3) typ: fb circ: t
                   Eignung_fuer_Expertensystem ist etabliert
            und   assoziative_Diagnostik ist etabliert
ausser   rr3   ($= mdi1 4) typ: ret
            Wenn   Gebiet = sehr klein

v1   Aufbau_von_MED2_Wissensbasis

gentherapy: (bp-liste '(Sie koennen das
                    Diagnostik-Expertensystem-Shell
                    MED2 zum Aufbau einer Wissensbasis
                    in ihrem Anwendungsgebiet benutzen!))


```
***********************************************************************
***********************************************************************
```

pk8   MED2_Wissensbasis_vorhanden

children: pk7   Eignung_fuer_MED2

Regeln zur Verdachtsueberpruefung:
p7   rfb20 ($or mgd12 1 2) typ: fb
                   Einsatzgebiet = Innere Medizin oder KFZ-Diagnostik

```
********************************************************************
********************************************************************
```

Monotone Zirkularitaeten:

```
c16   :   pk3 pk1 pk7 pk3
c15   :   pk7 pk3 pk7
c14   :   pk7 pk1 pk7
```

c16:
```
                      pk3       assoziative_Diagnostik
(=)      rprae1
                      pk1       Eignung_fuer_Expertensystem
(=)      rfb19
                      pk7       Eignung_fuer_MED2
(=)      rfb23
                      pk3       assoziative_Diagnostik
```

c15:
```
                      pk7       Eignung_fuer_MED2
(=)      rfb23
                      pk3       assoziative_Diagnostik
(=)      rfb19
                      pk7       Eignung_fuer_MED2
```

c14:
```
                      pk7       Eignung_fuer_MED2
(=)      rfb22
                      pk1       Eignung_fuer_Expertensystem
(=)      rfb19
                      pk7       Eignung_fuer_MED2
```

```
existing_xsets:     dx1        empirisches_Wissen
                    dx2        kausales_Wissen


********************************************************************
********************************************************************




dx1     empirisches_Wissen

qmemberof:          qdi        Spezielle_Fragen

explainableby:      pk1        Eignung_fuer_Expertensystem
                    pk3        assoziative_Diagnostik

hergeleitet aus folgenden Regeln:
p4  (20)  rd1  ($= mdi2 1)  typ: d
                Art_des_Wissens = Erfahrungswissen


********************************************************************
********************************************************************




dx2     kausales_Wissen

qmemberof:          qdi        Spezielle_Fragen

explainableby:      pk4        Modell-basierte_Diagnostik

hergeleitet aus folgenden Regeln:
p4  (20)  rd2  ($= mdi2 2)  typ: d
                Art_des_Wissens = strukturelles Wissen
```

4.3.2 Problemorientierte Beschreibung der Wissensrepräsentation

4.3.2.1 Strukturierung der Symptome

Der erste Schritt beim Aufbau einer diagnostischen Wissensbasis ist häufig das Sammeln und Strukturieren der Symptome. Damit wird das "Vokabular" des Expertensystems festgelegt, mit dem alle diagnostischen Schlußfolgerungen formuliert werden müssen. Ein wichtiges Prinzip der Symptomausarbeitung ist, inhaltlich zusammenhängende Symptome auch strukturell zusammenhängend zu repräsentieren. MED2 bietet dafür folgende Mechanismen:

(1) Zusammenfassung von Symptomausprägungen in einer Frage

Symptome, die verschiedene Aspekte eines Zustandes beschreiben, können in einer Frage (Manifestation vom INFOTYP 'basic') mit entsprechend vielen Antwortalternativen zusammengefaßt werden. In MED2 gibt es acht verschiedene Fragetypen: one-choice (oc), multiple-choice (mc), numerisch (num), Zeitdauer (dur), Frequenz (freq), Zeitpunkt (time), Lokalisation (loc) und Text (text) mit folgender Bedeutung:

oc:	Es trifft genau eine der Antwortalternativen zu. Bsp: Schmerzintensität: gering mittel groß
mc:	Es können mehrere Antwortalternativen zutreffen. Bsp: Schmerzverstärkung: Anstrengung, Atmung, Essen, etc.
num:	Bsp: Fiebermeßwert
dur:	Im Gegensatz zu numerischen Angaben muß hier noch eine Zeiteinheit (sec, min, ... jahr) angegeben werden. Bsp: Schmerzdauer
freq:	Zahl pro Zeiteinheit. Bsp: Häufigkeit von Schmerzattacken
time:	Im Gegensatz zur Dauer wird hier nach einem Zeitpunkt gefragt, der relativ zu anderen Zeitpunkten oder zum Untersuchungszeitpunkt ('now') angegeben wird. Bsp: Schmerzbeginn
loc:	Bsp: Schmerzlokalisation.
text:	Freier Text (z.B. Benutzerkommentare).

(2) Hierarchische Strukturierung von Fragen

In Abhängigkeit der Antwort einer Frage können Folgefragen gestellt werden. Diese Abhängigkeiten werden durch Regeln vom TYP 'ask' dargestellt, z.B. Wenn (Schmerzverstärkung = Anstrengung) dann (frage nach der Art der Anstrengung).

(3) Zusammenfassung von Fragen zu Gruppen

Eine Menge von Symptomen, die normalerweise zusammen erfragt werden, kann als eine Einheit (Questionset) dargestellt werden (z.B. alle Fragen zum Brustschmerz). Questionsets sind die kleinsten Einheiten für die Dialogsteuerung; ein einmal aktivierter Questionset wird wie ein kleiner Fragebogen unter Berücksichtigung der Fragehierarchie immer vollständig abgearbeitet.

Da selten die gesamte Symptomatik einer Wissensbasis komplett in einem Zuge aufgebaut werden kann, sollte sie möglichst modular und ausbaufähig strukturiert werden. Dafür eignen sich die horizontale und vertikale Modularität der Questionsets:

- Horizontale Modularität ist die Möglichkeit des einfachen Hinzufügens neuer Questionsets für neue Symptomkomplexe. Das erfordert die Einteilung der Gesamtmenge der Symptome in eine sich wenig überlappende Menge von Questionsets. Kleinere Überlappungen können formalisiert werden, indem eine Frage mehreren Questionsets zugeordnet wird (Attribut QMEMBER von Manifestationen). Solche Fragen werden natürlich nur einmal in dem ersten aktivierten Questionset gestellt, aber sie können in verschiedenen Kontexten ausgewertet werden.

- Vertikale Modularität bedeutet, daß ein Questionset später verfeinert werden kann. Wenn z.B. detaillierte Fragen zu einem Questionset hinzugefügt werden sollen, kann die bestehende Fragehierarchie einfach durch entsprechende Folgefragen erweitert werden. Aus den präziseren Daten können oft Symptominterpretationen hergeleitet werden, die zunächst vom Benutzer erfragt wurden. Um einen leichten Wechsel zwischen dem Erfragen und der Ableitung von Manifestationen zu ermöglichen, werden beide in MED2 nur durch den INFOTYP ('basic' oder 'derived') unterschieden, der dann umgesetzt werden muß. Zur Ableitung von Manifestationen gibt es zwei Typen von Regeln:

  * Regeln vom TYP 'add', mit denen Alternativen des Wertebereichs RANGE (z.B. schlecht mittel gut) selektiert werden.
  * Regeln vom TYP 'dq', die Punkte auf das Punktekonto von Manifestationen übertragen, deren Summe durch das Auswertungsschema EVAL in eine Kategorie aus RANGE umgesetzt wird, z.B. EVAL = (-2 2), RANGE = (schlecht mittel gut): wenn die Punktsumme der Manifestation kleiner als -2 ist, dann ist der Wert "schlecht", wenn sie zwischen -2 und 1 liegt, dann ist er "mittel", sonst "gut".

In der Beispielwissensbasis illustrieren die abgeleiteten Manifestationen "mdi9 = Voraussetztungen_für_Wissenserwerb" und "mdi91 = Bewertung_Wissenserwerb" den Gebrauch von Regeln vom TYP 'dq' und 'add'.

Daraus ergibt sich folgende Struktur:

Rohdaten -----------------> höherwertige -------------> Diagnosen
                           Symptominterpretationen

Häufig ist die detaillierte Erfassung und Auswertung der Rohdaten zu höherwertigen Interpretationen der umfangreichste
Teil beim Aufbau der Wissensbasis. Daher möchte man oft in
frühen Entwicklungsstadien, daß der Benutzer diese Arbeit vorläufig übernimmt, um schnell die interessantere Diagnose-
seite der Wissensbasis auszutesten. Später soll dann das
Interpretationsniveau verfeinert werden. Das läßt sich in MED2
durch spezielle Sammelfragen (Manifestationen vom INFOTYP
'composed') erreichen, in denen direkt nach den höherwertigen
Interpretationen (die zu wenigen Fragen gebündelt sind) gefragt
wird:

                          Sammelfragen

                               ↓
                  höherwertige ─────────────> Diagnosen
              Symptominterpretationen

Die Auswertung der Sammelfragen geschieht durch Transforma-
tionsregeln vom TYP 'add', die später durch detailliertere
Regeln vom TYP 'dq' zur eigentlichen Rohdateninterpretation
ergänzt werden. Diese duale Herleitung hat den zusätzlichen
Vorteil, daß der Benutzer im Dialog je nach Vorkenntnissen
direkt wenige Symptominterpretationen eingeben oder viele
Detailfragen beantworten kann.

                          Sammelfragen

                               ↓

Rohdaten ─────────────> höherwertige ─────────────> Diagnosen
              Symptominterpretationen

Zur Illustration geben wir ein Beispiel aus dem Questionset
Brustschmerz der medizinischen Wissensbasis:

- Rohdaten: ca. 20 Fragen zur Schmerzanamnese (zeitliche Aspekte,
  Lokalisation, auslösende, verstärkende und abschwächende
  Umstände, Intensität, Qualität, etc.)
- höherwertige Symptominterpretationen: Schmerztypen (z.B. Pleu-
  raschmerz, Neuralgieschmerz, herzbedingter Schmerz, psychisch
  bedingter Schmerz, muskulärer Schmerz, etc.)
- Sammelfrage: direkte Frage nach dem Schmerztyp

4.3.2.2   Strukturierung der Diagnosen

Diagnosen (Pathokonzepte) sind die Muster, die im Verlauf der
Diagnostik identifiziert und für die Therapievorschläge gemacht
werden. Dies geschieht im allgemeinen indirekt über ein Geflecht
von Kontext-, Zwischen- und Enddiagnosen. Um das Geflecht gut zu
strukturieren, sollten folgende Aspekte berücksichtigt werden:

* **Meist gibt es verschiedene Einteilungsprinzipien für die Diagnosen, z.B. nach der funktionalen oder nach der physikalischen
  Struktur eines Systems. Statt diese Einteilungen zu einer
  strengen Hierarchie zu vermischen, sollten sie als Heterarchie
  getrennt bleiben, so daß eine Diagnose über verschiedene Zweige
  abgeleitet werden kann. Diagnoseheterarchien werden in MED2
  durch Diagnose-Diagnose Regeln (mit dem Prädikat '$pc')
  repräsentiert. Zusätzlich sollten für die Erklärungskomponente
  die Heterarchie explizit mit dem Attribut CHILDREN der
  Pathokonzepte repräsentiert werden. Der Unterschied zwischen
  beiden Formen der Heterarchie besteht darin, daß die durch
  Regeln definierte auch Schleifen enthalten darf (z.B. P1 -->
  P2, P2 --> P3, P3 --> P1), was in der CHILDREN-Heterarchie
  nicht geht. Die Schleifen erlauben zusätzliche Flexibilität
  beim Aufbau der Wissensbasis, weil nicht festgelegt werden
  braucht, welche der an der Schleife beteiligten Diagnosen
  zuerst etabliert sein muß, um die anderen herzuleiten. Sie
  führen zu keiner Verzerrung des Ergebnisses, da die
  selbstinduzierte, zusätzliche Bestätigung der zuerst etablierten Diagnose in der Schleife von MED2 erkannt und unterdrückt
  wird.**
* **Oft gibt es ähnliche, leicht verwechselbare Diagnosen. Um zu
  gewährleisten, daß solche Differentialdiagnosen systematisch
  miteinander verglichen werden, sollte man sie unter dem
  Attribut CANDDIFFS von Pathokonzepten eintragen.**
* **In großen Anwendungsbereichen ist es sinnvoll, zwischen vagen,
  allgemeinen Kontextdiagnosen (z.B. Infektion, Tumorverdacht)
  und speziellen, konkreten Diagnosen zu unterscheiden.
  Kontextdiagnosen (Pathokonzepte vom TYP 'context') werden von
  MED2 nicht als Endergebnis ausgedruckt, können aber zur
  Dialogsteuerung und zur Aktivierung von Regeln benutzt werden.**
* **In MED2 gibt es zwei Arten von Symptominterpretationen:
  abgeleitete Manifestationen und Diagnosen. Die Unterscheidung
  hilft wesentlich zur Strukturierung der Wissensbasis.
  Symptominterpretationen sind einfache, lokale, häufig defini-
  torische oder von qualitativen zu quantitativen Werten
  abstrahierende Schlußfolgerungen, die automatisch (datengesteuert) bei der Datenerfassung abgeleitet werden (z.B. Meßwert =
  xxx => Meßwert zu hoch, oder Berechnung der Zeitdifferenz
  zwischen zwei Zeitangaben). Sie dienen im wesentlichen zur
  Aufarbeitung der Rohdaten und zur Vorbereitung der Diagnostik
  und bilden den Kern des Datenvorverarbeitung (s. Kap. 4.3.2.1).**

Der Übergang von Symptominterpretationen zu Grobdiagnosen
beruht hingegen typischerweise auf (unsicheren) Heuristiken und
umfaßt eine globalere Dateninterpretation. Deswegen spielen bei
Grobdiagnosen die Mechanismen zur differenzierten Bewertung
eine viel größere Rolle und werden in MED2 entsprechend besser
als Symptominterpretationen repräsentiert. Der Unterschied
zwischen beiden Konzepten wird auch von der Erklärungskomponente berücksichtigt, die ständig einen umfassenden Überblick
über alle etablierten und verdächtigten Diagnosen ermöglicht,
während abgeleitete Manifestationen lokal im Kontext ihres

Questionsets gezeigt werden. Eine Zusammenfassung der Unterschiede gibt folgende Tabelle:

abgeleitete Manifestationen	Pathokonzepte / Diagnosen
lokale Datenvorverarbeitung	globale diagnostische Auswertung
Interpretation von Daten aus einem Questionset	Interpretation von Daten aus mehreren Questionsets
Ableitung durch Forward-Reasoning	Hypothetisch-deduktive Abarbeitung (mit Verdachtsgenerierung und Verdachtsüberprüfung)
vom Experten definierbare Menge von Werten	vorgegebene Werte: etabliert, ausgeschlossen und unklar
einfaches Bewertungsschema (über Attribut EVAL)	komplexes Bewertungsschema (s. Kap. 1.4 Diagnosebewertung)
keine Zirkularitäten erlaubt	zirkuläre Ableitungspfade möglich
arithmetische Formeln	-
-	Differentialdiagnostik
-	Therapieselektion und Dialog-steuerung

Tabelle 4.2: Unterschiede zwischen abgeleiteten Manifestationen und Pathokonzepten

4.3.2.3 Strukturierung von Regeln

Eine Analyse der Regeln von einfachen regelbasierten Systemen wie MYCIN oder R1 zeigt, daß die Aussagen in ihren Vorbedingungen z.T. eine sehr unterschiedliche Bedeutung haben, was ihre Erklärung sehr erschwert.

Beispiel aus MYCIN: Regel 535 (alcoholic rule):

If (1) the infection which requires therapy is meningitis
   (2) only circumstantial evidence is available
   (3) the type of meningitis is bacteroid
   (4) the age of the patient is greater than 17 years
   (5) the patient is alcoholic
then there is evidence that the organisms which might be causing
the infection are diplococcus (.3) or e.coli (.2).

In dieser Regel sind die ersten drei Aussagen Kontextbedingungen

(Infektion = bakterielle Meningitis, für die keine Labordaten vorhanden sind) und die vierte Aussage eine Vorbedingung, damit es sinnvoll ist, nach der fünften, eigentlich wesentlichen Aussage zu fragen. Eine Regel in MYCIN enthält also nicht nur Diagnosewissen, sondern steuert auch die Reihenfolge, in der Fragen gestellt werden. Die Verständlichkeit von Regeln kann verbessert werden, wenn die verschiedenen Aussagetypen unterschiedlich repräsentiert werden. Dazu bietet MED2 folgende Möglichkeiten:

- Kontextbedingungen können separat von der eigentlichen Regel abgespeichert werden (mit dem Attribut ACTIVATION von Regeln). Insbesondere bei großen Wissensbasen kann dadurch die Lesbarkeit der Wissensbasis wesentlich verbessert werden, da die Anzahl der Aussagen einer Regel kleiner wird und beim Erzeugen von Outputs der Wissensbasis nur die Regeln von einem Kontext betrachtet werden können. Ein Beispiel für die Nützlichkeit von Kontextbedingungen ist z.B. die Motorendiagnostik, bei der für jeden Motortyp ein eigener Kontext hergestellt werden kann, mit dem die jeweiligen Spezialregeln qualifiziert werden.
- Die Fragestrategie wird in MED2 nicht in den Regeln zur Diagnosebewertung implizit, sondern explizit durch spezielle Regeln vom TYP 'ask' gesteuert. So ist es in MED2 möglich, als Vorbedingung für die Frage, ob ein Patient Alkoholiker ist, das Alter des Patienten anzugeben, so daß dieser Zusammenhang nicht in einer Diagnoseregel berücksichtigt werden muß.

Die "alcoholic rule" (s.o.) würde in MED2 also in eine Diagnose- und eine Frageregel aufgespalten:

```
1) Diagnoseregel:          2) Frageregel:
If (5)                     If (4)
then <action>             then ask (5)
context: (1), (2), (3)
```

- eine weitere, wesentliche Erweiterung der Regelsyntax in MED2 ist die Möglichkeit, Regeln durch Angabe von Ausnahmen zu qualifizieren. Auch dieser Mechanismus hilft, den Kern einer Regel und ihre Zusatzbedingungen formal voneinander zu trennen. Im Unterschied zu Kontextbedingungen sind Regeln mit Ausnahmen jedoch eine echte Erweiterung der Ausdrucksstärke von Regeln, da sie Schlußfolgerungen aus partiellem Wissen ermöglichen (s. Kap. 4.3.2.8).

4.3.2.4   Bewertung von Diagnosen

Die Bewertung von Diagnosen ist der schwierigste Teil beim Aufbau der Wissensbasis. Um diese Aufgabe zu erleichtern, stellt MED2 dem Experten verschiedene, sich ergänzende Mechanismen zur Verfügung, die wir hier detailliert beschreiben.

Der Basisbewertungsmechanismus besteht aus Regeln, die eine Assoziation zwischen einem Symptom oder einer Symptomkombination und einer Diagnose ausdrücken. Die Stärke der Assoziationen kann wie folgt repräsentiert werden:

- kategorisch: Die zugehörige Diagnose ist gesichert oder ausgeschlossen.
- probabilistisch: Die Diagnose ist mehr oder weniger wahrscheinlich.

Das Hauptproblem ist die Behandlung probabilistischer Bewertungen. Weil sie umso einfacher ist, je weniger probabilistische Einzelbewertungen für eine Diagnose kombiniert werden müssen, ist das wichtigste Prinzip die Aufspaltung des Bewertungsproblems in Teilprobleme. Das geschieht durch den Aufbau einer Diagnosehierarchie mit Zwischendiagnosen, die aus jeweils wenigen Symptomen herleitbar sind.

1. Kategorische Bewertungskriterien für Diagnosen:

p7 = gesichert
n7 = ausgeschlossen
pp = notwendig

Bemerkung: Wenn eine Regel mit der Bewertung pp nicht erfüllt ist, kann die zugehörige Diagnose nicht etabliert werden, selbst wenn eine Regel mit der Bewertung p7 gefeuert hat.

2. Probabilistische Bewertungskriterien für Diagnosen:

Kategorie pos (neg)	Punktzahl pos (neg)	Bedeutung (Häufigkeit des Zutreffens der As- soziation Symptom-Diagnose)
p6 (n6)	80 (-80)	fast immer ("pathognomonisch")
p5 (n5)	40 (-40)	in den weitaus meisten Fällen
p4 (n4)	20 (-20)	in der Mehrheit der Fälle
p3 (n3)	10 (-10)	in einer qualifizierten Minderheit der Fälle
p2 (n2)	5 (-5)	relativ selten
p1 (n1)	2 (-2)	selten (das Symptom ist zu unspezifisch)

3. Kategorien zur Bewertung der Prädisposition von Diagnosen:

Wert	Bedeutung	Umrechnung vom Wert in Punktkategorie	Verrechnung mit Grund- bewertung (siehe c.)
1	extrem selten	n5	n5
2	sehr selten	n4	n4
3	selten	n3	n3
4	relativ selten	n2	n2
5	durchschnittlich	-	-
6	relativ häufig	p2	X 1.1
7	häufig	p3	X 1.2
8	sehr häufig	p4	X 1.4
9	extrem häufig	p5	X 1.8

4. Schwellwerte für Diagnosen:

(GB = Gesamtbewertung eines Pathokonzeptes)
GB < -41   Ausschluß
GB > 9   Aufnahme in das Working-Memory
GB > 41   Etablierung

Etablierung von Varianten (zur Therapieselektion):

Punktsumme der Variante > 41

Tabelle 4.3: Bewertungskategorien für Diagnosen

Die probabilistische Gesamtbewertung einer Diagnose spaltet MED2 in folgende Teilprobleme auf:

a) Berechnung der Grundbewertung
b) Berechnung der Prädisposition
c) Kombination von Grundbewertung und Prädisposition
d) Vergleich mit Differentialdiagnosen und Etablierung
e) (Bei Herleitung der Enddiagnosen:) Berücksichtigung der Erklärungsfähigkeit der Diagnosen

zu a) Die Grundbewertung ist ein Vergleich zwischen der erwarteten und der tatsächlich beobachteten Symptomatik einer Diagnose. Erwartete und beobachtete Symptome werden mit Regeln einer positiven Kategorie, erwartete aber nicht beobachtete Symptome mit einer negativen Kategorie bewertet (zur Bewertung nicht erwarteter, aber beobachteter Symptome siehe Punkt e). Die Kategorien werden intern in Punktzahlen übersetzt, deren Summe ein Maß für die Grundbewertung ist. Tab. 4.3 gibt eine Übersicht über die Bewertungskategorien.

zu b) Während die Grundbewertung ein Rückschluß von den vorliegenden Symptomen auf mögliche Diagnosen ist, ist die Prädisposition eine Bewertung der allgemeinen, symptomunabhängigen Wahrscheinlichkeit einer Diagnose, die sich aufgrund ihrer Häufigkeit unter Berücksichtigung von demographischen Grunddaten und Risikofaktoren ergibt. Die Prädisposition ist nicht ausreichend zur Etablierung eines Pathokonzeptes, sondern dient zur Verstärkung oder Abschwächung der symptombedingten Evidenz. Die Prädisposition berechnet sich wie folgt:

Die Prädisposition eines Pathokonzeptes ergibt sich aus der Summe der Apriori-Wahrscheinlichkeit des Pathokonzeptes (Attribut APRIORI) und Regeln vom TYP 'ap' und 'prae' die jeweils mit den Punktkategorien p2 - p5 und n2 - n5 bewertet werden. Die Bedeutung der Punktkategorien und ihre Zuordnung zu den Klassen "extrem selten" ... "extrem häufig" zeigt das Umrechnungsschema in Tab. 4.3, Ziffer 3. Beispiel: die Aprioriwahrscheinlichkeit eines Pathokonzeptes sei "häufig" (unter APRIORI steht p3) und eine gefeuerte Regel vom TYP 'prae' erhöht die Prädisposition um p3. Dann ist die Gesamtprädisposition p4 = "sehr häufig".

zu c) Grundbewertung (a) und Prädisposition (b) werden wie folgt kombiniert:
Prädisposition = negativ (1-4): Ihre zugehörige Punktkategorie wird von der Grundbewertung subtrahiert (s. Tab. 4.3).
Prädisposition = neutral (5): Keine Änderung der Grundbewertung.
Prädisposition = positiv (6-9): Falls die Grundbewertung negativ ist, keine Änderung. Falls die Grundbewertung

positiv ist, wird sie mit
einem Faktor multipliziert
(s. Tab. 4.3).

Das Verrechnungsschema basiert auf der Überlegung, daß
eine positive Prädisposition und Grundbewertung sich
überadditiv verstärken (Beispiel: Wenn ein Patient
viel Alkohol trinkt, dann ist das für sich noch kein Indiz
für Leberzirrhose. Wenn aber zusätzlich einige Symptome der
Leberzirrhose beobachtet werden, dann verstärkt die
vorhandene Prädisposition den Verdacht erheblich).

zu d) Der aus Grundbewertung und Prädisposition erhaltene Wert
(strength) bildet die Ausgangsbasis für die Einstufung des
Pathokonzeptes. Die relevanten Schwellwerte gibt Tab. 4.3.
Falls für ein Pathokonzept Differentialdiagnosen existieren
(Attribut CANDDIFFS), ist eine zusätzliche Forderung zur
Schwellwerterfüllung des Pathokonzeptes, daß es (d.h. die
strength) mindestens um die Kategorie p4 (20 Punkte) besser
bewertet ist als jede seiner Konkurrenten. Wenn eine
Diagnose etabliert wird, werden ihre Differentialdiagnosen
ausgeschlossen.

zu e) Zum Schluß einer Sitzung überprüft MED2, ob alle Symptome
durch die hergeleiteten Enddiagnosen erklärt werden können.
Falls das nicht der Fall ist und es Pathokonzepte gibt, die
relativ gut bewertet, aber nicht etabliert sind,
und die die noch unerklärten Symptome erklären können,
dann werden diese Pathokonzepte etabliert.

Die Erklärungsbedürftigkeit von Einzelsymptomen wird in
Explanationsets zusammengefaßt und gewichtet. Das geschieht
mit Regeln vom TYP 'd' der Art: wenn <Symptom> dann addiere
zum Punktekonto eines Explanationsets eine Punktzahl. Ein
Explanationset gilt als erklärt, wenn mindestens eines der
auf seinem Attribut EXPLAINABLEBY angegebenen Pathokonzepte
etabliert ist (falls mehrere solcher Pathokonzepte
etabliert sind, erklärt jedes einen entsprechenden
Bruchteil der Punktzahl des Explanationsets, z.B. bei drei
Pathokonzepten jedes ein Drittel). Die Erklärung pflanzt
sich über das Attribut CHILDREN von Pathokonzepten in der
Diagnosehierarchie bis zu den Enddiagosen fort. Die
Erklärungsfähigkeit eines noch nicht etablierten Pathokonzeptes ist folgender Prozentsatz:

Punktsumme der zusätzlich erklärbaren Explanationsets

Punktsumme der bisher unerklärten Explanationsets

Falls der Prozentsatz über 60% liegt, bekommt das
Pathokonzept beim Stellen der endgültigen Diagnose einen
Bonus, der maximal der Kategorie p4 (20 Punkte) ent-
spricht.

4.3.2.5   Dialogsteuerung zur Symptomerfassung

Ein Dialog mit MED2 beginnt, indem der Benutzer aus der
Liste aller Questionsets sich diejenigen zur detaillierten
Beantwortung heraussucht, die seine Beschwerden charakterisieren.
Im weiteren Verlauf der Sitzung kann der Benutzer zu jedem
Zeitpunkt zusätzliche Questionsets selektieren und beantworten.

Die Abarbeitung eines Questionsets wird vom System gesteuert.
Zunächst präsentiert es dem Benutzer eine Übersicht über die
zu beantwortenden Einzelfragen, von denen der Benutzer alle
nicht beantwortbaren Fragen als 'unbekannt' markieren kann.
Die übrigen Fragen werden dann systematisch abgearbeitet, indem
je nach der Beantwortung der Fragen detailliertere Folgefragen
gestellt werden.

Die eigentliche Dialogsteuerung von MED2 beginnt, wenn alle vom
Benutzer vorgegebenen Questionsets abgearbeitet sind, ohne daß
eine zufriedenstellende Diagnose gestellt werden konnte.
In diesem Fall kann MED2 drei Indikationsstrategien zur
Questionsetselektion anwenden:

a) standardisierte, erfahrungsgesteuerte Indikation

Wenn ein Pathokonzept oder eine Manifestation etabliert worden
ist, dann kann eine Menge von Questionsets indiziert werden, die
routinemäßig zur genaueren Abklärung des Zustandes durchgeführt
werden sollen. Dazu dienen Regeln vom TYP 'ind', deren
Aktionsteil die Liste der abzuarbeitenden Questionsets enthält.
Speziell für Pathokonzepte kann mit dem Attribut QSET ein
Questionset angegeben werden, der pathokonzeptspezifisch ist und
Manifestationen wie Schweregrad, Typ und Daten zur Therapieselektion erfragt bzw. herleitet.

b) hypothetisch-deduktive Indikation

Der interessantere Fall ist die optimale Auswahl von
Questionsets zur Abklärung verdächtigter Pathokonzepte oder zur
Unterscheidung zwischen Differentialdiagnosen. Bei dieser
Indikationsstrategie sind folgende Prozesse involviert:

i) Herausfinden der verdächtigten Hypothesen
Hypothesen sind verdächtig, wenn ihre Gesamtbewertung (strength)
einen Schwellwert übersteigt (s. Tab 4.3). Sie kommen dann in
das Working-Memory.

ii) Generieren nützlicher Questionsets
Die zur Abklärung eines Pathokonzeptes relevanten Questionsets stehen auf dem Attribut NEXT, wobei der Grad ihrer Relevanz
durch eine Zahl (s. Phase iii) angegeben werden kann, z.B. (Q1 Q2
(Q3 5) ...). Alle Questionsets, die für mindestens ein
Pathokonzept im Working-Memory relevant sind und bisher nicht
untersucht wurden, sind Kandidaten für die nächste Phase.

iii) Questionset-Selektion

Die in Phase ii) generierten Questionsets werden auf einer Agenda nach folgender Punktbewertung sortiert: für jede Indikation von einem Pathokonzept enthält der Questionset 10 Punkte oder die explizit angegebene Punktzahl (siehe oben) von NEXT. Bei mehrfacher Indikation addieren sich die Punkte. Zu seiner Kosten- und Risikoabschätzung hat ein Questionset das Attribut SCOSTS, das als negative Zahl die statischen Kosten gewichtet. Sie können durch dynamischen Kosten modifiziert werden, die über Regeln vom TYP 'dcosts' aus den fallspezifischen Daten ermittelt werden. Der Questionset mit der höchsten Gesamtpunktzahl wird selektiert.

c) systematische Indikation

Für den Fall, daß weder bei der standardisierten noch bei der hypothetisch-deduktiven Indikation ein Questionset selektiert werden konnte, wird der Dialog von den etablierten Pathokonzepten vom TYP 'context' gesteuert. Sie repräsentieren ganz allgemeine Diagnosekategorien, die leicht zu etablieren sind (im einfachsten Fall 'krank' oder 'defekt') und mit denen über das Attribut NEXT Questionsets assoziiert sein können. Die Indikation dieser Questionsets verläuft dann wie bei der hypothetisch-deduktiven Indikation (b), mit dem Unterschied, daß die 'verdächtigten Hypothesen' aus Phase i) durch die Menge der etablierten Kontext-Diagnosen ersetzt werden.

4.3.2.6 Therapievorschläge

Therapievorschläge sind in MED2 nicht direkt mit Pathokonzepten assoziiert, sondern mit Varianten, einem eigenständigen Objekttyp, der eine therapeutische Feindifferenzierung der Pathokonzepte ermöglicht. Die Varianten eines Pathokonzeptes sind auf dem Attribut VARIANTS notiert. Von diesen Varianten wird eine durch das Attribut DEFAULTVARIANT ausgezeichnet, die immer dann ausgewählt wird, wenn nicht durch spezielle Regeln eine andere Variante selektiert ist. Zur Variantenselektion gibt es Regeln vom TYP 'v', die in Abhängigkeit vom Schweregrad, Typ oder anderen Parametern des Pathokonzeptes (die in dem Questionset erfaßt sein sollten, der unter dem Attribut QSET des Pathokonzeptes steht) Punkte auf ein Punktekonto der Varianten addieren. Der Schwellwert zur Etablierung von Varianten ist in Tab. 4.2 aufgeführt.

Mit jeder Variante ist ein allgemeiner (Attribut GENTHERAPY) und ein spezieller (Attribut SPECTHERAPY) Therapievorschlag sowie prognostische Information (Attribut PROGNOSIS) verbunden. Die Prognose und der Therapievorschlag sind im einfachsten Fall das Ausdrucken von vorgefertigtem Text, sie können aber auch mit einem Programm berechnet werden. Für diesen Fall besitzt MED2 eine offene LISP-Schnittstelle, in die eine evaluierbare

LISP-Funktion eingetragen werden kann. Falls Text ausgedruckt wird, empfiehlt es sich, die Funktion "bp-liste" zu benutzen, die den Text formatiert ausgibt. "bp-liste" hat als einziges Argument eine Liste, die mit einem ' beginnen muß, z.B. (bp-liste '(Dies ist ein Therapievorschlag!)).

Im Normalfall wird der Therapievorschlag nach Abschluß der Sitzung ausgedruckt, wobei nur die Enddiagnosen berücksichtigt werden, d.h. es werden keine Therapievorschläge für Diagnosen ausgedruckt, die einen etablierten Nachfolger haben (CHILDREN).

Mit dem Attribut URGENCY kann aber auch erreicht werden, daß der Therapievorschlag sofort nach Etablierung der Diagnose ausgedruckt wird (URGENCY = 'true').

4.3.2.7   Interpretation numerischer, zeitlicher und Lokalisationsbezogener Daten

Diagnostik kann man als eine schrittweise Aggregierung von Sensordaten über Symptome zu Diagnosen auffassen. Der Einstiegspunkt von MED2 liegt dabei im Bereich der Symptome, die im allgemeinen durch one-choice oder multiple-choice-Fragen vom Benutzer erfragt werden (s. Beispielwissensbasis). Obwohl damit prinzipiell alle Symptome erfaßt werden können, ist diese Darstellung bei numerischen, zeit- oder lokalisationsbezogenen Fragen oft recht umständlich handhabbar.

Beispiel1: Wenn nach der Schmerzdauer gefragt wird, kann man direkt nach relevanten Intervallen fragen, z.B. "kleiner als eine Stunde", "eine Stunde bis ein Tag", "einen Tag bis eine Woche" und "größer als eine Woche", aber die Intervalleinteilung ist damit fixiert; für das System ist "ein Tag bis eine Woche" ein nicht weiter differenzierbares Schlagwort. Wenn für eine neu hinzugekommene Diagnose andere Intervalle relevant sind, z.B. "drei bis zehn Tage", so können diese nicht aus den existierenden Intervallen hergeleitet werden und eine aufwendige Umstrukturierung der Wissensbasis ist erforderlich.

Beispiel2: Bei vielen numerischen Daten werden arithmetische Operationen zur Berechnung diagnostisch relevanter Indikatoren ausgeführt (s.o.; z.B. Jahreskilometerleistung = Gesamtkilometer/ Alter des Autos), die nur möglich sind, wenn die Daten auch numerisch repräsentiert sind.

Beispiel3: Angaben über die Lokalisation von Symptomen spielen bei der Fehlersuche eine große Rolle. Da die Anzahl der möglichen Lokalisationen eines Systems begrenzt ist und dieselben Lokalisationen für verschiedene Symptome relevant sein können, wäre es redundant und kann bei Änderungen leicht zu Inkonsistenzen führen, wenn für jede Lokalisationsfrage spezifische Antwortalternativen (wie bei multiple-choice-Fragen) existieren. Stattdessen sollte das Lokalisationswissen einmal zentral abgespeichert und in den einzelnen Fragen darauf referiert werden.

Zur Vermeidung dieser Probleme bietet MED2 folgende Mechanismen:

(1) Interpretation numerischer Daten

Numerische Daten (Manifestationen vom ANSWERTYP 'num') können mit den Prädikaten '$>', '$>=', '$<' und '$<=' mit einem Schwellwert oder untereinander verglichen werden, z.B. ($> (mnum1 mnum2) 20), d.h. die Manifestation mnum1 muß um mindestens 20 größer als mnum2 sein. Die Zugehörigkeit eines Wertes zu einem Intervall wird mit '$in' getestet, z.B. ($in mnum 10 100), d.h. der Wert von mnum1 muß größer oder gleich 10 und kleiner oder gleich 100 sein.

Zur Verknüpfung numerischer Daten dienen die vier Grundrechen- arten, die im Aktionsteil von Regeln angewandt werden:

- plus, + (Addition mit beliebig vielen Argumenten)
- times, * (Multiplikation mit beliebig vielen Argumenten)
- difference, - (Subtraktion zweier Argumente)
- $quotient (Division zweier Argumente mit einer Genauigkeit auf zwei Stellen hinter dem Komma)
- / (Division mit höherer Genauigkeit als $quotient)

Die Funktionen können beliebig ineinander verschachtelt werden, z.B. (times 2 (plus mnum1 20 mnum2)). In der Vorbedingung für diese Formel muß geprüft werden, daß die Werte von mnum1 und mnum2 bekannt sind. Dazu dient das Prädikat '$ex'. Die volle Regel könnte also lauten:

```
rnum1 TYP: dq
CONDITION: ($ex munm1 mnum2)
ACTION: (mnum3 (* 2 (+ mnum1 20 mnum2)))
```

Sie unterscheidet sich von einer normalen Regel darin, daß der Manifestation mnum3 statt einer konstanten Zahl das Ergebnis der Formelauswertung zugewiesen wird. Wenn mnum3 qualitativ (z.B. zu niedrig, normal, zu hoch) ausgewertet werden soll, so kann man dies ohne Zwischenvariable mit dem Attribut EVAL erreichen, das die Punktsumme in Intervalle einteilt, die unter RANGE benannt sind (s. Kap. 1.1). Zur einfachen, intervallmäßigen Auswertung einer numerischen Frage gibt es noch das Prädikat '$id', das einen Zahlenwert von einer Frage zu einer abgeleiteten Manifestation überträgt, wo er dann mit EVAL und RANGE ausgewertet wird. Weiterhin können beliebige arithmetische LISP-Funktionen im Aktionsteil benutzt werden, sofern die oben erwähnten Bedingungen eingehalten werden. Drei spezielle Funktionen zum Berechnen zeitlicher Daten werden in Kap. 4.3.3.7 unter "ACTION" beschrieben.

---

(2) Zeitliche Daten

Die Auswertung von Dauer und Frequenzangaben (Manifestationen vom
ANSWERTYP 'dur' und 'freq') ist weitgehend äquivalent zur Interpretation numerischer Daten. Der Hauptunterschied besteht darin,
daß in den entsprechenden numerischen Prädikaten '$>', ... ,
'$in' statt einer Zahl eine Zeiteinheit und eine Zahl angegeben
werden muß. Die gültigen Einheiten sind: sec, min, h, d, w, mo,
y. Beispiel: ($> mdur w 2), d.h. mdur muß länger als zwei Wochen
sein.

Zur Auswertung von Zeitangaben (Manifestation vom ANSWERTYP
'time') gibt es die Prädikate '$before', '$after' und '$sim', mit
denen überprüft wird, ob zwei Zeitpunkte voreinander,
nacheinander oder gleichzeitig sind. Zusätzlich kann eine
Mindestdifferenz (Zeiteinheit, Zahl, Zahl) angegeben werden, z.B.
($before mtime1 mtime2 d 0 1), d.h. mtime1 liegt höchstens einen
Tag vor mtime2.

Mit der Funktion '$timedif' kann die Differenz zwischen zwei
Zeitangaben auch berechnet werden und auf eine abgeleitete
Manifestation vom ANSWERTYP 'dur' übertragen werden, z.B.:

```
rtimedur TYP: dq
CONDITION: ($ex mtime1 mtime2)
ACTION: (mdur ($timedif mtime1 mtime2))
```

Als eine der beiden Zeitangaben kann der Zeitpunkt der
Konsultation ('now') angegeben werden, z.B. ($timedif mtime now).

Schließlich ist es auch möglich, zeitliche Veränderungen eines
Wertes in Folgesitzungen mit dem Prädikaten '$decr' (Abnahme),
'$incr' (Zunahme) und '$stab' (Konstanz) abzufragen. Die
Parameter sind:

1) Die Manifestation, deren Wert sich ändert (ANSWERTYP: oc mc
   num).
2) Der Betrag, um den sich der Wert mindestens ändern soll,
   oder ein Intervall.
3) Die Höchstdauer, innerhalb der die Wertänderung stattgefunden haben muß.
4) Ein Ereignis, daß während der Wertänderung stattgefunden haben muß (z.B. eine Therapie).
Beispiel: ($decr mfieber (1 2) (1 d) (aft mantibio)), d.h. der
          Fiebermeßwert muß um 1 bis 2 Grad innerhalb eines Tages
          nach Einnahme eines Antibiotikas (mantibio muß eine
          Manifestation vom ANSWERTYP 'time' sein) gefallen sein.

Die Höchstdauer und das Ereignis sind optionale Parameter; falls
sie fehlen, wird die letzte Sitzung als Vergleich genommen. Bei
Manifestationen vom ANSWERTYP 'mc' gibt der "Betrag" die
relevante Antwortalternative an, die entweder neu aufgetreten ist
($incr), verschwunden ($decr) oder gleichgeblieben ($stab) ist.

Mit dem Prädikat $grad kann der Anstieg pro Zeit einer Manifestation bewertet werden. Die Parameter sind:

1. Manifestation vom ANSWERTYP: oc, num
2. Zeiteinheit: Worauf sich der Betrag bezieht.
3. Betrag: Mindestanstieg oder Intervall von Mindest- und Höchst-anstieg.
4. Erste Vergleichssitzung: Bsp.: 2 = vorletzte Sitzung (Default = 1 = letzte Sitzung.
5. Zweite Vergleichssitzung (optional).

Beispiele: ($grad moeldruck h 0,001 1 2): Der Anstieg des Öldruckes ist mindestens um 0,001 Einheiten pro Stunde größer in dem letzten Zeitintervall (von "jetzt" zur letzten Sitzung) als im vorletzten Zeitintervall (von der letzten zur vorlezten Sitzung).

($grad moeldruck h (0,04 0,05) 3): Der Anstieg des Öldruckes seit der drittletzten Sitzung liegt zwischen 0,04 und 0,05 Einheiten pro Stunde.

(3) Darstellung und Verarbeitung lokalisationsbezogener Daten

MED2 bietet außer der unsystematischen Repräsentation von Lokalisationsangaben in Multiple-Choice-Fragen auch eine strukturiertere Repräsentation an, bei der alle Lokalisationen in einer heterarchischen Datenstruktur systematisch beschrieben werden und bei Lokalisationsfragen (Manifestationen vom ANSWERTYP 'loc') die Antwortalternativen durch einen Verweis auf einen Ausschnitt der Lokalisationsheterarchie charakterisiert werden.

Die Heterarchie kann aus der Überlagerung verschiedener Lokalisationshierarchien bestehen (d.h. eine Lokalisation kann in verschiedenen Hierarchien eingeordnet sein). Beim Aufbau der Lokalisationshierarchie gibt man für jede Lokalisation ihren Namen und unter dem Attribut BELOW die Menge ihrer Unterlokalisationen an. Speziell für zweiseitig symmetrische Strukturen (z.B. menschlicher Körper) ist das Attribut SIDED vorgesehen, das eine Lokalisation und alle ihre Unterlokalisationen als symmetrisch kennzeichnet, falls diese Kennzeichnung bei den Unterlokalisationen nicht speziell aufgehoben wird.

Die Beantwortung von Lokalisationsfragen ist in Kap. 4.1. beschrieben. Zur ihrer Auswertung gibt es folgende Regelprädikate:

1) '$=', '$or', '$and', die auf Lokalisationen angewandt werden können und bei deren Interpretation die Lokalisationshierarchie und Seitigkeit mitberücksichtigt wird, d.h. das Prädikat wird zu 'true' evaluiert, wenn die Benutzerantwort gleich oder spezieller (bzgl. Hierarchie und Seitigkeit) ist wie die Lokalisationsangabe im Prädikat.
2) Zur Auswertung der Seitigkeiten gibt es ein spezielles

Prädikat, '$il' (ipsilateral = gleichseitig), mit dem getestet werden kann, ob von einer Menge von Lokalisationen alle dieselbe Seitigkeit haben.

4.3.2.8   Ausnahmen von Regeln

In MED2 ist es möglich zu allen Regeltypen Ausnahmen anzugeben, auch zu den Regeln vom TYP 'ret', die die Ausnahmen repräsentieren. Da die Ausnahmen sich nur dann bemerkbar machen, wenn sie zutreffen und ansonsten den Diagnostikprozeß nicht stören, eignen sie sich gut zur Behandlung ansonsten sehr schwer lösbarer Probleme:

* Blockade der Auswertung fehlerhafter Daten
  Das Erkennen fehlerhafter Eingabedaten gehört zu den schwierigsten Problemen der Diagnostik. Durch die Beschränkung des Wertebereichs (RANGE) von Manifestationen und durch Konsistenzregeln (Regeln vom TYP 'contra') können einfache Fehler bemerkt werden. Die Identifikation komplexerer Fehler ist jedoch häufig in sich ein diagnostisches Problem. Wenn Fehlerquellen bei der Eingabe, die als Pathokonzepte repräsentiert werden, gefunden sind, kann die Auswertung der von der Fehlerquelle produzierten Daten unterbunden werden, indem das Pathokonzept als Ausnahme für die diese Daten vorverarbeitenden Regeln angegeben wird. Dadurch wird die Auswertung der fehleranfälligen Daten nur dann unterdrückt, wenn die Fehlerquelle bestätigt ist. Beispiel: das System verarbeitet redundante Daten von mehreren Meßgeräten und stellt durch Vergleich fest, daß ein Meßgerät defekt ist. Das den Defekt repräsentierende Pathokonzept ist als Ausnahme zu den betroffenen Regeln angegeben, weswegen ihre Auswertung blockiert bzw. wieder rückgängig gemacht wird.

* Variabler Detaillierungsgrad
  Um zu erreichen, daß das System sowohl in Routinefällen mit nur grob spezifizierter Symptomatik plausible Schlußfolgerungen zieht als auch eventuell vorhandene, in eine andere Richtung weisende, detailliertere Daten berücksichtigt, kann man die detaillierten Daten als Ausnahmen der plausiblen Schlußfolgerungen angeben.

* Vermeidung probabilistischer Bewertung
  In manchen Fällen läßt sich eine probabilistische Bewertung von Regeln vermeiden, indem man die Regeln kategorisch formuliert und die Liste der Ausnahmen explizit angibt (s. Kap. 1.3 Strukturierung von Regeln).

* Tuning der Wissensbasis
  Ein besonders schwieriges Problem beim Optimieren der Wissensbasis besteht darin, daß man bei der Korrektur eines falsch diagnostizierten Falles Änderungen vermeidet, die zu Fehlern bei bisher richtig behandelten Fällen führen. Solche Fehler

treten seltener auf, wenn die fehlerhaften Regeln nicht global
geändert, sondern durch situationsspezifische Ausnahmebedingungen qualifiziert werden. Diese Vorgehensweise ähnelt dem
Lernprozeß eines Anfängers, der erst die Regeln und dann die
Ausnahmen kennenlernt.

* Auswertung redundanter Daten
  Ausnahmen werden in MED2 auch dazu benutzt, um eine Aussage der
  Art "A oder B => X" zu repräsentieren, indem diese in zwei
  Regeln aufgespalten wird: "A => X" und "B => X außer wenn A
  gilt". Die Ausnahme in der zweiten Regel ist bei
  probabilistischer Bewertung notwendig, um zu vermeiden, daß X
  überproportional wahrscheinlich wird, falls sowohl A als auch B
  vorliegen. Die direkte Repräsentation von "oder"-Verknüpfungen
  ist in MED2 nur für die Antwortalternativen einer One-Choice-
  oder Multiple-Choice-Frage möglich (Prädikat '$or') und nicht
  für Antwortalternativen von verschiedenen Fragen.

4.3.2.9 Effizienz

Der wichtigste Faktor bei der Effizienz des Gesamtsystems ist
die Anzahl der Regeln, die in einer Sitzung evaluiert werden
müssen. Während mit kleinen Wissensbasen keine Effizienzprobleme
zu erwarten sind, wächst die Regelmenge sehr schnell mit der
Erhöhung des Detaillierungsgrades bzw. der Erweiterung des
Kompetenzbereiches.

Das wichtigste Werkzeug zur Effizienzverbesserung ist der Aufbau
eines weitgehend hierarchisch strukturierten diagnostischen
Netzwerkes. Zusätzlich stellt MED2 dem Experten Mechanismen zur
expliziten Steuerung der Regelaktivierung bereit.

Ohne spezielle Vorkehrungen feuert in MED2 eine Regel
datengesteuert, d.h. wenn ihre Vorbedingung erfüllt ist. Bei
großen Wissensbasen sind jedoch viele Regeln nur in einem
speziellen Kontext sinnvoll. Die Kontextabhängigkeit von Regeln
wird durch ihr Attribut ACTIVATION ausgedrückt, das eine Liste
von Pathokonzepten enthalten darf. Diese müssen etabliert sein,
bevor die Regel ausgewertet wird.

Ein zweites Verfahren zur Steuerung der Regelaktivierung ist die
Unterscheidung in Forward- und Backward-Regeln für Pathokonzepte,
wobei Backward-Regeln nur dann aktiviert werden, wenn ihr
Pathokonzept verdächtigt ist (aufgrund der immer aktiven
Forward-Regeln). Dazu dienen folgende Regeltypen:

f: Die Forward-Regeln dienen nur zur Verdachtsgenerierung und
   feuern immer, wenn ihre Vorbedingung erfüllt ist. Ihre Punktzahl wird gelöscht, sobald das Pathokonzept verdächtigt
   (d.h. im Working-Memory) ist, und seine Bewertung
   durch die detaillierten Backward-Regeln ersetzt wird.

b: Die Backward-Regeln werden erst aktiviert, wenn das Patho-
    konzept im Working-Memory ist. Sie dienen zur eigentlichen
    Bewertung des Pathokonzeptes. Diese Unterscheidung in f- und
    b-Regeln ist besonders effizient, wenn die Mehrzahl der
    Regeln eines Pathokonzeptes vom TYP 'b' sind (insbesondere
    alle Regeln die negative Evidenz liefern) und wenige
    "Trigger"-Regeln vom TYP 'f'.
fb: Die Aufspaltung in f- und b-Regeln kann den Nachteil haben,
    daß man wie in MED1 für Symptomkonstellationen zwei Regeln
    hinschreiben muß (eine zur Verdachtsgenerierung (f) und eine
    zur Verdachtsüberprüfung (b)). Dieser Nachteil wird durch den
    TYP 'fb' vermieden, der die Wirkung beider Regeltypen
    kombiniert. Bei kleinen Wissensbasen ohne Effizienzprobleme
    empfiehlt es sich, nur 'fb'-Regeln für Pathokonzepte zu
    schreiben. Beim Ausbau der Wissensbasis kann der TYP 'fb'
    einfach in 'b' umgewandelt und 'f'-Regeln können hinzugefügt
    werden.

Forward- und Backward-Regeln unterscheiden sich also in zwei
Eigenschaften: diagnostische Bedeutung und Aktivierungsmodus:

	f	b	f&b
Verdachtsgenerierung:	X		X
Verdachtsüberprüfung:		X	X
Datengesteuerte Auswertung:	X		X
Hypothesengesteuerte Auswertung:		X	X

4.3.3. Syntax und Semantik der Wissensrepräsentation

In diesem Abschnitt wird die Syntax und Semantik aller
dem Knowledge-Engineer zugänglichen Attribute der Objekte von
MED2 beschrieben. Dabei gelten folgende Konventionen:

```
Abkürzungen:              Syn = Syntax
                          Sem = Semantik
                          Kom = Kommentar
                          Bed = Bedingung (Voraussetzung, daß das
                                           Attribut sinnvoll ist)
```

Zur Charakterisierung eines Objektes notwendige Attribute sind
durch "(notw.)" gekennzeichnet. Für alle Objekte gibt es das
Attribut COMMENT für allgemeine Bemerkungen.

Konventionen zur Syntaxspezifizierung:

```
"Atom"                = Wort, das keine Leerzeichen enthalten darf
"Liste"               = Menge von Atomen
"Zahl"                = Zahl
"Verweis auf ..."     = Angabe der Nummer eines anderen Objektes
"{...}"               = eine der in der Klammer enthaltenen Alter-
                        nativen
```

4.3.3.1 Manifestationen: Fragen und einfache Symptominterpretationen

```
        Syn: m...
             Atom mit dem Anfangsbuchstaben m, z.B. mdi9
        Sem: Eindeutige Bezeichnung des Objektes

NAME:        Für Benutzer verständlicher Name (notw.)
        Syn: Atom z.B. Voraussetzung_Wissenserwerb
        Sem: Im Dialog mit dem Benutzer wird die Manifestation
             durch ihren NAMEn repräsentiert.

QMEMBER:     Zuordnung zu Questionsets
        Syn: Liste von Questionsets
        Sem: Jede Manifestation muß zu wenigstens einem Questionset
             gehören, sie kann jedoch auch in mehreren Questionsets
             vorkommen.

INFOTYP:     Charakterisierung, wie ihr Wert ermittelt wird
        Syn: {basic, derived, composed} (Defaultwert = basic)
        Sem: basic <=> Die Manifestation wird vom Benutzer erfragt.
             derived <=> Sie wird durch Regeln abgeleitet.
             composed <=> Sie wird als Sammelfrage erfragt
                          (s. Kap. 4.3.2.1).
```

```
PROMPT:    Fragetext
     Bed: INFOTYP = basic oder composed
     Syn: Liste
     Sem: Ausführlicher Fragetext für den Benutzer

XPROMPT:   Erklärung zur Frage
     Bed: INFOTYP = basic oder composed
     Syn: Liste
     Sem: Erklärung zur Frage, die der Benutzer sich bei Bedarf
          ansehen kann. Ihre Existenz wird dem Benutzer durch
          einen '*' vor der Frage angezeigt.

ANSWERTYP: Charakterisierung des Antworttyps und der für die Re-
           gelformulierung wichtigen internen Repräsentation
           (notw.)
     Syn: {oc, mc, num, time, dur, freq, loc, text}
     Sem:
```

Symbol	Antworttyp
oc (one choice):	genau eine Antwortalternative aus RANGE
mc (multiple choice):	eine oder mehrere Antwortalternativen aus RANGE
num (numerisch):	Zahl
time (Zeit):	Zeitpunkt der durch Abstand zu einem Referenzzeitpunkt angegeben wird, s. Einleitung zu Kap. 4.1
dur (Dauer):	Zahl und Zeiteinheit (z.B. 3 w) Zeiteinheiten: sec min h d w mo y
freq (Frequenz):	Zahl pro Zeiteinheit (z.B. 3 w) (3 Mal pro Woche)
loc (Lokalisation):	Lokalisation aus dem unter RANGE spezifizierten Ausschnitt der Lokalisationshierarchie (s. Kap. 4.3.2.7)
text (Text):	Beliebiger Text

```
     Kom: Die "typischen" Fragen sind 'oc' oder 'mc'. Die ande-
          ren ANSWERTYPen außer Text charakterisieren spezielle
          Fragetypen, bei denen der Wert eine Zahl, Zeitangabe
          oder Lokalisation ist und für deren Auswertung es
          spezielle Regeltypen gibt. Manifestationen vom
          ANSWERTYP 'text' konnen nur über LISP-Schnittstelle
          bei Regelprädikaten ausgewertet werden (s. Kap.
          4.3.3.7).
          Bei allen Manifestationen gibt es weiterhin standard-
          mäßig die Antwortalternativen "unbekannt" und
          "nein/sonstiges".
```

RANGE: Wertebereich der Manifestation

Syn: Falls ANSWERTYP	
{oc, mc}:	Liste von Antwortalternativen (notw.) z.B. schlecht mittel gut (sehr gut) Eine Antwortalternative, die aus mehreren Wörtern besteht, muß geklammert werden!
num:	Numerische Wertebereichsbeschränkung, z.B. für Alter: (0 120)
{time, text}:	- (keine Angabe möglich)
{dur, freq}:	Wertebereichsbeschränkung mit Zeiteinheit, z.B.: (min 10 180)
loc:	Liste von Oberbegriffen aus der Lokalisationshierarchie (s. Kap. 4.3.2.7)

Sem: Angabe des gültigen Wertebereiches, die auch zur
      Konsistenzprüfung der Benutzerantwort benutzt wird

XRANGE: Erklärung zu einzelnen Antwortalternativen
      Bed: ANSWERTYP = oc oder mc
      Syn: Listen von <Nummer der Antwortalternative> <erklä-
           render Text> z.B.: (1 (Erklärung zur ersten Antwort-
           alternative)) (5 (Erklärung zur fünften Antwort-
           alternative))
      Sem: Ausführliche Beschreibung der Bedeutung einzelner
           Antwortalternativen, die sich der Benutzer bei Bedarf
           ansehen kann. Ihre Existenz wird im Dialog durch ein
           '+' vor der Frage angezeigt.

EVAL: Auswertungsschema für abgeleitete Manifestationen
      Bed: INFOTYP = derived
      Syn: Liste von Zahlen z.B. (-2 2)
      Sem: Die Punkte, die von Regeln zur Herleitung der Mani-
           festation stammen, werden mit dem Auswertungschema
           EVAL den Alternativen aus RANGE wie folgt zugeordnet
           (EVAL = (x1 x2 x3); Gesamtpunktzahl = GPZ):
                   GPZ < x1:   1. Alternative aus RANGE
             x1 <= GPZ < x2:   2. Alternative aus RANGE
             x2 <= GPZ < x3:   3. Alternative aus RANGE
             x3 <= GPZ   :   4. Alternative aus RANGE

TEMPTYP: Zeitliche Charakterisierung der Frage
      Bed: INFOTYP = basic oder composed
      Syn: {first, rest, ever}
      Sem: first <=> Frage wird nur in der ersten Sitzung ge-
                     stellt
           rest <=> Frage wird nur in Folgesitzungen gestellt
           ever <=> Frage wird in allen Sitzungen gestellt
      Kom: TEMPTYP ist nur wichtig, wenn Mehrfachsitzungen vorge-
           sehen sind. Der Defaultwert von TEMPTYP ist 'ever'.

4.3.3.2　　　　　Questionsets: Gruppenbildung zusammengehöriger
　　　　　　　　　　　　Manifestationen


```
Syn: q...
Sem: Ein Questionset umfaßt eine Menge von Fragen, die
     zusammen erfragt werden sollen, und die unmittel-
     bar aus den Antworten herleitbaren Schlußfolgerungen.
```

NAME:　　　　Für den Benutzer verständlicher Name (notw.)
```
Syn: Atom, z.B. spezielle_Fragen
Sem: Im Dialog wird der Questionset durch seinen NAMEn
     repräsentiert
```

TYP:　　　　　Typ des Questionsets (notw.)
```
Syn: {ls, pe, te, ad, db, gd, pc, tp, cl}
Sem:
```

ls (leading symptom):	Grundbeschwerden, die typischer-weise zu Beginn des Dialoges eingegeben werden.
pe (physical examination):	Durch gezielte Überprüfung feststellbare Symptome.
te (test):	Durch technische Untersuchungen feststellbare Symptome.
gd (general data):	Allgemeine, immer zu erfassende Grunddaten.
ad (automatic data):	Der Questionset enthält automa-tisch übertragene Daten.
db (database)	Die Daten des Questionsets wer-den von einer Datenbank oder ei-ner externen Datei eingelesen.
pc (pathoconcept):	Der Questionset soll nur nach Etablierung eines Pathokonzeptes abgearbeitet werden.
tp (therapy):	Der Questionset erfaßt die Er-gebnisse eines Therapieversuches.
cl (classification):	Der Questionset enthält keine Manifestationen, sondern dient zur Etablierung einer Klassifi-kationshierarchie von Question-sets. Er hat nur ein weiteres Attribut, nämlich BELOW.

INITSEQUENCE: Top-Level-Fragen des Questionsets
```
Syn: Liste von Manifestationen, z.B. mdi1 mdi2 mdi5 mdi3
     mdi4 mdi6
Sem: Ein Questionset enthält typischerweise Fragehierar-
     chien, die durch Regeln vom Typ 'ask' verknüpft sind.
     Die Menge der an der Spitze der Hierarchien stehenden
     Fragen müssen unter INITSEQUENCE in der Reihenfolge
     angegeben werden, wie sie im Dialog erfragt werden
     sollen. Die übrigen Fragen werden in Abhängigkeit
     der gegebenen Antworten gestellt. Für eine unterge-
     ordnete Frage kann nur genau eine 'ask'-Regel ge-
     schrieben werden. Falls Fragen eines Questionsets in
```

Abhängigkeit von Manifestationen auserhalb des
Questionsets (z.B. Grunddaten) gestellt werden sollen, dann müssen diese Fragen sätzlich zur 'ask'-
Regel auch in der INITSEQUENCE enthalten sein (und
werden dort eliminiert, falls ihre Vorbedingung nicht
erfüllt ist).

PROMPT: Fragetext (wie bei Manifestationen)
    Bed: TYP = {ls, pe, te, tp}
    Syn: Liste
    Sem: Ein Qset enthält nicht nur eine Menge von Fragen,
         sondern ist selbst auch eine Frage, bei der vor
         allem entschieden wird, ob der Qset erfragt werden
         kann. Für die TYPen 'gd' und 'pc' ist eine solche
         Eingangsfrage sinnlos.
    Kom: Die Attribute PROMPT, XPROMPT und RANGE, etc dienen
         zur Spezifizierung der Eingangsfrage und haben
         die gleiche Funktion wie bei Manifestationen.
         Bei Questionsets, bei denen die Bedingung nicht er-
         füllt ist (z.B. beim TYP 'gd') wird keine Eingangs-
         frage gestellt.

XPROMPT: Erklärung zur Frage
    Bed: TYP = {ls, pe, te, tp}
    Syn: Liste
    Sem: Erklärung zur Frage wie bei Manifestationen
         (s. Semantik und Kommentar von PROMPT).

ANSWERTYP: Antworttyp der Frage
    Bed: TYP = {ls, pe, te, tp, ad, db}
    Syn: {oc, mc, num, time, freq, dur, loc, text}
    Sem: wie bei Manifestationen

RANGE: Wertebereich der Frage
    Bed: TYP = {ls, pe, te, tp, ad, db}
    Syn: Liste von Antwortalternativen
    Sem: Wie beim RANGE von Manifestationen

XRANGE: Erklärung zu den einzelnen Antwortalternativen
    Bed: ANSWERTYP = {oc mc} und TYP = {le, pe, te, tp}
    Syn: spezielle Listen
    Sem: Syn und Sem wie bei Manifestationen

SCOSTS: Statische Kosten bei der Symptomerfassung
    Bed: TYP = {pe, te, ad, db}
    Syn: Zahl
    Sem: Wenn das Expertensystem im Dialog den nächsten zu
         erfragenden Questionset auswählt, werden die mit
         SCOSTS und Regeln vom TYP 'dcosts' spezifizierten
         Kosten mit dem zu erwartenden diagnostischen Nutzen
         verrechnet, der im Attribut NEXT von Pathokonzepten
         angegeben wird.

VARIANTS: Zuordnung von Therapien und Therapievorschlägen

```
Bed: TYP = tp
Syn: Liste von Varianten
Sem: Da Therapievorschläge (Varianten) und Therapien
     (Qsets vom TYP 'tp') als verschiedene Objekte er-
     faßt werden, sollen deren Beziehungen über dieses
     Attribut angegeben werden.

BELOW:    Nachfolger-Questionsets in der Klassifikations-
          hierarchie
     Syn: Liste von Questionsets
     Sem: Die Klassifikationshierarchie hilft dem Benutzer,
          in dem  Dialog schnell die ihn interessierenden
          Questionsets zu finden.
```

4.3.3.3 Pathokonzepte (Kontext-, Grob- und Feindiagnosen)

Syn: p...
Sem: Pathokonzepte sind Objekte, die aus Manifestationen
und anderen Pathokonzepten mittels Regeln hergeleitet werden. Nach ihrer Etablierung werden ihre Varianten ermittelt, die mit Therapievorschlägen gekoppelt sind.

NAME: Für den Benutzer verständlicher Name (notw.)
Syn: Atom, z.B. Eignung_fuer_Expertensysteme
Sem: Bezeichnung des Pathokonzeptes im Dialog mit dem Be-
nutzer.

TYP: Typ des Pathokonzeptes
Syn: {-, context, class}
Sem:

> [-   <=> Normaltyp für Pathokonzepte]
> context <=> Kennzeichnung für die sehr allge-
>   meinen Kontext-Pathokonzepte
> class   <=> Nur sinnvoll für das Pathokonzept p000
>   (s. Kommentar von CHILDREN und Semantik
>   von   BELOW).   Für   p000   werden   außer
>   BELOW keine Attribute angegeben.

CANDDIFFS: Differentialdiagnosen des Pathokonzeptes
Syn: Liste von anderen Pathokonzepten
Sem: Differentialdiagnosen sind leicht verwechselbare Diagnosen. Ein Pathokonzept kann nur dann etabliert werden, wenn es um mindestens 20 Punkte (entspricht der
Kategorie p4) besser als seine Differentialdiagnosen
bewertet ist.
Kom: Die Relation CANDDIFFS ist symmetrisch. Wenn für ein
Pathokonzept Differentialdiagnosen angegeben sind,
werden diese automatisch auch bei den anderen angegebenen Pathokonzepten eingetragen.

CHILDREN: Nachfolgerdiagnosen
Syn: Liste von Pathokonzepten
Sem: Die mit dem Attribut CHILDREN definierte Diagnosehierarchie unterscheidet sich von dem implizit mit
Regeln aufgebauten Diagnosenetzwerk dadurch, daß
keine Zirkularitäten erlaubt sind (die Diagnoseheterarchie sollte eine echte Teilmenge des Diagnosenetz-
werks sein). Sie dient u.a. zum Ausdrucken und Erklären (über Explanationsets) der Endergebnisse
und zur Aktivierung von Pathokonzepten.
Kom: Wenn die mit CHILDREN definierte Heterarchie zur
Selektion von Pathokonzepten im Dialog gebraucht
werden soll, dann müssen die Pathokonzepte ohne
Vorgänger in der Heterachie unter dem Attribut
BELOW (s.u.) des zu definierenden Objektes p000
eingetragen werden.

APRIORI: Apriori-Wahrscheinlichkeit
    Syn: Punktkategorie (z.B. p4)
    Sem: Tab 4.2 zeigt die Bedeutung der Punktkategorie
    Kom: Die konstante Apriori-Wahrscheinlichkeit kann mit
         Regeln vom TYP 'ap' und 'prae' modifiziert werden.

ATTENTION: Aufmerksamkeitsfaktor
    Syn: Zahl von 1 - 5
    Sem: Pathokonzepte mit einem hohen ATTENTION-Wert werden
         im Working-Memory stärker gewichtet, als es ihrem
         Punktekonto entspricht. ATTENTION hat jedoch keine
         Auswirkung auf die Bewertung des Pathokonzeptes.

QSET: Nach Etablierung des Pathokonzeptes erfragter Question-
            set
    Syn: Verweis auf ein Questionset
    Sem: Nach Etablierung eines Pathokonzeptes ist es häufig
         nützlich, spezielle Fragen zu stellen und auszuwerten,
         z.B. zur Bestimmung von Typ, Schweregrad, Phase und
         Therapiemöglichkeiten des Pathokonzeptes. Dazu dient
         der Qset, der unmittelbar nach Etablierung des Patho-
         konzeptes abgearbeitet wird.
    Kom: Eine Möglichkeit zur Indikation von Questionsets im
         Anschluß an die Etablierung des Pathokonzeptes gibt
         das Attribut INDICATES.

NEXT: Indikation von Questionsets zur Pathokonzept-Über-
            prüfung
    Syn: Liste von Questionsets, wobei ein Questionset durch
         eine Zahl gewichtet werden kann z.B. (Qa1 Qa2 (Qa3 20))
    Sem: Wenn das Pathokonzept verdächtigt ist und MED2 die
         Initiative im Dialog hat, dann werden alle Qsets von
         NEXT entsprechend ihrer Gewichtung (falls keine Zahl
         angegeben ist, ist der Default-Wert 10) in die
         Aktionsagenda übertragen und der am besten bewertete
         wird indiziert (s. Kap 4.3.3.4).

POSSVARIANTS: Therapeutische Varianten des Pathokonzeptes
    Syn: Liste von Varianten
    Sem: Nach Etablierung des Pathokonzeptes wird die zutref-
         fende therapeutische Variante des Pathokonzeptes aus
         der Liste der POSSVARIANTS mit Regeln abgeleitet.

DEFAULTVARIANT: Default-Variante des Pathokonzeptes
    Syn: Verweis auf Variante
    Sem: Falls keine Variante mit Regeln herleitbar ist, wird
         die DEFAULTVARIANTe selektiert.

BELOW: Bereitstellung eines hierachischen Suchbaumes
    Bed: Sinnvoll nur für das Pathokonzept p000
    Syn: Liste von Pathokonzepten
    Sem: Wenn der Benutzer im Dialog ein Pathokonzept selektie-
         ren möchte, dann ermöglicht p000, das die Wurzel
         aller Pathokonzepte repräsentiert, eine hierar-

chische Selektion. Zunächst werden die Pathokonzepte, die unter BELOW von p000 stehen, als Menü angeboten, dann deren CHILDREN, usw., bis der Benutzer sein Pathokonzept gefunden hat.

4.3.3.4 Varianten: therapeutische Varianten der Pathokonzepte

```
        Syn: v...
        Sem: Varianten dienen der Therapieselektion nach Etablie-
             rung eines Pathokonzeptes

NAME:        Name der Variante im Benutzerdialog (notw.)
        Syn: Atom
        Sem: Im Benutzerdialog wird die Variante mit ihrem Namen
             angesprochen.

GENTHERAPY: Allgemeiner Therapievorschlag
        Syn: Aufruf einer LISP-Funktion oder Verweis auf Variante
        Sem: Der Therapievorschlag wird durch eine vom Benutzer
             zu spezifizierende, beliebige LISP-Funktion berechnet.
             Wenn nur Text ausgedruckt werden soll, kann die
             Funktion 'bp-liste' verwendet werden, die als Argument
             eine beliebige Liste bekommt, z.B. "(bp-liste '(So
             wird es gemacht!))", und die Liste mit angemessenem
             Zeilenumbruch ausdruckt. Falls die Funktion bei einer
             anderen Variante schon vorhanden ist, reicht ein
             Verweis auf diese Variante aus.
        Kom: Hier ist auch eine Kopplung zu einem anderen Programm
             möglich.

SPECTHERAPY: Spezieller Therapievorschlag
        Syn: Aufruf einer LISP-Funktion oder Verweis auf Variante
        Sem: S. Semantik von GENTHERAPY. SPECTHERAPY beschreibt
             spezifische Therapievorschläge, während GENTHERAPY
             allgemeine Richtlinien enthält.

URGENCY:     Dringlichkeit der Therapie
        Syn: {-, true}
        Sem: Falls URGENCY = true, dann wird der Therapievorschlag
             sofort ausgedruckt, andernfalls erst am Ende der
             Sitzung (evtl. zusammen mit anderen Vorschlägen)
        Kom: Therapievorschläge werden nur für Pathokonzepte
             ausgedruckt, die keine Nachfolger haben oder deren
             Nachfolger nicht etabliert werden konnten

PROGNOSIS: Prognose
        Syn: Aufruf einer LISP-Funktion oder Verweis auf Variante
        Sem: Information zur Prognose der Diagnosevariante
        Kom: Handhabung wie bei GENTHERAPY
```

4.3.3.5   Explanationsets

  Syn: d...
  Sem: Explanationsets dienen zur Erfassung der Erklärungs-
     bedürftigkeit der Symptomatik.
  Kom: Aus historischen Gründen beginnt die Nummer von Ex-
     planationsets mit "d" statt mit "e", da sie früher
     "Derivatives" hießen.

NAME: Name für den Benutzerdialog (notw.)
  Syn: Atom, z.B. Kausales_Wissen
  Sem: Bezeichnung des Explantionsets im Benutzerdialog

EXPLAINABLEBY: Erklärbarkeit des Explanationsets (notw.)
  Syn: Liste von Pathokonzepten
  Sem: Das Explantionset kann durch die Pathokonzepte er-
     klärt werden (d.h. sie sind eine mögliche Ursache der
     im Explanationset zusammengefaßten Symptome).

QMEMBEROF: Zuordnung zu Questionsets
  Syn: Liste von Questionsets
  Sem: Die Liste aller Questionsets, in denen wenigstens
     eine der Manifestationen vorkommt, die dem
     Explanationset (durch Regeln) zugeordnet sind.

4.3.3.6   Lokalisationen

     Syn: Atom (beliebiger Name)
     Sem: In vielen Anwendungsbereichen spielen Lokalisationen
          eine große Rolle. MED2 bietet mit diesem Objekttyp
          die Möglichkeit, eine für den Anwendungsbereich
          allgemeingültige Lokalisationshierarchie zu defi-
          nieren, auf die in speziellen Lokalisationsfragen
          Bezug genommen werden kann.
     Kom: Im Gegensatz zu allen anderen Objekten haben Lo-
          kalisationen keine Unterscheidung zwischen interner
          und externer Repräsentation (d.h. sie haben keinen
          NAMEn). Deswegen sind keine Restriktionen an ihre
          Syntax gestellt.

BELOW: Menge der Unterlokalisationen
     Syn: Liste von Lokalisationen
     Sem: Liste von Lokalisationen, für die die definierte
          Lokalisation der Oberbegriff ist.
     Kom: Eine Lokalisation kann die Unterlokalisation von meh-
          reren Oberbegriffen sein (d.h. in mehreren BELOW-Li-
          sten vorkommen).

SIDED: Achsensymmetrie
     Syn: {-, true}
     Sem: Information, ob die Lokalisation beidseitig symme-
          trisch ist (z.B. Arme, Beine etc. im menschlichen
          Körper).
     Kom: Das Attribut SIDED wird von einem Oberbegriff an
          seine Unterlokalisationen vererbt, falls es nicht
          durch einen neuen Eintrag überschrieben wird.

4.3.3.7   Regeln

Die meisten Beziehungen zwischen Objekten werden durch Regeln
ausgedrückt, die einen internen Namen haben (r...). Regeln sind
typisiert, insgesamt gibt es 16 Typen. Ihre allgemeine Form ist
ACTIVATION & CONDITION ---> ACTION. Ausnahmen zu Regeln werden
durch eigenständige Regeln vom TYP 'ret' repräsentiert. Wir
beschreiben zunächst die Attribute ACTIVATION und CONDITION und
dann TYP und ACTION.

ACTIVATION: Aktivierungsbedingungen
     Syn: Liste von Pathokonzepten
     Sem: Die Regel wird erst dann berücksichtigt, wenn die
          Aktivierungsbedingungen erfüllt sind, d.h. die
          Pathokonzepte etabliert sind. Mit ACTIVATION können
          Kontextbedingungen einer Regel von der eigentlichen
          Vorbedingung der Regel (CONDITION) getrennt werden.
     Kom: Verbesserung der Übersichtlichkeit und Effizienz-
          steigerung, da ACTIVATION vor CONDITION evaluiert
          wird.

CONDITION: Vorbedingung einer Regel
     Kom: Eine CONDITION besteht aus mit 'und' verknüpften
          Aussagen. Zur Bildung von Aussagen stellt MED2 24
          Prädikate und eine LISP-Schnittstelle mit dem
          Prädikat 'eval' bereit.
     Syn: CONDITION ::= <Aussage> ... <Aussage>
          Aussage   ::= ([non] <Prädikat> <Spezifikation>)
          Spezifikation ::= "Objekt(e)" "Bedingung"
     Sem: Jede Aussage kann durch ein vorangestelltes 'non'
          negiert werden. Die Syntax und Semantik der Prädi-
          kate und der zugehörigen Spezifikationen wird in
          der folgenden Tabelle beschrieben.
     Kom: Abkürzungen:
          O = 1 Objekt, OO = 2 Objekte, OOO = beliebig viele
                                               Objekte
          Mani = Manifestation; wo Manifestationen vom ANSWERTYP
               'oc' zulässig sind, dürfen auch Questionsets
               angegeben werden.
          moc = Mani vom ANSWERTYP 'oc', mnum = Mani vom
               ANSWERTYP 'num', etc.
          Bsp = Beispiel

Prädikat	Obj	Bedingung	Objekttyp	Bedeutung und Beispiele
$=	O	Zahl	Mani: oc mc	Objekt = Antwortalternative Bsp: ($= moc1 4)
$=	O	1 Lokalis.	Mani: loc	Objekt = Lokalisation Bsp: ($= mloc thorax)
$or	O	Zahlen	Mani: oc mc	Objekt = eine der spezifi- zierten Antwortalternativen Bsp: ($or mmc 3 4 5)
$or	O	mehrere Lokalisat.	Mani: loc	Objekt = eine der spezifi- zierten Lokalisationen Bsp: ($or mloc thorax abdomen)
$and	O	Zahlen	Mani: mc	Objekt = alle der spezifi- zierten Antwortalternativen Bsp: ($and mmc 1 2)
$and	O	mehrere Lokalisat.	Mani: loc	Objekt = alle der spezifi- zierten Lokalisationen Bsp: ($and mloc thorax abdomen)
$isvalue	O	{true false unknown}	Mani	$isvalue fragt den Status ei- ner Mani (true, false, un- known). Bsp: ($isvalue mx unknown)
$ex	OOO	-	Manis	$ex kann eine beliebig lange Liste von Manifestationen haben, deren Status = true sein muß. Bsp: ($ex mx1 mx2 mx3)
$pc	O	Pathokonzept		Pathokonzept muß 'establi- shed' (oder bei Negation 'excluded') sein. Bsp: ($pc pk1)
$in	O	Zahl1 Zahl2	Mani: num	Der Wert der Mani muß in dem durch die zwei Zahlen spezi- zierten Intervall liegen (Zahl1 <= Wert <= Zahl2). Bsp: ($in mnum 40 80)
$in	O	Einheit Zahl1 Zahl2	Mani: dur freq	Spezifikation des Intervalls durch eine Zeiteiheit (sec min h d w mo y) Bsp: ($in mdur min 5 100)

Prädikat	Obj	Bedingung	Objekttyp	Bedeutung und Beispiele
$l, $<	0	Zahl Einheit Zahl	Mani: num Mani: freq dur	Wert der Mani muß kleiner als 'Zahl' sein Bsp: ($> mnum 50)
$g, $>	0	Zahl Einheit Zahl	Mani: num Mani: freq dur	Wert der Mani muß grö-ßer als 'Zahl' sein Bsp: ($> mdur d 5)
$le, $<=	0	Zahl Einheit Zahl	Mani: num Mani: freq dur	Mani muß kleiner oder gleich Zahl sein Bsp: ($<= mfreq w 5)
$ge, $>=	0	Zahl Einheit Zahl	Mani: num Mani: freq dur	Mani muß größer oder gleich Zahl sein Bsp: ($>= mnum 10.5)
$g, $>, $ge, $>=, $l, $< $le, $<=	00	[pos. Zahl] [Einh. Zahl] [neg. Zahl] [Einh. Zahl] {Bei $l, $<, $le, $<= muß die Zahl ne- gativ sein}	Manis: num Manis: freq dur Die zwei Manis müssen ge-klammert sein!	Die erste Mani muß grö-ßer bzw. kleiner als die zweite Mani sein. Die Mindestdifferenz kann durch die Bedin-gung angegeben werden. Bsp: ($<= (mnum1 mnum2)) ($> (mdur1 mdur) w -5)
$before	00	[Einheit Zahl1 Zahl2]	Manis: time	Das erste Mani muß zeitlich vor dem zwei-ten Mani liegen [inner-halb des Intervalls] Bsp: ($before mtime1 mtime2 d 0 20)
$after	00	[Einheit Zahl1 Zahl2]	Manis: time	Das erste Mani muß nach dem zweiten liegen [in-nerhalb des Intervalls] Bsp: ($after mtime1 mtime2 y 0 1)
$sim	000		Manis: time	Die Manis müssen gleichzeitig sein. Bsp: ($sim mtime1 mtime2 mtime3)
$il	000	–	Manis: loc	Die Manis müssen auf derselben Seite lokali-siert sein: ipsilateral. Bsp: ($il mloc1 mloc2 mloc3 mloc4)
$spa	000	–	Manis: loc	Die Manis müssen am selben Ort liegen.
$eval	000	LISP- Prädi- kat	Manis, Pathokonzepte, Questionset, Varianten	Möglichkeit zur Benut-zung selbstdefinierter LISP-Prädikate. Die be-nutzten Objekte müssen deklariert werden und mit der Fkt. "$getvalue" angesprochen werden.

Bsp: ($eval (mnum1 mnum2) (greaterp (* 2 ($getvalue mnum1)
($getvalue mnum2)))

```
$incr  )
$decr  }    (<Mani> <Betrag> <Dauer> <Zeitreferenz>)
$stab  )
```

```
            <Mani>   = Manifestation vom ANSWERTYP 'num' oder 'oc'
            <Betrag> = Zahl oder (Zahl Zahl)
            <Dauer>  = (Zahl Einheit) z.B. '(60 min)'
            <Zeitreferenz> = Zeitangabe: wie eine Benutzerantwort
                             auf Fragen vom ANSWERTYP 'time' (s.
                             Einleitung von Kap. 4; z.B '(3 w bef
                             now)').
```

Bedeutung: $incr, $decr und $stab prüfen, ob der Wert einer Manifestation um (mindestens) den <Betrag> innerhalb der <Dauer> angestiegen, abgefallen oder gleichgeblieben ist. Falls der <Betrag> ein Intervall von zwei Zahlen ist, dann bedeuten sie eine Unter- und Obergrenze; die Zahl 0 bedeutet beliebige Änderung. Bei Manifestationen vom ANSWERTYP 'mc' bedeutet der <Betrag> die Nummer der Antwortalternative, die neu aufgetreten ($incr) oder verschwunden ($decr) ist. Falls eine <Zeitreferenz> angegeben ist, so muß das darin referierte Ereignis innerhalb der <Dauer> stattgefunden haben.

Beispiel: ($decr mFieberwert 1 (1 d) (aft mMedikament)) Der Fieberwert ist um mindestens 1 Grad C innerhalb eines Tages (1 d) nach Einnahme eines Medikamentes (aft mMedikament) gefallen.

```
$grad       (<Mani> <Zeiteinheit> <Betrag> <Sitzung1> <Sitzung2>)
            <Mani> = Manifestation vom ANSWERTYP 'num' oder 'oc'
            <Zeiteinheit> = {sec, min, h, d, w, mo, y}
            <Betrag> = Zahl oder (Zahl1 Zahl2)
            <Sitzung1> = Zahl (optional; Default = 1)
            <Sitzung2> = Zahl (optional)
```

Bedeutung: $grad prüft, ob der Anstieg einer Manifestation pro <Zeiteinheit> sich verstärkt oder um den <Betrag> verändert hat. Die relevanten Zeitintervalle sind der Untersuchungszeitpunkt (Jetzt) bis zur x-letzten Sitzung und von der x-letzten Sitzung bis zur y-letzten Sitzung (x und y sind beiden Vergleichsitzungen).

Beispiele: ($grad mverschmutzung mo 0,01 1 2): Der Verschmutzungsgrad ist um mindestens 0,01 Einheiten pro Monat im letzten Zeitintervall im Vergleich zum vorletzten Zeitintervall (jetzt bis zur letzten Sitzung und von der letzten zur vorletzten Sitzung).
($grad mverschmutzung y -0.5): Die Verschmutzung ist seit der letzten Sitzung um mindestens 0.5 Einheiten pro Jahr gefallen.

Mit den Prädikaten $incr, $decr, $stab und $grad werden die zeitlichen Veränderungen nur verglichen. Den tatsächlichen

Zahlenwert der Veränderung bekommt man mit den Funktionen $incrval und $gradval, die im Aktionsteil der Regel in der Formel angegeben werden können (s.u.).

Nach der CONDITION beschreiben wir nun die Attribute TYP und ACTION von Regeln.

TYP: Typ des Aktionsteil (notw.)
    Syn: {ask, asknot, ind, dcosts, f, fb, b, ap, prae, d, dq,
          add, contra, ret, v, lisp}

Regeltyp	Bedeutung des Aktionsteils
ask:	Stellen von Fragen
asknot:	Kontraindikation für Questionsets
ind (indiziere):	Kategorische Indikation von Questionsets.
dcosts (dynamische Kosten):	Berechnung von Kosten und Risiken eines Questionsets.
f (forward):	Vorwärts-Regel zur Verdachtsgenerierung von Pathokonzepten.
b (backward):	Rückwärts-Regel zur Verdachtsüberprüfung von Pathokonzepten.
fb (forward & backward):	Regel zur Verdachtsüberprüfung, die vorwärts (datengesteuert) aktiviert wird.
ap (apriori):	Regel zur Berechnung der Prädisposition eines Pathokonzeptes aus Basisdaten wie Alter, Geschlecht, etc.
prae (praedisposition):	Regel zur Berechnung der Prädisposition eines Pathokonzeptes.
d:	Regel für ein Explanationset.
dq:	Regel für eine Manifestation vom TYP 'derived', deren Bedeutung sich aus dem EVAL-Schema der Manifestation ergibt.
add:	Regel für eine Manifestation vom TYP 'derived', die direkt (ohne EVAL-Schema) eine Alternative des Wertebereichs in RANGE selektiert.
contra:	Regel, deren Aktionsteil in der Feststellung einer unplausiblen Kombination von Benutzereingaben besteht.
v:	Regel zur Herleitung von Varianten
ret:	Regel, deren Aktionsteil das Feststellen einer Ausnahme von anderen Regeln ist.
lisp:	Der Aktionsteil ist eine beliebige LISP-Funktion

ACTION: Spezifizierung des Aktionsteil der Regel

Syn:

Falls TYP =	
{f, b, fb ap, prae}:	("Pathokonzept" "Punktkategorie")
{d}:	("Explanationset" "Punktkategorie")
{dq}:	("Manifestation vom TYP 'derived' " "Punktkategorie oder Formel")
{v}:	("Variante" "Punktkategorie")
{add}:	("Manifestation vom TYP 'derived' " "Nummer einer Alternative von RANGE")
{dcosts}:	("Questionset" "Punktkategorie")
{ask}:	Liste von Manifestationen
{asknot}:	Liste von Questionsets
{ind}:	Liste von Questionsets
{ret}:	Liste von Regeln
{contra}:	-
{lisp}:	Liste von 2 LISP-Funktionen, von denen die erste evaluiert wird, wenn die Regel feuert und die zweite, wenn die Regel zurückgezogen wird

Sem: Bei Regeln vom TYP {f b fb ap prae d dq dcosts} werden Punktkategorien auf ein Objekt übertragen. Die Punktkategorien sind entweder Zahlen oder von MED2 bereitgestellte Kategorien (n1 .. n7, p1 .. p7, pp; s. Tab. 4.2). Bei Regeln vom TYP 'dq' kann statt einer Punktkategorie auch eine Formel zur Berechnung der Punkte angegeben werden. Dabei können die Funktionen 'plus' oder '+' (Addition), 'times' oder '*' (Multiplikation), '$quotient' (Division mit nur zwei Stellen Genauigkeit und Abfangen der Fehlermeldung "Division durch 0") oder '/' (normale Division), 'difference' oder '-' (Subtraktion) und '$timedif' (Differenzbildung zwischen zwei Zeitpunkten) sowie beliebige (auch selbstdefinierte) arithmetische LISP-Funktionen, und als Argumente entweder Konstanten oder Manifestationen vom TYP 'num' (bzw. für '$timedif' vom TYP 'time') verwendet werden. Drei spezielle Funktionen sind $incrval, $decrval und $gradval, mit denen der Wert einer $incr-, $decr bzw. eines $grad-Prädikates abgefragt werden kann. Bei ihrer Benutzung muß in der Vorbedingung eine äquivalente $incr, $decr, bzw. $grad-Bedingung angegeben sein, wie sie im Aktionsteil dann berechnet wird. Die Argumente von $incrval und $decrval sind (mani dauer zeitreferenz), die dieselbe Syntax und Semantik wie bei $incr und $decr besitzen. $gradval hat die Argumente (mani zeiteinheit Vergleichssitzung1 Vergleichssitzung2) ebenfalls mit derselben Bedeutung wie bei $grad. Beispiele: "rbsp1 CONDITION ($incr m1 0 (2 d) (3 d aft mt1)) ACTION (m2 ($incrval m1 (2 d) (3 d aft mt1))" oder "rbsp2 CONDITION ($grad m3 h (0 100) 2) ACTION (m4 ($gradval m3 h 0 2))" = Übertragung des Anstieges pro Stunde der Manifestation m3 von jetzt

("0") bis zur vorletzten Sitzung ("2") auf die Manifestation m4.
Falls die Manifestation einer Regel vom TYP 'dq' im Aktionsteil kein EVAL-Schema besitzt, darf höchstens eine ihrer dq-Regeln feuern (andernfalls würde der alte Wert überschrieben werden).
Bei Regeln vom TYP 'add' werden direkt Alternativen des Wertebereichs (RANGE) einer Manifestation selektiert.
Bei Regeln vom TYP 'ask' werden die Manifestationen erfragt, wenn die Regel feuert (Weiterfragen-Mechanismus). Eine Frage darf nur über genau eine ask-Regel getriggert werden.
Regeln vom TYP 'asknot' bewirken, daß die angegebenen Questionsets als nicht erfaßbar markiert werden (Kontraindikationen).
Wenn eine Regel vom TYP 'ind' feuert, werden ihre Questionsets in der angegebenen Reihenfolge abgearbeitet (vorher wird noch der aktuelle Questionset und evtl. die vom Benutzer spezifizierten Questionsets abgearbeitet).
Regeln vom TYP 'contra' brauchen keinen Aktionsteil, da sie den Benutzer nur über eine unplausible Kombination von Antworten informieren.
Regeln vom TYP 'ret' ("retraction") kennzeichnen Ausnahmen einer beliebigen anderen Regel (außer 'ask', da dies keinen Sinn macht), auch von Regeln vom Typ 'ret' (Ausnahmen von Ausnahmen).
Regeln vom TYP 'lisp' ermöglichen für Spezialfälle die Definition von LISP-Funktionen.

4.3.4   Hinweise zur Bedienung der Wissenserwerbskomponente

Nach dem Aufruf der Wissenserwerbskomponente setzt der Experte
zunächst den Sprachmodus (deutsch oder englisch), den
Eingabemodus (interaktiv oder über Datei) und lädt seine
Wissensbasis. Außer dem Eingeben und Ändern von Objekten gibt es
u.a. folgende Optionen:

- Erstellen von übersichtlichen Listings der Wissensbasis, die
  über den "Print"-Befehl des Betriebssystems auf einen Drucker
  ausgegeben werden können.
- Restaurieren der Wissensbasis, falls die Wissensbasis aus ir-
  gend einem Grund inkonsistent geworden ist.
- Auflisten bekannter Objektnummern.
- Auflisten referenzierter, aber noch nicht definierter Objekte.
- Aufruf von LISP.

Während der Eingabe bzw. Änderung von Objekten kann der Experte
sich jederzeit Beispiele für die korrekte Eingabe der Attribute
zeigen lassen und kann zum Herausfinden der Bezeichnung eines
Objektes in die Erklärungskomponente überwechseln. Umgekehrt kann
er auch jederzeit aus der Interviewerkomponente über die
Erklärungskomponente in die Wissenserwerbskomponente übergehen,
um Fehler in der Wissensbasis sofort zu korrigieren und das
Ergebnis im laufenden Dialog zu testen. Der Übergang wird durch
die Übernahme des aktuellen Objektes der Erklärungskomponente in
die Wissenserwerbskomponente vereinfacht.

4.3.5 Symptomerfassung über externe Datenquellen und mit Bildern

Zur Integration von MED2 in eine Einsatzumgebung sind zusätzlich
zu den LISP-Optionen im CONDITION- und ACTION-Teil von Regeln und
bei den Varianten zur Therapieselektion folgende Schnittstellen
vorgesehen:

1. In vielen Fällen liegt ein Teil der Symptomatik bereits in
computerzugänglichem Format vor, und sollte deswegen automatisch
eingelesen werden, um den Benutzer zu entlasten. Dazu kann der
Experte Questionsets vom TYP 'db' (Datenbank) oder 'ad'
(automatisch erfaßte Daten; z.B. von einem Prozeßrechner)
definieren. Wenn ein solcher Questionset indiziert ist, werden
keine Fragen an den Benutzer gestellt, sondern die LISP-Funktionen 'db-trans' bzw. 'ad-trans' mit dem jeweiligen Questionset
als Parameter aufgerufen, die situationsspezifisch zu definieren
sind. Das Ergebnis des Aufrufs muß sein, daß der Questionset und
die betroffenen Manifestationen in ihrer Property-Liste unter der
Property 'VALUE' den entsprechenden Wert eingetragen bekommen
z.B. durch LISP-Befehle der Art (putprop 'qbeispiel 1 'value).
Die weitere Verarbeitung dieser Daten unterscheidet sich nicht
von der von anderen Daten.

2. Bei manchen Symptombeschreibungen sagt ein Bild mehr als tausend Worte. Zur Illustration von Fragen und Antwortalternativen kann der Experte ähnlich wie bei den Attributen XPROMPT und XRANGE entsprechende Attribute BILD (Bild zur Frage als ganzes) und BILDER (Bilder zu den einzelnen Antwortalternativen) eingeben. Dazu muß vor Aufruf der Wissenserwerbskomponente in LISP die Variable 'mu_picturesp' auf 'true' gesetzt werden und die Dateinamen angegeben werden, unter denen die Bilder abgespeichert sind. Im Dialog erscheint dann bei einer Manifestation, die ein BILD enthält, diese Bild automatisch auf einem zweiten Bildschirm. Die BILDER zu den Antwortalternativen kann der Benutzer durch einen Mausklick aktivieren, um Hilfen zur Beantwortung der Frage zu bekommen.

4.4   **Grundzüge der Implementierung**

MED2 ist ein LISP-Programm und läuft zur Zeit (Febr. 1987) auf:

- FRANZLISP / UNIX (VAX)
- ZETALISP (SYMBOLICS)
- GOLDEN COMMON LISP (IBM-AT)

Es hat ohne Wissensbasis in Pretty-Print-Format eine Größe
von ca. 800 K byte Speicherplatz.

In diesem Kapitel geben wir eine Übersicht über die Programmorganisation und beschreiben in grober Weise die Vorgehensweise
von MED2 anhand seiner Datenstrukturen.

4.4.1   **Programmorganisation**

MED2 besteht aus folgenden Hauptkomponenten (vgl. Fig. 2.2):

- Wissenserwerbskomponente (ca. 400 K byte)
- Interviewerkomponente (ca. 100 K byte)
- Erklärungskomponente (ca. 100 K byte)
- Problemlösungskomponente (ca. 200 K byte)

Die Wissenserwerbskomponente ist spezifisch für die in Kap.
4.3.3 angegebene Syntax der Wissensrepräsentation von MED2 geschrieben. Sie überprüft die Eingabe des Experten auf Korrektheit
und transformiert sie in das für die Problemlösungskomponente
notwendige Format, wozu vor allem die semistatischen Attribute
(Verweise zwischen den Objekten, s. Tab. 4.4) generiert werden.
Die Wissenserwerbskomponente umfaßt weiterhin folgende Funktionen:

- Parsen einer Eingabedatei (wobei Fehler interaktiv korrigiert
  werden können)
- Eingeben, Ändern und Löschen von Objekten im Dialog
- Dialogführung und -unterstützung
- Dateiverwaltung
- Erzeugen von übersichtlichen Ausgaben der Wissensbasis

Die Interviewerkomponente ist am Questionsetkonzept orientiert
und führt den Dialog über Menüs, mit denen der Benutzer
Questionsets selektieren, Fragen beantworten und Erklärungen
abfragen kann.

Die Erklärungskomponente besteht aus einer Menge von Funktions-
gruppen, die jeweils ein Kommando interpretieren (s. Kap. 4.1),
indem sie die von MED2 abgeleiteten Datenstrukturen in eine für
den Benutzer verständliche Form transformieren.

Einen Überblick über den Steuersystemzyklus der Problemlösungskomponente gibt Fig. 4.5.

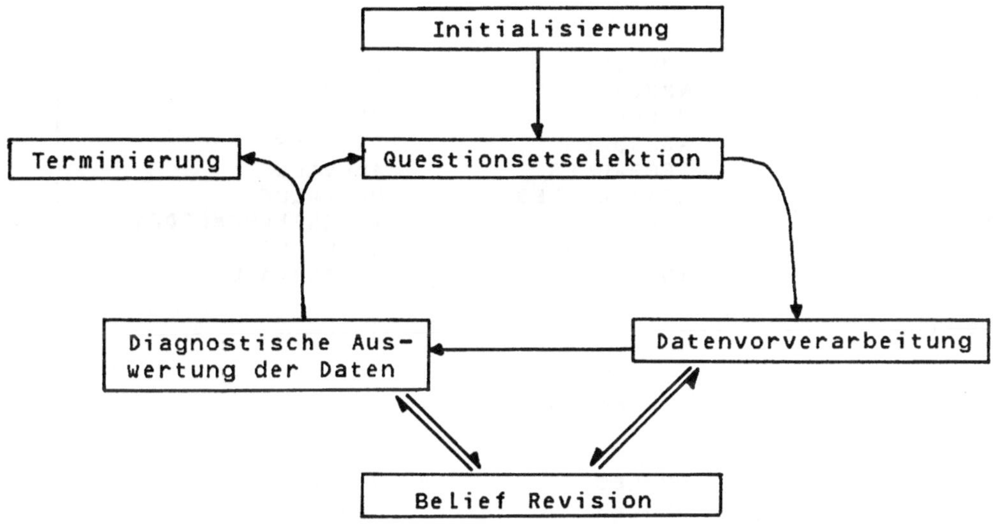

Fig. 4.5: Steuersystemzyklus in MED2

Nach der Initialisierung beginnt MED2 mit der Abarbeitung
der vom Benutzer selektierten Questionsets (Hauptbeschwerden),
wobei im Database-Reasoning-Modul die lokalen (symptombezogenen)
und im Diagnostic-Reasoning-Modul die globalen (diagnosebezo-
genen) Schlußfolgerungen abgeleitet werden. Falls notwendig,
werden weitere Questionsets vom System indiziert. Wenn der
Benutzer Daten korrigiert oder wenn Schlußfolgerungen durch
Bekanntwerden zusätzlicher Informationen zurückgezogen werden
müssen, wird dazu das Belief-Revision-Modul aktiviert.

statische	semistatische	dynamische Attribute
1.	**Manifestationen**	
NAME	PRULES	VALUE
INFOTYP	NRULES	POINTS
ANSWERTYP	URULES	KNOWN
PROMPT	ASKRULES	PRECONS
XPROMPT	TEMPRULES	ADDVALUE
RANGE	ACTIONRULES	OLDVALUE
XRANGE	PARENTS	TIMEREFERENCEDBY
EVAL	CHILDREN	NEWVALUE
QMEMBER	INITMEMBER	NEWADDVALUE
TEMPTYP		
COMMENT		
2.	**Questionsets**	
NAME	PRULES	VALUE
TYP	URULES	KNOWN
INITSEQUENCE	NRULES	DONE
PROMPT	TEMPRULES	INDSCORE
XPROMPT	ACTIONRULES	INTERRUPT
ANSWERTYP	QUESTIONS	OLDVALUE
RANGE	DERIVATIVES	NEWVALUE
XRANGE	XSETS	
SCOSTS	PC	
BELOW	INDICATION	
COMMENT	ABOVE	
3.	**Pathokonzepte**	
NAME	PRULES	POINTS
CHILDREN	NRULES	KNOWN
CANDDIFFS	ACTRULES	VPOINTS
TYP	ACTIONRULES	BINDINGPOINTS
APRIORI	CONTEXT	BINDINGSCORE
ATTENTION	PARENTS	STRENGTH
QSET	XSETS	CATEGORICS
NEXT	MUSTHAVE	DDZUSCHLAG
BELOW	CIRCRULES	DIFFS
POSSVARAINTS	ABOVE	COOPS
DEFAULTVARIANT	PCRULES	UNJUSTIFICATION
COMMENT		VARIANT
		USERSTATUS
		EXPLAINED
		PRAEPOINTS
		PRAEVALUE

statische	semistatische	dynamische Attribute
4.	**EXPLANATIONSETS**	
NAME EXPLAINABLEBY QMEMBEROF COMMENT	ACTIONRULES	POINTS EXPLAINED
5.	**Varianten**	
NAME GENTHERAPY SPECTHERAPY URGENCY PROGNOSIS COMMENT	PRULES NRULES ACTIONRULES PC REFERENCES THERAPIES	POINTS KNOWN
6.	**Lokalisationen**	
BELOW SIDED	ABOVE	
7.	**Regeln**	
TYP CONDITION ACTION ACTIVATION COMMENT	ALPHAS ACTALPHAS EXCEPT CIRCULAR	KNOWN OPEN EXCEPTION ACTOPEN IGNORED

Tab. 4.4: Auflistung aller Attribute der sieben Objekttypen von MED2: statische Attribute werden vom Experten eingegeben, semistatische von der Wissenserwerbskomponente generiert und dynamische während einer Sitzung vom Benutzer eingegeben (VALUE und OLDVALUE von erfragten Manifestationen und Questionsets) bzw. vom System hergeleitet (alle dynamischen Attribute außer VALUE und und OLDVALUE).

4.4.2 Datenstrukturen und Vorgehensweise

Die Problemlösungskomponente von MED2 ist weitgehend im objektorientierten Stil programmiert. Die Objekte sind Instanzen der sieben Objekttypen von MED2 (s. Tab. 4.4, die eine Auflistung aller Attribute zeigt). Während einer Sitzung kommunizieren die Objekte über Nachrichten, wobei ihre Kommunikationspfade in ihren semistatischen Attributen vorberechnet sind. Aus Effizienzgründen werden in MED2 zusätzlich globale Variablen zur Abspeicherung von geänderten Objekten benutzt, um viele Einzeländerungen zusammen auswerten zu können. Die globalen Variablen enthalten also meist eine (geordnete) Liste von Objekten, die zu einem geeigneten Zeitpunkt abgearbeitet wird.

Im folgenden beschreiben wir in grober Weise die Programmstruktur des Regelinterpreters und der in Fig. 4.5 angesprochenen Module, um einen Eindruck von der Implementierung zu vermitteln.

4.4.2.1 Regelinterpreter

Der größte Teil der semistatischen Attribute dient zur Vernetzung der Objekte und Regeln, um bei der Abarbeitung und Erklärung eine hohe Effizienz zu gewährleisten. Während der Eingabe einer Regel generiert die Wissenserwerbskomponente folgende zur Regelaktivierung und -ausführung benötigten Einträge bei der Regel und bei den referierten Objekten (in Klammern nach dem Attribut die Anfangsbuchstaben der Objekttypen des Attributes):

ALPHAS (R): Eintrag aller Objekte aus CONDITION und ACTIVATION, die zur Auswertung der Regel bekannt sein müssen.
ACTALPHAS (R): Bei Regeln vom TYP 'b' bzw. 'ret': Eintrag des Pathokonzeptes bzw. der Regeln aus dem Aktionsteil (ACTION), die die Regel aktivieren.
EXCEPT (R): Liste aller Regeln, die Ausnahme für die Regeln sind.
CIRCULAR (R): Liste der Zirkularitäten, an denen die Regel beteiligt ist.
PRULES (M, Q, P, V): Eintrag aller Regeln, in denen positiv auf das Objekt Bezug genommen wird.
NRULES (M, Q, P, V): Eintrag aller Regeln, in denen negativ (mit "non") auf das Objekt Bezug genommen wird.
URULES (M, Q): Eintrag aller Regeln, in denen der Wert unbekannt ($isvalue <objekt> unknown) des Objektes abgefragt wird.
ASKRULES (M): Eintrag aller Regeln vom TYP 'ask', in deren CONDITION die Manifestation vorkommt (ASKRULES erfordern eine Sonderbehandlung, da sie zur Dialogsteuerung dienen).
TEMPRULES (M, Q): Eintrag aller Regeln, die sich auf die Geschichte (OLDVALUE) des Objektes beziehen.

ACTIONRULES (M, Q, P, D, V): Eintrag aller Regelnummern, in deren
    ACTION das Objekt hergeleitet wird.
ACTRULES (P): Eintrag aller Backward-Regeln (TYP 'b') des Patho-
    konzeptes, die erst bei seiner Verdachtsüberprüfung aktiviert
    werden.
CONTEXT (P): Eintrag aller Regeln, bei denen das Pathokonzept in
    ACTIVATION vorkommt und die nach der Etablierung des
    Pathokonzeptes aktiviert werden.
CIRCRULES (P): Eintrag aller zirkulären Regeln für ein Pathokon-
    zept als Doppelliste, die bei dessen Etablierung bzw.
    Ausschluß blockiert werden. Zu ihrer Herleitung dient das
    Attribut PCRULES.
MUSTHAVE (P): Liste aller Regeln, die notwendige Bedingungen für
    ein Pathokonzpet sind.

Folgende dynamische Attribute sind bei der Regelinterpretation
wichtig:

OPEN (R): Liste der zur Auswertung der Regel erforderlichen Ob-
    jekte (initialisiert mit ALPHAS).
ACTOPEN (R): Liste der zur Aktivierung der Regel erforderlichen
    Objekte (initialisiert mit ACTALPHAS).
CATEGORICS (P): Dreitupel das folgende Kriterien repräsen-
    tiert: 1. Ausschlußbedingungen (Regeln mit Bewertung n7)
    2. Hinreichende Bedingungen (Regeln mit Bewertung p7)
    3. Notwendige Bedingungen (Regeln mit Bewertung pp)
    Die Liste mit den notwendigen Bedingungen ist mit MUSTHAVE
    initialisiert und muß leer sein, damit das Pathokonzept
    etabliert werden kann.
KNOWN (M, Q, P, V, R): Status des Objektes bzw. der Regel, der
    bekannt sein muß, damit Schlußfolgerungen gezogen werden dür-
    fen.
POINTS (M, P, D, V): Rohwert (Punktzahl) zur Bewertung des abge-
    leiteten Objektes (bei Pathokonzepten getrennt in positive
    und negative Punktzahl).
VPOINTS (P): Punktzahl nur zur Verdachtsgenerierung
VALUE (M, Q, D,): Erfragter oder abgeleiteter, interpretierter
    Wert des Objektes.
EXCEPTION (R): Liste der Ausnahmen, die für eine Regel zugetrof-
    fen haben.

Ein Objekt, dessen Status (KNOWN) durch Fragen oder Ableiten er-
mittelt wurde, sendet eine Nachricht zur Auswertung an seine
P-, N- oder URULES (je nachdem, ob der Status = "true", "false"
oder "unknown" ist) und in Folgesitzungen an seine TEMPRULES.
Zusätzlich senden Manifestationen eine Nachricht an ihre
ASKRULES und Pathokonzepte an ihre KONTEXT-Regeln zur
Aktivierung.

Eine Regel, die eine solche Nachricht empfängt, löscht die
Objektnummer, von dem die Nachricht kam, aus OPEN bzw. aus
ACTOPEN. Erst wenn beide Attribute leer sind (d.h. alle
relevanten Objekte bekannt sind), wird die CONDITION der Regel
evaluiert. Wenn das Ergebnis der Evaluation (das mit

prädikatspezifischen Funktionen für die einzelnen Regelprädikate berechnet wird) "true" ist, schickt die Regel eine Nachricht an alle ihre Ausnahmen (EXCEPT). Falls daraufhin eine Ausnahmeregel feuert, sendet diese eine Nachricht an die ursprüngliche Regel zurück, die unter EXCEPTION abgespeichert wird. Nur wenn EXCEPTION leer ist (d.h. keine Ausnahme festgestellt wurde), wird die Aktion der Regel ausgeführt, indem eine Nachricht an die Objekte in ACTION gesendet wird. In Abhängigkeit vom TYP der Regel werden dann folgende Aktionen durchgeführt:

- TYP = 'ask': Abspeichern der zu stellenden Fragen aus dem Aktionsteil der Regel auf einer globalen Variablen.
- TYP = 'contra': Information an den Benutzer über den festgestelten Widerspruch und Abspeichern der Regelnummer auf einer globalen Variablen (wenn der Benutzer den Widerspruch ignorieren will, wird das dynamische Attribut IGNORED der Regel aus "true" gesetzt).
- TYP = 'ret': Nachricht an alle Regeln aus dem Aktionsteil, daß eine Ausnahme vorliegt (s.o.).
- TYP = 'ind': Transfer aller zu indiziernden Questionsets aus dem Aktionsteil auf eine globale Variable.
- TYP = 'asknot': Nachricht an alle Questionsets aus dem Aktionsteil, daß sie kontraindiziert sind.
- TYP = {f, fb, b, d, dq, v, add, ap, prae}: Nachricht an die jeweiligen Objekte aus dem Aktionsteil, daß sich ihre Rohbewertung verändert hat. Die Nachricht wird von den Objekten so verarbeitet, daß unter dem jeweiligen Attribut POINTS, VPOINTS, CATEGORICS oder ADDVALUE ein Eintrag gemacht wird und das Objekt auf einer globalen Variablen zur späteren Überprüfung der Bedeutung der Änderung abgespeichert wird (um verschiedene Einzeländerungen zusammen auszuwerten).
- TYP = 'lisp': Evaluation der in ACTION angegabenen LISP-Funktion.

4.4.2.2   Datenvorverarbeitung

Das Database-Reasoning umfaßt die Abarbeitung eines Questionsets einschließlich der Ableitung einfacher Symptominterpretationen. Zur Steuerung dienen folgende semistatischen und dynamischen Attribute:

CHILDREN (M): Liste der direkten Nachfolger einer Manifestation in der Heterarchie der abgeleiteten Symptominterpretationen (da hier keine Zirkularitäten erlaubt sind, kann CHILDREN von Manifestationen im Gegensatz zu CHILDREN von Pathokonzepten automatisch von der Wissenserwerbskomponente aus den Regeln abgeleitet werden).
PARENTS (M, P): Inverse Relation zu CHILDREN, d.h. Liste der direkten Vorgänger in der Heterarchie.
PRECONS (M): Liste der Vorgänger-Manifestationen, die bekannt sein müssen, damit der VALUE der Manifestation abgeleitet werden kann (initialisiert mit PARENTS).

Bei der Abarbeitung eines Questionsets wird der Benutzer zunächst
gefragt, ob er den Questionset überhaupt beantworten kann (dazu
dienen die statischen Frage-Attribute des Questionsets). Falls
ja, werden die Manifestationen von INITSEQUENCE in der dort
angegebenen Reihenfolge erfragt. Nach Abarbeitung einer Frage
werden Nachrichten an alle Regeln (s.o.) sowie an die CHILDREN
der Manifestation gesandt, die die Nachricht verarbeiten, indem
sie den Absender der Nachricht aus ihrer Liste der unbekannten
Vorgänger PRECONS streichen, s.u. Bevor die nächste Frage
gestellt wird, wird überprüft, ob auf einer globalen Liste
mittels 'ask'-Regeln getriggerte Weiterfragen stehen, die
vorrangig abgearbeitet werden.

Die abgeleiteten Manifestationen haben als Aktivierungsbedingung,
daß alle zur Herleitung notwendigen Manifestationen bekannt
sind (d.h. daß ihre Liste von Vorgängermanifestationen PRECONS
leer ist). Falls das der Fall ist, wird ihr VALUE entweder direkt
über ADDVALUE oder indirekt über die Auswertung ihrer POINTS mit
EVAL ermittelt (die Rohdaten ADDVALUE bzw. POINTS sind zu diesem
Zeitpunkt bereits durch die Nachrichten von aktivierten Regeln
mit dem korrekten Wert belegt). Anschließend versenden diese
etablierten, abgeleiteten Manifestationen Nachrichten an ihre
Regeln und CHILDREN. Das Ergebnis ist die Abarbeitung aller
questionsetinternen Fragen und Symptominterpretationen.

4.4.2.3   Diagnostische Auswertung

Das Diagnostic Reasoning umfaßt das Update des Working-Memory und
die Etablierung von Diagnosen. Daran sind die folgenden
dynamischen Attribute beteiligt:

STRENGTH (P): Aktuelle Gesamtbewertung des Pathokonzeptes
    (berechnet sich aus CATEGORICS, POINTS, APRIORI, PRAEVALUE,
    DDZUSCHLAG und BINDINGSCORE, s. Kap. 4.3.2.4).
DDZUSCHLAG (P): Ergebnis des Vergleichs eines Pathokonzeptes
    mit seinen Differentialdiagnosen (DIFFS).
DIFFS (P): Aktuelle Differentialdiagnosen eines Pathokonzeptes
    (werden aus CANDDIFFS abgeleitet).
BINDINGSCORE, BINDINGPOINTS (P): dienen zur Plausibilitäts-
    kontrolle der Endergebnisse (s. Kap. 4.3.2.4).
COOPS (P): Aktivierte Vorgängerdiagnosen (PARENTS) eines Patho-
    konzeptes im Working-Memory.
WMJUSTIFICATION (P): Aktueller Grund, warum ein Pathokonzpet im
    Working-Memory ist (wegen seiner STRENGTH oder als
    Differentialdiagnose (DIFFS) oder Vorgänger (COOPS) eines
    Pathokonzeptes im Working-Memory oder weil der Benutzer es
    wünscht (USERSTATUS).
USERSTATUS (P): mögliche Vorbelegung des Pathokonzeptes durch den
    Benutzer ("established", "excluded", oder "verdächtigt").
VARIANT (P): Etablierte Variante des Pathokonzpetes.

EXPLAINED (P): Etablierte CHILDREN des Pathokonzpetes, die es
erklären können.

Das Working-Memory besteht im wesentlichen aus zwei globalen
Variablen. Sie enthalten:

- eine nach ihrer STRENGTH geordnete Liste von verdächtigen Diagnosen (deren STRENGTH größer als 9 Punkte sein muß), die zur
  Questionsetselektion (s. nächstes Kapitel) wichtig ist.
- eine Menge sonstiger aktivierter Diagnosen (WHJUSTIFICATION un-
  gleich STRENGTH)

Nach Abarbeitung eines Questionsets (s. letzten Abschnitt) werden
zunächst für die Pathokonzepte im Working-Memory und dessen
Kandidaten, die auf einer globalen Variable zwischengespeichert
sind, die neue STRENGTH berechnet und entschieden, welche
Pathokonzpete ins Working-Memory hineinkommen bzw. herausfallen.
Bei neu aufgenommenen Pathokonzpepten werden ihre ACTRULES
(Backward-Regeln) durch eine Nachricht aktiviert. Als nächstes
werden für die Spitzenreiter im Working-Memory (STRENGTH größer
als 29) ihre Differentialdiagnosen (CANDDIFFS) aktiviert und,
sofern sie nicht ausgeschlossen werden können, unter DiFFS
abgespeichert und ins Working-Memory übertragen, so daß sie
ständig mituntersucht werden. Außerdem werden alle Vorgänger
(PARENTS) von verdächtigten Diagnosen mitaktiviert (COOPS).

Wenn die STRENGTH eines Pathokonzeptes größer als 41 Punkte ist,
wird dieses auf Etablierung geprüft und mit der STRENGTH ihrer
Differentialdiagnosen verglichen. Falls die Differenz ausreichend
groß ist, wird es etabliert, die Differentialdiagnosen
ausgeschlossen, Nachrichten an alle davon betroffenen Regeln
geschickt und der Questionset unter QSET abgearbeitet, der Daten
zur weiteren Auswertung und Bestimmung der vorliegenden Variante
des Pathokonzeptes erfaßt. Insbesondere werden auch Nachrichten
an die CIRCRULES geschickt, die dadurch blockiert werden, falls
sie noch nicht gefeuert haben.

4.4.2.4   Questionsetselektion

Die Questionsetselektion wird über globale Variablen gesteuert.
Für jede der folgenden Prioritätengruppen gibt es eine globale
Variable.

Die höchste Priorität haben die vom Benutzer selektierten
Questionsets. An zweiter Stelle stehen die über Regeln vom TYP
'ind' selektierten Questionsets. An dritter Stelle kommen die von
den Pathokonzepten des Working-Memories indizierten Questionsets
(die auf dem statischen Attribut NEXT aufgelistet und nach der
Indikationsstärke bewertet sind). Bei der Berechnung der
Gesamtindikationsstärke (INDSCORE) dieser Questionsets werden
zusätzlich ihre SCOSTS und die mit Regeln vom TYP 'dcosts'

berechneten "dynamischen Kosten" berücksichtigt und das
Questionset mit dem höchsten INDSCORE selektiert. An vierter
Stelle stehen die von etablierten Pathokonzepten vom TYP
'context' unter NEXT indizierten Pathokonzepte.

Ein Questionset, für das eine Regel vom TYP 'asknot' gefeuert
hat, kann grundsätzlich nicht mehr indiziert werden (KNOWN =
'excluded').

4.4.2.5   Belief Revision

Zur Rücknahme von Schlußfolgerungen sind folgende Datenstrukturen
notwendig:

NEWVALUE (M, Q): temporäres Abspeichern der neuen Antworten
    von korrigierten Fragen bis zur Auswertung der Korrekturen.
NEWADDVALUE (M): temporäres Abspeichern des neuen ADDVALUE
    von abgeleiteten Manifestationen bis zur Auswertung der
    Änderung.

Bei den übrigen Objekten ist eine temporäre Abspeicherung
wegen dem mehrstufigen Interpretationsvorgang der Rohdaten nicht
erforderlich.

Das Belief-Revision-Modul wird aufgerufen:

- vom Datenverarbeitungs-Modul, wenn der Benutzer die Antworten
  von früheren Fragen korrigiert oder in Folgesitzungen aktuali-
  siert (der Unterschied besteht darin, daß die alten Daten
  entweder gelöscht oder unter OLDVALUE abgespeichert werden).
- vom Modul für diagnostische Auswertung, wenn eine Regel zurückgezogen wird oder wenn für ein bekanntes Objekt (KNOWN ist
  gesetzt) gegenteilige Evidenz bekannt wird.

Die Durchführung der Rücknahme von Schlußfolgerungen wird
wie bei der Regelinterpretation (s. Kap. 4.4.2.1) in zwei
Schritten durchgeführt:

1) Zunächst werden die Regeln identifiziert, die zurückgezogen
   werden müssen. Dazu dienen dieselben Attribute wie bei der
   Regelaktivierung. Die zurückgezogenen Regeln senden eine
   Nachricht an die Objekte in ihrem Aktionsteil, der die
   jeweilige Aktion wieder rückgängig macht. Die geänderten
   Objekte werden auf der AGENDA (s. ITHS-Algorithmus in Kap.
   4.2.11) notiert, die als eine Menge von globalen Variablen für
   jeden Objekttyp implementiert ist.
2) Danach werden die Objekte von AGENDA sukzessiv abgearbeitet,
   wobei aufgrund der geänderten Rohdaten zunächst die neue
   Gesamtbewertung des Objektes (bei Pathokonzepten die STRENGTH)
   berechnet und mit der alten Bewertung und deren Interpretation
   (bei Pathokonzepten "established" oder "excluded") verglichen

wird. Nur falls sich die Interpretation tatsächlich ändert, wird der Status (KNOWN) geändert und eine entsprechende Nachricht an alle betroffenen Regeln (und bei Pathokonzepten an die Differentialdiagnosen) geschickt.

Diese Vorgehensweise ist in MED2 möglich, da grundsätzlich zwischen den Rohdaten zur Bewertung und dem Ergebnis der Bewertung einer Schlußfolgerung unterschieden wird. Nachrichten von Regeln bewirken immer nur die Änderung der Rohdaten und eine Registrierung der Schlußfolgerung auf einer globalen Variablen; die Auswirkungen der Änderung auf die Gesamtbewertung wird zu einem geeigneten späteren Zeitpunkt überprüft. Dadurch wird eine ineffiziente, mehrfache Überprüfung eines Objektes aufgrund jeder Einzeländerung vermieden.

5.   Perspektiven und Kritik

In diesem Kapitel diskutieren wir Einsatzmöglichkeiten und Schwerpunkte für den weiteren Ausbau von MED2.

5.1   Möglicher Einsatz

Das vorgesehene Einsatzspektrum von MED2 umfaßt alle Fragestellungen, die als assoziative Diagnostikprobleme charakterisiert werden können. Dazu muß das Shell selbst nicht adaptiert werden, sondern nur eine Wissensbasis aufgebaut werden. Praktische Erfahrungen liegen bisher (Jan 86) für die drei in dieser Arbeit beschriebenen Wissensbasen sowie für industrielle Prototyp-Wissensbasen u.a. in der Prozeßdiagnostik bei der Produktion von Elastomeren und bei der Turbo-Getriebe-Diagnostik vor. Ungeeignet ist MED2 für die Lösung von Konstruktionsproblemen und solche Diagnostikanwendungen, für die nur kausale Modelle und keine Erfahrungsregeln bekannt sind.

Weiterhin setzt der Einsatz von MED2 voraus, daß die Ausprägungen der Symptome entweder benannt oder als numerische oder zeitbezogene Daten angegeben werden können. Andere Arten von Symptomausprägungen wie Beziehungen zwischen geometrischen Objekten oder Fehlermeldungen eines Betriebssystems müssen erst in das oben angegebene Format vorverarbeitet werden. Das wird von MED2 nicht unterstützt, kann aber über die LISP-Schnittstelle im Rahmen der Datenvorverarbeitung realisiert werden.

Die Effizienz von MED2 hängt wesentlich von der Größe und der Struktur der Wissensbasis und von der Komplexität eines Falles ab. Für das Fallbeispiel mit der KFZ-Wissensbasis in Anhang A dauert die Auswertung der Daten der ersten Sitzung auf dem IBM-AT bei compiliertem Code insgesamt ca. acht Sekunden.

Der Erfolg eines Einsatzes von Diagnostik-Expertensystemen hängt entscheidend von der Datenerfassung ab, da

- die Problemlösung eines XPS nicht besser sein kann als die Qualität der Eingabedaten.
- die Symtomerfassung schwieriger sein kann als deren Interpretation (z.B. bei der Diagnostik von Hauterkrankungen).
- der Aufwand zur Symptomeingabe häufig ziemlich groß ist, weil das XPS nicht sehen kann (vergleichbar einer "Telefondiagnose" durch einen Experten).

Eine entsprechende Aufteilung der Einsatzbereiche in Klassen ist:

- Automatische Datenerfassung (kein Benutzerdialog)
- Datenerfassung über den Benutzer
- Kombination von automatischer und manueller Datenerfassung

Bei der automatischen Datenerfassung muß die vorgesehene Schnittstelle zwischen dem Datenerfassungssystem und MED2 adaptiert werden, was insbesondere bei numerischen Daten relativ einfach ist (Vorbelegung des Attributes VALUE der Manifestationen des zuständigen Questionsets mit den automatisch erfaßten Werten). Bei nichtnumerischen Daten (z.B. EKG) muß ein Programm die Daten vorverarbeiten und diagnostisch relevante Merkmale extrahieren.

Da die Meßgeräte ausfallen können, ist eine Konsistenzprüfung der Daten erforderlich. Diese kann vom Schnittstellenprogramm vorgenommen werden, falls die Prüfung mit lokaler Information möglich ist (z.B. Verletzung von Wertebereichsgrenzen). Aber auch in MED2 können fehlerhafte Messungen unterdrückt werden, indem in der Wissensbasis Pathokonzepte für den Defekt einzelner Meßgeräte angelegt werden, deren Etablierung eine Ausnahmebedingung für alle Regeln darstellt, die aus den Meßgerätedaten Schlußfolgerungen ziehen.

Bei der manuellen Datenerfassung macht es einen großen Unterschied, ob die Daten von Fachpersonal oder von Laien eingegeben werden. Beim Fachpersonal hängt die Akzeptanz und die Kosten/Nutzen-Relation entscheidend von der Dauer eines Dialogs ab, die insbesondere durch die Eingabe von Grunddaten (die der Mensch implizit wahrnimmt) verlängert ist. Abgesehen von Verbesserungen der Benutzerschnittstelle (z.B. dem Ausfüllen von Formularen, s. Kap 5.2), kann der Dialog vor allem durch automatische Erfassung von Teilmengen der Daten (z.B. Ergebnisse technischer Untersuchungen) verkürzt werden.

Wenn die Betroffenen selbst ein Expertensystem zur Lösung ihrer Probleme verwenden (statt einen Experten zu konsultieren), wird ein längerer Dialog eher toleriert (da sie auch bei Experten im allgemeinen warten müssen). In diesem Fall ist das Hauptproblem die Symptomerkennung, die in vielen Anwendungsbereichen Fachwissen erfordert. Der Benutzer kann bei der Symptomeingabe zwar durch zusätzlichen, erklärenden Text in den Attributen XRANGE und XPROMPT bei Manifestationen und durch Erweiterung dieser Optionen um Illustration mit Bildern (s. Kap. 5.2) unterstützt werden, aber das Expertensystem kann die Zuverlässigkeit seiner Angaben nur fragmentarisch überprüfen, was Experten aufgrund ihrer Erfahrung und ihres psychologischen Wissens wesentlich besser können. Der Einsatz für Laien ist daher nur mit Einschränkungen möglich.

Wegen der Schwierigkeiten des interaktiven Einsatzes von MED2 differenzieren wir bei der folgenden Klassifikation von Einsatzmöglichkeiten insbesondere innerhalb der automatischen Dateninterpretation:

- Qualitätskontrolle: Auswertung von Daten, die durch systematische Tests der Funktionsfähigkeit des zu prüfenden Gerätes gewonnen werden.

- Überwachung: Auswertung von routinemäßig erhobenen Meßwerten,
  die in (regelmäßigen) Abständen zur Überwachung eines Systems
  erhoben werden. Im Unterschied zur Qualitätskontrolle steht bei
  der Überwachung die zeitliche Dimension im Vordergrund.
- Kritik: Vergleich der Problemlösungen eines Experten mit denen
  von MED2 aufgrund derselben Daten, die auf einer Datenbank
  abgespeichert sind. Im Unterschied zur Qualitätskontrolle und
  Überwachung arbeitet das System im Hintergrund und kritisiert
  Entscheidungen eines Experten.
- Expertenkonsultation: knapper Dialog
- Laienkonsultation: ausführlicher Dialog

Besonders interessant ist der Kritikmodus, da er auch zur
Ausbildung eingesetzt werden kann. Er ist für das Expertensystem
insofern anspruchsvoller als der Beratungsmodus, da nicht nur
eine Problemlösung gefunden, sondern auch entschieden werden muß,
ob eine vom Benutzer vorgeschlagene Lösung akzeptabel ist. Der
Kritikmodus erfordert also Zusatzwissen. MED2 ist daher nur
eingeschränkt zur Kritik fähig, was durch eine Repräsentation von
kausalen Modellen (vgl. [Clancey 83]) wesentlich verbessert
werden kann.

Bei dem praktischen Einsatz von MED2 ist es häufig erforderlich,
weitere Teilaufgaben durch Kopplung mit anderen Programmen zu
lösen. Dazu gehören:

- Kopplung im Datenbereich: Weiterverarbeitung der Daten und Endergebnisse von MED2 zur Statistik und Verwaltung, Abspeicherung
  der statischen Wissensbasis mit einem Datenbanksystem.
- Programmkopplung über offene LISP-Schnittstellen von MED2: Vor-
  schlag bzw. Durchführung von Therapiemaßnahmen, Aufruf von anderen Programmen für Spezialaufgaben (vorgesehen mit Regeln
  vom TYP 'Lisp').
- Einbettung von MED2 in ein übergeordnetes Programm, das MED2
  zur Lösung von Diagnostikaufgaben einsetzt.

5.2   Ausbau der Benutzerschnittstelle

Wenn MED2 als Dialogsystem eingesetzt wird, sollte die Benutzerschnittstelle einen knappen Dialog ermöglichen, ohne daß der
Benutzer viel Vorwissen haben muß. Die wichtigsten Dialogformen
sind:

- Menübasierter Dialog
- Dialog über eine Kommandosprache
- Natürlichsprachlicher Dialog (der derzeitig nur mittels ge-
  schriebenem (statt gesprochenem) Text realistisch ist)

Der menübasierte Dialog hat in MED2 den Vorteil, daß der Benutzer
die relevanten Antwortalternativen überschaut und dadurch
gewährleistet ist, daß er keine Möglichkeiten vergißt und die am
besten zutreffende(n) auswählen kann.

Der Hauptnachteil von Menüs besteht darin, daß es sehr lang-
wierig oder schwierig sein kann, das richtige Menü zu finden;
besonders wenn sich die Optionen nicht streng hierarchisch ordnen
lassen. In diesem Fall ließen sich Fakten oder Anfragen an das
System durch das reichhaltigere Vokabular einer Kommandosprache
oder der natürlichen Sprache viel einfacher eingeben. Während
eine Kommandosprache (z.B. von Betriebssystemen) beim Benutzer
sehr viel Vorwissen (die genauen Namen der Kommandos) erfordert,
ist die Interpretation uneingeschränkter natürlicher Sprache
extrem aufwendig und ein noch ungelöstes Forschungsproblem. Wir
glauben daher, daß ein akzeptabler Kompromiß in einem
"pseudonatürlichsprachlichen" Dialog besteht, der flexibler als
eine Kommandosprache ist und einfacher und effizienter zu
realisieren ist als ein breites Verständnis der natürlichen
Sprache.

Wir glauben, daß eine gute Benutzerschnittstelle für MED2
menübasierten und pseudonatürlichsprachlichen Dialog kombinieren
sollte: der Hauptmodus ist wegen seiner effektiven Eingabeform
menübasiert und wenn der Benutzer nicht weiß, welche Alternativen
er wählen soll, kann er zunächst Standardinformationen zur
Erläuterung der Optionen abfragen, und schließlich pseudonatür-
lichsprachliche Fragen an das System stellen. Der Ausbau der
Benutzerschnittstelle umfaßt daher folgende Aspekte:

- Verbesserung der Menügestaltung: Derzeitig wird in MED2 immer
  nur eine Frage an den Benutzer gestellt, die nach der
  Beantwortung durch eine neue Frage ersetzt wird. Stattdessen
  sollten zur Verbesserung der Übersichtlichkeit möglichst viele
  Fragen und Antwortalternativen auf dem Bildschirm gezeigt
  werden, die der Benutzer dann wie einen Fragebogen ausfüllen
  kann. Das Questionsetkonzept von MED2, in dem viele Fragen zu
  einer Einheit verbunden sind, bietet dafür gute Voraussetzungen.

  Speziell bei der Beantwortung von Lokalisationsfragen sollten
  statt verbaler Alternativen direkt die Lokalisationen auf einem
  Bild gezeigt werden, die der Benutzer durch Zeigen (Anklicken
  mit der Maus) selektieren kann. Auch dazu besitzt MED2 durch
  die Repräsentation der Lokalisationen in einer hierarchischen,
  separaten Datenstruktur gute Voraussetzungen.

- Verbesserung der Standardzusatzinformationen zu Fragen: derzeitig gibt es für alle Fragen Attribute (XPROMPT und XRANGE),
  die zusätzliche verbale Informationen bereitstellen. Darüberhinaus sollten in geeigneten Fällen Bilder zur Illustration von
  Antwortalternativen vorhanden sein (z.B. zur Erläuterung von
  Symptomen wie "Schockgesicht" oder "verbrauchte Zündkerze").
  Die Voraussetzungen dazu sind in Kapitel 4.3.4 beschrieben.

- Ermöglichung pseudonatürlichsprachlicher Dialoge: Dies ist insbesondere sehr hilfreich für einen Benutzer, der zum ersten
  Mal mit dem System einen Dialog führt.

- (standardisierte) natürlichsprachliche Ein- und Ausgabe von
  Texten: eine Erweiterung der natürlichsprachlichen Fähigkeiten
  bestände darin, auch längere zusammenhängende Texte einlesen
  und generieren zu können (z.B. Arztbriefe lesen und schreiben).
  Eine einfache natürlichsprachliche Zusammenfassung der Endergebnisse ist schon Bestandteil verschiedener D-XPSe (z.B. in
  ABEL) und wurde auch im Rahmen des IXMO-Projektes [Reddig-Siek-
  mann 84] prototypisch implementiert.

Die ersten beiden Verbesserungsvorschläge lassen sich relativ
leicht realisieren, wenn von der Hardware adäquate Graphikmög-
lichkeiten zur Verfügung gestellt werden (z.B. war es relativ
leicht, das Motorbild aus dem Dialog in Anhang A mit der Hard-
und Software von SYMBOLICS-LISP-Maschinen einzulesen).

5.3   Ausbau der Erklärungskomponente

Die Erklärung von Problemlösungen ist schwieriger als
deren Generierung, da sie sich an das Vorwissen des Benutzers
anpassen muß (was in [Clancey 83] am Beispiel von MYCIN
illustriert ist). Insbesondere hängt die Qualität einer Erklärung
von der Fähigkeit ab, sich auf die in dem jeweiligen Kontext
wichtigen Aspekte zu beschränken. Die Erklärungskomponente von
MED2 erfüllt diese Anforderungen noch nicht, da sie "nur" eine
Reihe von Kommandos bereitstellt (s. Kap. 4.1), um den
Systemstatus und Begründungen durchgeführter bzw. nichtdurchge-
führter Inferenzen abzufragen (ein erster Ansatz zur Unter-
drückung unwichtiger Informationen ist in MED2 bei der Begründung
von Schlußfolgerungen (Kommando 'scb') gegeben: wenn eine
kategorische Begründung existiert, werden keine probabilistischen
Begründungen ausgedruckt).

Voraussetzungen zur Verbesserung der Erklärungsfähigkeit sind
eine wesentlich reichhaltigere Wissensrepräsentation, insbesondere die Darstellung von kausalen Modellen auf verschiedenen
Abstraktionsebenen wie in ABEL (s. Kap. 3.1.3.2), und eine
Benutzermodellierung.

Ein Spezialfall der Erklärung ist das Kritisieren von
vorgegebenen Problemlösungen oder Lösungsschritten des Benutzers.
Das bekannteste System in diesem Bereich ist ATTENDING [Miller
83], das Anästhesie-Pläne von Ärzten auf ihre Risikominimierung
hin überprüft. Dazu ist Erfahrungswissen explizit in der
Wissensbasis vorhanden: die verschiedenen anästhetischen Möglichkeiten zum Erreichen des Zieles einer speziellen Narkoseform sind
in Risikokategorien eingeteilt (niedrig, mäßig, hoch, extrem) und
innerhalb einer Kategorie gibt es Regeln, die in Abhängigkeit von
patientenspezifischen Daten die Optionen relativ zueinander
bewerten und Wissen zur Begründung der Bewertungen enthalten.

Dieser assoziative Ansatz zur Kritik vorgegebener Problemlösungen ist sehr aufwendig: für eine einzelne Entscheidung, die zur Problemlösung mit einer Regel dargestellt werden kann, sind zur Kritik für jede der möglichen Alternativen eine grobe Bewertung und Präferenzregeln zur Feinbewertung erforderlich. Wir glauben daher, daß die Fähigkeiten von ATTENDING in größeren Anwendungsbereichen nur durch die Repräsentation von kausalem Wissen erreicht werden können, aus dem sich Präferenzen und Begründungen implizit herleiten lassen.

5.4   Ausbau der Wissenserwerbskomponente

Die für Expertensysteme wichtigsten Arten des Wissenserwerbs sind:

- Learning by being told (Transformation der Anweisungen eines Experten in die interne Repräsentation (s. [Michalski 83, Part 5])
- Learning from examples (Auswertung von Beispielfällen, bei denen das Ergebnis bekannt ist (s. [Michalski 83, Part 2])

Die Wissenserwerbskomponente von MED2 ist derzeit so ausgelegt, daß der mit ihr vertraute Experte sein entsprechend strukturiertes Wissen möglichst effizient und fehlerfrei eingeben, testen und ändern kann (eine einfache Form des "Learning by being told", bei dem eine dem Problem angemessene Repräsentationssprache verwendet wird). Das nächste Ziel für ihren Ausbau besteht darin, die Einarbeitungsschwierigkeiten für einen Anfänger (insbesondere für einen Experten, der die Wissenserwerbskomponente nur gelegentlich benutzt) zu verringern. Dazu können beitragen:

- Eingabemöglichkeit insbesondere von Regeln aus der Sicht des Experten, d.h. zunächst (quasinatürlichsprachliche) Angabe der Kernbedingung des Wenn-Dann-Teils einer Regel und anschließend Abfrage von fehlender Zusatzinformation durch das System (z.B. Aktivierungstyp, Kontext, Ausnahmen, Bewertungskategorie), falls sich diese Angaben nicht herleiten lassen. Wenn in der Regel unbekannte Objekte referiert werden, sollte die Möglichkeit bestehen, deren Definition sofort nachzuholen, ohne die Regeleingabe abbrechen zu müssen.
- Online-Informationsmöglichkeiten über die jeweils optimale Formalisierung von Wissen, das der Experte eingeben will, z.B. durch:
  * Selektionsmöglichkeit entsprechender Informationstexte für den Benutzer über Schlüsselwörter oder Menüs
  * Aktive Bereitstellung solcher Informationen durch das System, wenn es beim Benutzer suboptimale Vorgehensweisen erkennt (wie z.B. in UIZARD [Finin 83]).
  * (quasi)natürlichsprachliche Dialogmöglichkeiten (wie bei Hilfsprogrammen zur Bedienung von Betriebssystemen, z.B. in UC [Wilensky 84]).

Während beim "learning by being told" der Experte den Aufbau der
Wissensbasis vollständig kontrolliert, verändert das System beim
Lernen von Beispielen selbsttätig die Wissensbasis. Daher sind
solche Ansätze erst dann praxisreif, wenn sie ein sehr hohes
Niveau erreicht haben und die Gefahr einer für den Experten
unkontrollierbaren Desorganisation der Wissensbasis sehr gering
ist. Die Hauptschwierigkeit beim Lernen von Beispielen besteht
darin, daß eine Verbesserung des Systemverhaltens für die gerade
untersuchten Beispiele eine Verschlechterung in anderen Fällen
bedeuten kann. Voraussetzungen zur Lösung dieses Problemes sind:

(1) Eine reichhaltige Wissensrepräsentation, die eine explizite
    Darstellung möglichst vieler Bewertungskriterien enthält.
(2) Eine möglichst große Menge von Fallbeispielen, um die Aus-
    wirkungen von Änderungen auf alle Fälle testen zu können.
(3) Kausales Rahmenwissen, das die Identifizierung relevanter
    Zusammenhänge ermöglicht (nicht alle statistischen Korrelati-
    onen sind bedeutungsvoll wie das bekannte Beispiel der
    Abnahme der Geburtenrate und der Störche in der BRD zeigt).
    Insbesondere bei seltenen Diagnosen, für die nur wenige
    Fallbeispiele existieren, muß das Lernen durch kausales
    Wissen gesteuert werden.

Die erste Voraussetzung ist in MED2 durch die hybride Diagnosebewertung bereits relativ gut erfüllt, z.B. können bei der
Korrektur eines falsch diagnostizierten Falles für Regeln
fallspezifische Ausnahmen angegeben oder die Diagnoseprädisposition verändert werden, was eine selektivere Verbesserung der
Wissensbasis als die bloße Manipulation von Symptom-Diagno-
se-Wahrscheinlichkeiten ermöglicht.

Die wichtigste noch fehlende Voraussetzung zu einem leistungs-
fähigen, halbautomatischen Wissenserwerbssystem sehen wir in der
noch fehlenden Repräsentation von kausalem Wissen (s. Kap. 5.6).
Wir sind jedoch nicht der Meinung, daß assoziatives Wissen eine
bloße "Kompilierung" von kausalem Wissen ist (wie z.B. in
[Chandrasekaran 82] vertreten), sondern Erfahrungswissen aus
vielen Fallbeispielen zur Einschätzung der praktischen Bedeutung
von kausalen Zusammenhängen hinzukommen muß.

5.5   Ausbau der Problemlösungskomponente

Wichtige Verbesserungsvorschläge für die Problemlösungskomponente
sind bereits in Kap. 4 angesprochen:

- Der Ausbau der Diagnosebewertung, insbesondere die Integration
  von kausalem und statistischem Wissen (Kap. 4.2.4.5).
- Die Verbesserung der globalen Übersicht durch verstärkte Ausnutzung der Beziehungen zwischen Diagnosen im Working-Memory
  (Kap. 4.2.3).

- Ausbau der Darstellung und Auswertung zeitlicher Beziehungen und der Aggregierung zeitlicher Daten (Kap. 4.2.10).

Im folgenden diskutieren wir Aspekte, die die Fähigkeiten von MED2 nicht erweitern, sondern der Effizienzverbesserung dienen, was bei sehr großen Wissensbasen vermutlich notwendig werden wird:

- Verbesserung der Recheneffizienz durch parallele Abarbeitung
- Verbesserung der Speichereffizienz durch wissensbasierte Verwaltung der Hauptspeicherbelegung (nur der gerade aktuelle Teil der Wissensbasis braucht im Hauptspeicher zu sein)

Bei der parallelen Problemlösung müssen drei Ebenen unterschieden werden:

- Parallelität auf niedriger Ebene: parallele Abarbeitung einzelner Operationen, z.B. in Datenflußmodellen [Dennis 80]
- Parallelität auf hoher Ebene: parallele Abarbeitung größerer Teilaufgaben mit mehreren Rechnern, z.B. in CSSA möglich [Mattern 85]
- Verteiltes Problemlösen: Kooperation von Spezialisten mit verschiedenem Wissen bzw. Daten, die, im Gegensatz zu den Rechnern beim parallelen Problemlösen auf hoher Ebene, alle im Prinzip in der Lage wären, das Problem auch alleine zu lösen, z.B. HEARSAY III [Lesser 83]

Am weitesten fortgeschritten ist die Technik zur Ausnutzung der Parallelität auf hoher Ebene. Das Working-Memory-Konzept von MED2 würde dafür folgende Realisierung nahelegen: jeder Diagnose im Working-Memory kann ein Prozessor zugeordnet werden, der neue Daten im Hinblick auf "seine" Diagnose auswertet und ihre Beziehungen zu den anderen Diagnosen im Working-Memory berechnet. Zusätzlich würden zwei allgemeine Prozessoren benötigt: zur Dialogführung (die Abarbeitung eines Questionsets in MED2 ist eine separate Aufgabe und endet mit dem Senden von Nachrichten zur Auswertung von Regeln) und zur Erledigung der restlichen Aufgaben (Indikation von Questionsets, Verdachtsgenerierung von Diagnosen, Terminierung, etc.) Ein vielversprechender Ansatz in dieser Richtung ist das Interviewer/Reasoner-Konzept [Gerring 82], bei dem in ONCOCIN [Shortliffe 85] zur Gewährleistung einer schnellen Antwortzeit die Dialogführung von einem selbständigen Prozeß (dem Interviewer) durchgeführt wird.

Die optimale Strategie zur Verbesserung der Speichereffizienz hängt sehr stark von der Größe des für die Wissensbasis zur Verfügung stehenden Hauptspeicherplatzes ab. Je kleiner der Kernspeicherplatz ist, desto häufiger muß die zeitaufwendige Operation des Einlesens von benötigten Daten vom Hintergrundspeicher durchgeführt werden. Um diese zu minimieren, sollte die Wissensbasis von MED2 in größere Pakete eingeteilt werden, die als Ganzes ein- und ausgelagert werden. Bei der Verwaltung dieser Pakete durch eine Datenbank entsteht dabei vor allem das Problem, daß viele Daten in mehreren Paketen vorkommen. Die feinste

Einteilung besteht darin, jedem Questionset und jeder Diagnose
ein Paket zuzuordnen, das alles Wissen (insbesondere alle Regeln)
zu ihrer Bearbeitung enthält. Die Hauptspeicherbelegung bestünde
dann aus den Paketen für den gerade bearbeiteten Questionset und
den Diagnosen im Working-Memory. Allerdings müßten dann neue
Verdachtsdiagnosen immer aus dem Hintergrundspeicher nachgeladen
werden. Eine gröbere Aufteilung könnte alle Diagnosen, die in
einem bestimmten Kontext (z.B. gesteuert durch die Pathokonzepte
vom TYP 'context') relevant sind, zu einem Paket zusammenfassen,
um die Zugriffshäufigkeit auf den Hintergrundspeicher zu
verringern.

Erste Schritte zur Lösung der technischen Probleme und zur
Effizienzmessung bei der Kopplung von Datenbank- und Expertensystemen haben wir bereits unternommen [Härder 86].

5.6 Mögliches Zusammenspiel statistischer, assoziativer und kausaler Diagnostik

Die bisherigen Diagnostikprogramme konzentrieren sich jeweils nur
auf eine der drei Bewertungsarten (statistisch, assoziativ oder
kausal). Da sich ihre Vorzüge ergänzen (vgl. Tab. 3.1),
wollen wir in diesem Kapitel ein mögliches Zusammenspiel
konkretisieren, das insbesondere auch Perspektiven für die
Weiterentwicklung von MED2 bietet. Die Grundidee besteht darin,
die drei Bewertungsarten nicht zu mischen, sondern jeweils die
geeignetste für ein Teilproblem auszuwählen. Das ist möglich, da
jede Bewertungsart in sich abgeschlossen ist, und hat den
Vorteil, daß die verschiedenen Modelle nicht untereinander
konsistent zu sein brauchen, was wegen der verschiedenen
Wissensrepräsentationen und Wissensquellen nur sehr schwer zu
gewährleisten wäre.

Wegen seiner Effizienz und Flexibilität werden diagnostische
Probleme zunächst von einem assoziativen Problemlöser verarbeitet. Schwierige Differentialdiagnosen, für die brauchbares
Datenmaterial vorliegt, werden abgekoppelt und statistisch
gelöst. Da statistische Falldaten am besten objektivierbar sind,
erhalten statistische Techniken für die Teilprobleme, in denen
die Voraussetzungen für ihre Anwendung gegeben, immer den Vorzug.

Kausale Modelle repräsentieren das Hintergrundwissen zur
Diagnostik. Sie werden gebraucht:

(1) Zur Überprüfung der assoziativ hergeleiteten Hypothesen.
    Das Nachvollziehen einer gegebenen Lösung in einem Modell
    ist wesentlich einfacher als deren Generierung, da nur die
    kausalen Beziehungen zwischen den Objekten instantiiert und
    verfeinert werden brauchen. Dabei ist die Verfeinerung umso
    einfacher, je reicher der diagnostische Mittelbau in
    assoziativen D-XPSen ist. Besonders wichtig sind die

Modellierung von Kombinationseffekten auf eine Wirkung und die Modellierung zeitlicher Verzögerungen zwischen Ursache und Wirkung.

(2) Zur Rechtfertigung und Erklärung der Endergebnisse.
Eine kausale Modellierung ist meist eine bessere Begründung einer Diagnose als die Angabe der assoziativen (subjektiven) Regeln, die zu ihrer Etablierung geführt haben.

(3) Zur Kritik vom Benutzer vorgeschlagener Diagnosen.
Ebenso wie die von einem assoziativen D-XPS generierten Diagnosen können auch von einem Benutzer vorgegebene Diagnosen den Ausgangspunkt der kausalen Modellierung bilden und kritisiert werden.

(4) Zum Erkennen von Ausnahmen.
In assoziativen D-XPSen müssen alle impliziten Annahmen, unter denen eine Regel gültig ist, in negierter Form als ihre Ausnahmen explizit repräsentiert werden, was extrem aufwendig sein kann. In einem modellbasiertem System ist es teilweise möglich, die Annahmen aus Randbedingungen des Modells herzuleiten. Das verbessert auch die Chancen, scheinbare Widersprüche aufzulösen.

(5) Zum Problemlösen.
Wenn das assoziative D-XPS mehrere Alternativen offen läßt, können diese modelliert und verglichen werden, um die beste Lösung zu finden. Schwieriger ist es, wenn das assoziative D-XPS gar keine Lösungsvorschläge macht, weil z.B. die tatsächliche Fehlerursache nicht in der Wissensbasis als Diagnose vorhanden ist. Einen vielversprechenden Ansatz zur Lösung solcher Probleme beinhaltet das System von Davis (s. Kap. 3.1.3.4), in dem ein Fehler ganz allgemein als Abweichen zwischen erwartetem und beobachtetem Verhalten des zu diagnostizierenden Systems definiert ist.
Wir glauben jedoch, daß ein assoziatives D-XPS im allgemeinen wesentlich ökonomischer (d.h. schneller und mit weniger Daten) Probleme lösen kann.

(6) Zur Unterstützung des Wissenserwerbs.
Sowohl bei der Generierung assoziativer Regeln aus Falldaten als auch bei ihrer Verallgemeinerung, Spezialisierung oder Qualifikation durch Ausnahmen kann ein kausales Modell Hintergrundwissen zur Plausibilitätskontrolle der neuen Regel liefern.

Ähnlichkeiten zwischen dem aktuellen Fall und früheren Fällen in der Datenbank liefern gegebenenfalls zusätzliche Information zur Diagnostik und insbesondere zur Therapie und Prognose.

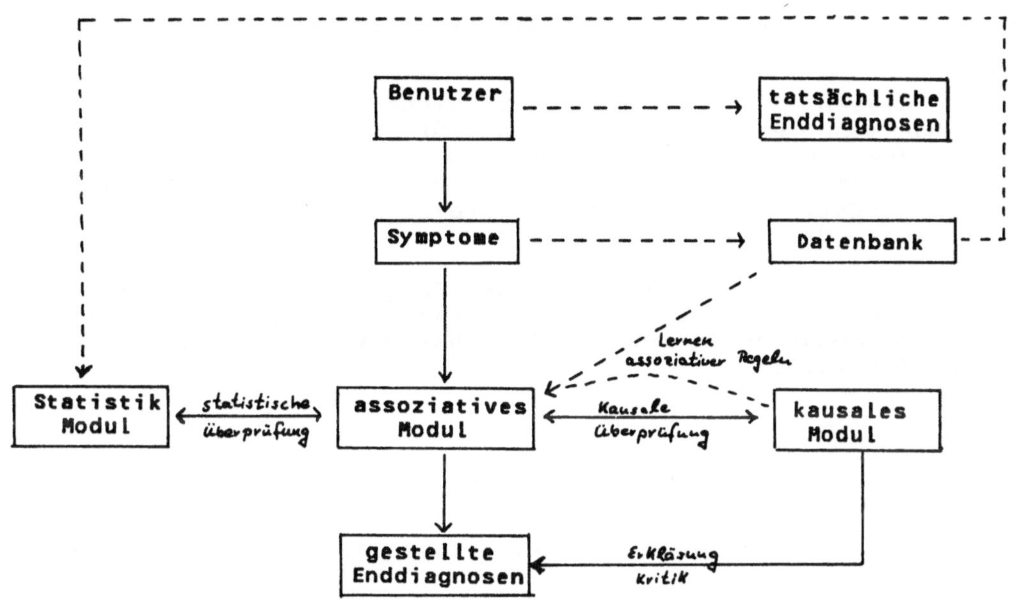

Fig. 5.1: mögliches Zusammenspiel von statistischer,
assoziativer und kausaler Diagnostik (Erklärung im Text)

Anhang A: **Beispieldialog mit KFZ-Wissensbasis**

Die in diesem Dialog verwendete Wissensbasis wurde von Horst Peter Borrmann entwickelt und umfaßt vor allem Diagnosen im Bereich der Zünd- und Vergaseranlage. Sie basiert auf einer Adaptation der für MED1 entwickelten MODIS-Wissensbasis [Borrmann 83] an MED2. Sie ist eine Prototyp-Entwicklung für das Einsatzgebiet des KFZ-Kundendienstes.

Der Beispiel-Dialog umfaßt eine Folgesitzung, in der die Auswirkungen von nach der ersten Sitzung durchgeführten Reparaturen ausgewertet werden. Zunächst geben wir eine Übersicht über den Testfall:

1. Sitzung

Ein Autofahrer kommt in die Werkstatt mit folgenden Beanstandungen:

1. Der Motor verbraucht zu viel Kraftstoff, nämlich 11 Liter auf 100 km.
2. Der Motor schüttelt im Kaltlauf, und
3. er hat verminderte Leistung im Warmlauf.

Die allgemeinen KFZ-Daten sind:

- Typ: VW-Golf C
- Baujahr: 1980
- Km-Stand: 100.000

Daraus werden folgende Diagnosen und Therapievorschläge hergeleitet:

1. Überprüfung der Zündkerzen
2. Überprüfung der Zündeinstellung mit Verdacht auf Spätzündung
3. Überprüfung des Luftfiltereinsatzes, wobei gegebenfalls der Austauschfilter mit der Ersatzteilnummer LFE004 zu verwenden ist.

Daraufhin wurde die Zuendung eingestellt und der Luftfilter erneuert.

2. Sitzung

Damit konnten die Beanstandungen bzgl. Kraftstoffverbrauch und Kaltlaufeigenschaften behoben werden. Hingegen hat sich die Beanstandung zum Warmlauf verändert: es werden nun statt verminderter

Leistung Zündaussetzer festgestellt, speziell beim Wechsel zwischen Gasgeben und Gaswegnehmen.

Dieses ist ein typisches Symptom für einen Fehler im Zündverstellmechanismus, der die Etablierung des Zündverteilers und der Unterdruckdose begründet. In Verbindung mit der hohen Kilometerleistung des Motors können Zündaussetzer auch ihre Ursache in gealterten Zündkabeln haben.

Wir zeigen zunächst mit drei Bildschirmabzügen aus der ersten Sitzung die Benutzerschnittstelle von MED2 auf der SYMBOLICS-LISP-Maschine, dann das Ergebnisprotokoll der ersten Sitzung und schließlich den Dialog während der zweiten Sitzung mit den Begründungen für die etablierten neuen und die zurückgezogenen alten Diagnosen.

Benutzereingaben sind unterstrichen.

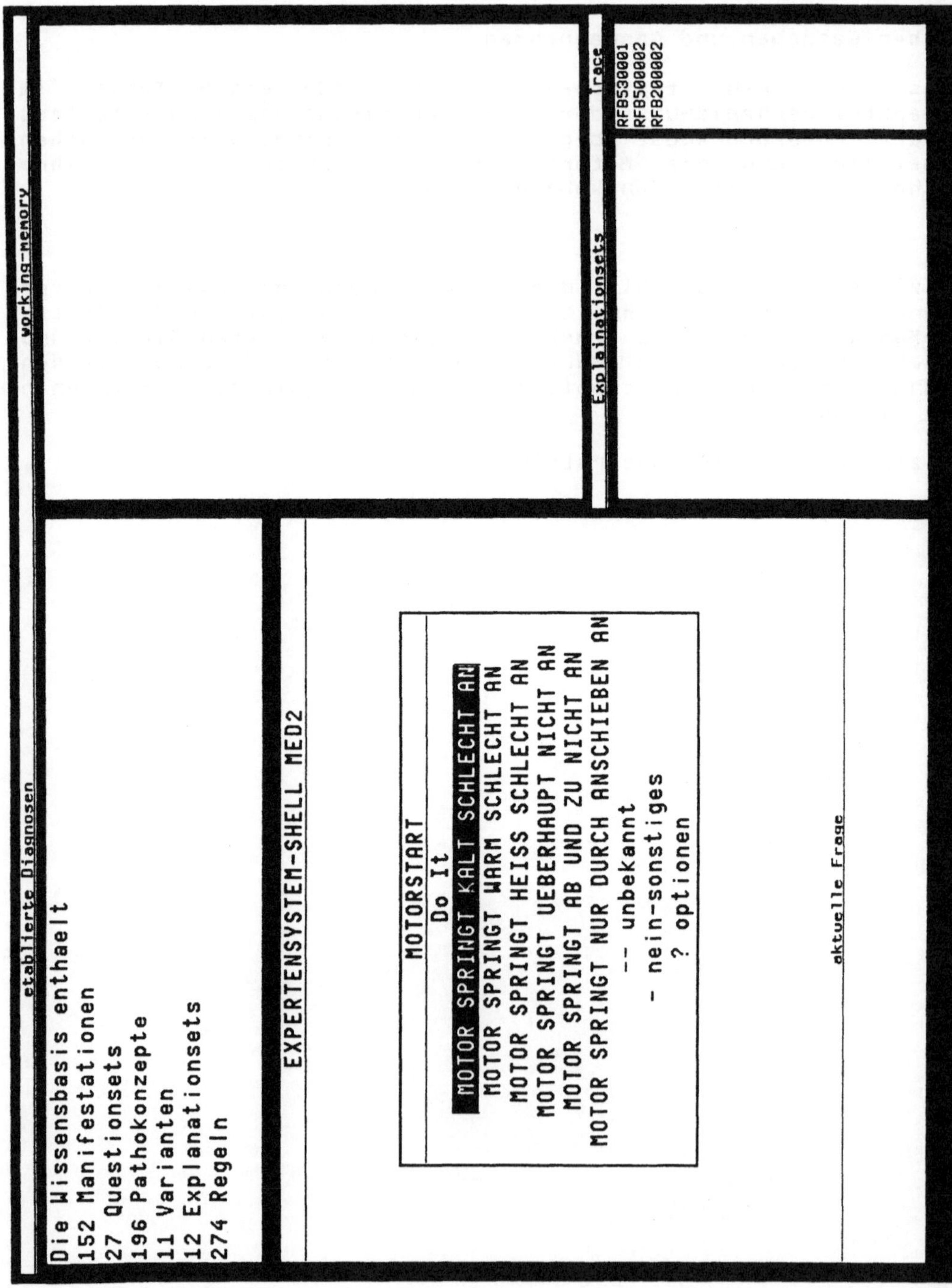

etablierte Diagnosen
working-memory
Die Wissensbasis enthaelt
152 Manifestationen
27 Questionsets
196 Pathokonzepte
11 Varianten
12 Explanationsets
274 Regeln
EXPERTENSYSTEM-SHELL MED2
MOTORSTART
Do It
MOTOR SPRINGT KALT SCHLECHT AN
MOTOR SPRINGT WARM SCHLECHT AN
MOTOR SPRINGT HEISS SCHLECHT AN
MOTOR SPRINGT UEBERHAUPT NICHT AN
MOTOR SPRINGT AB UND ZU NICHT AN
MOTOR SPRINGT NUR DURCH ANSCHIEBEN AN
-- unbekannt
- nein-sonstiges
? optionen
Explainationsets
Trace
RFB530001
RFB500002
RFB200002
aktuelle Frage
03/18/86 18:25:18 LISPM
USER:
Menu Choose
Inware

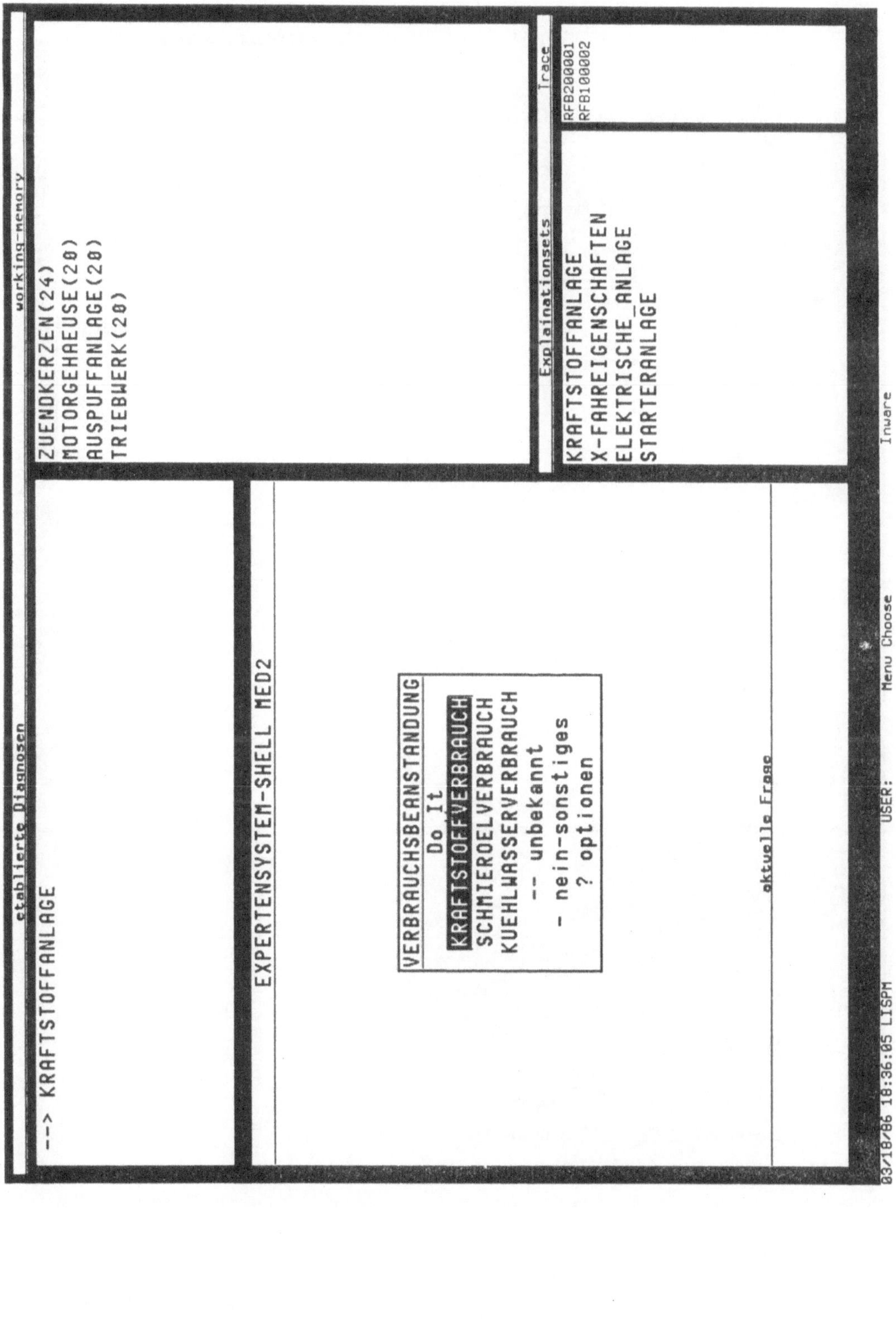

etablierte Diagnosen
working-memory
--> KRAFTSTOFFANLAGE
ZUENDKERZEN(24)
MOTORGEHAEUSE(20)
AUSPUFFANLAGE(20)
TRIEBWERK(20)
EXPERTENSYSTEM-SHELL MED2
VERBRAUCHSBEANSTANDUNG
Do It
KRAFTSTOFFVERBRAUCH
SCHMIEROELVERBRAUCH
KUEHLWASSERVERBRAUCH
-- unbekannt
- nein-sonstiges
? optionen
Explainationsets
Trace
KRAFTSTOFFANLAGE
X-FAHREIGENSCHAFTEN
ELEKTRISCHE_ANLAGE
STARTERANLAGE
RFB200001
RFB100002
aktuelle Frage
03/18/86 18:36:05 LISPM
USER:
Menu Choose
Inware

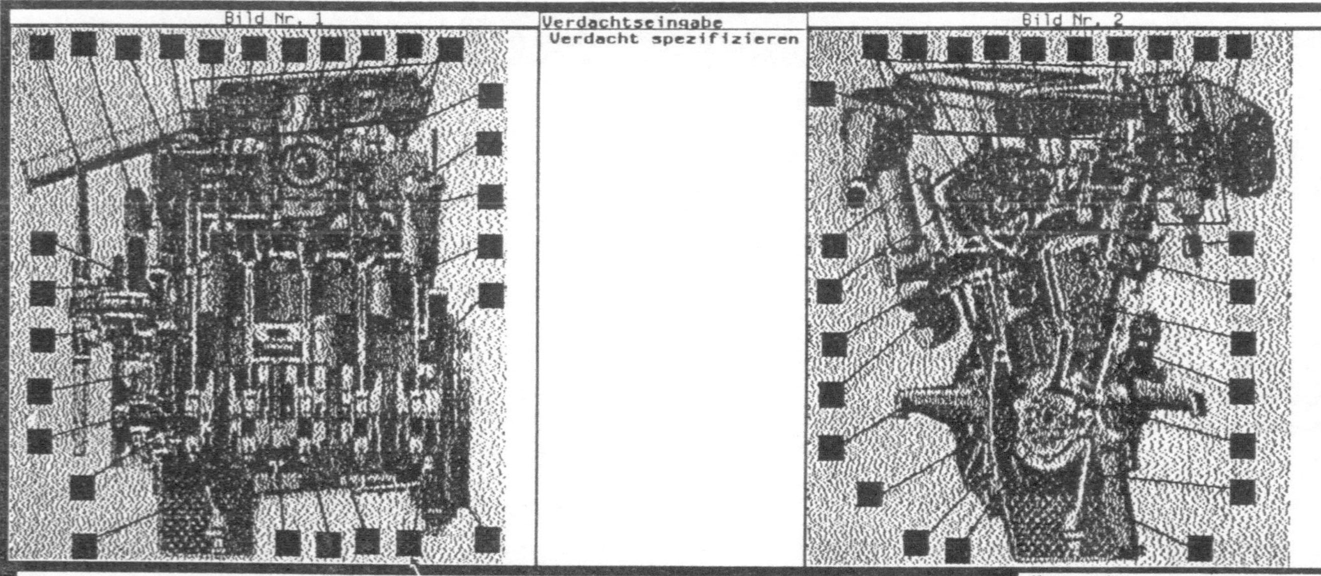

Bild Nr. 1
Verdachtseingabe
Verdacht spezifizieren
Bild Nr. 2
Erklaerungsmodus KRAFTSTOFFANLAGE
Vorschlaege zur Behandlung der Enddiagnosen:

P113700: STARTAUTOMATIK
UEBERPRUEFEN SIE DIE STARTERANLAGE!
P119000: LUFTFILTER
UEBERPRUEFEN SIE DEN LUFTFILTEREINSATZ
LUFTFILTEREINSATZ - ERSATZTEILNR. : LFE-004
P514000: ZUENDKERZEN
UEBERPRUEFEN SIE DIE ZUENDKERZEN!
P510012: VERDACHT_AUF_SPAETZUENDUNG
UEBERPRUEFEN SIE DIE ZUENDEINSTELLUNG!

Kommandos
Working-memory
Etablierte Pathokonzepte
WHY
Untersuchte Qsets
Fragen mit Antworten
HOW
Ausfuehrliches HOW
Attribute vom Objekt
Actionrules
Forwardregeln vom Objekt
Ursache der Symptome
Explainationsets
Regeln von Objekt
Wahl des Modus
Objekteingb. ueber Tastatur
Objekteingabe ueber Maus
Wissenserwerb
Aufruf von Lisp
Exit

03/18/86 18:38:54 LISPM   USER: Tyi   Inware

```
********************************   Symptome   **********************************


*******************   Uebersicht ueber Questionsets   ************************

Uebersichtsfragen                                          Known : true
Verbrauch                                                  Known : true
Fahreigenschaften                                          Known : true


********************************************************************************
Questionset Uebersichtsfragen                              true

Motortyp                                VW-Golf_C
Baujahr                                 1980
Km-Stand                                100000


        Einfache Symptominterpretationen:

Jahreskilometerleistung                 16666.66

Begruendung von Jahreskilometerleistung = 16666.66
Jahreskilometerleistung
Wert von  $quotient Km-Stand Kfz-Alter_in_Jahren
          Weil  Km-Stand Kfz-Alter_in_Jahren  existiert
Kommentar: Berechnet aus Alter und Km-Stand die Jahreskm-Leistung

Kfz-Alter_in_Jahren                     6

Begruendung von Kfz-Alter_in_Jahren = 6
Kfz-Alter_in_Jahren
Wert von  difference 1986 Baujahr
          Weil  Baujahr  existiert

Kraftstoffaufbereitung                  Vergaser

Begruendung von Kraftstoffaufbereitung = Vergaser
Bewertungsmenge: Vergaser Einspritzer Turbo
Kraftstoffaufbereitung
Vergaser  Weil  Motortyp = VW-Golf_C
```

```
*************************************************************************
Questionset Verbrauch                                    true

Verbrauch                                beanstandet
Verbrauchsbeanstandung                   Kraftstoffverbrauch
Kraftstoffverbrauch                      zu hoch
Verbrauchsmessung                        ja
Verbrauch/100km                          11


        Einfache Symptominterpretationen:



normierter-Kraftstoffverbrauch           zu hoch

Begruendung von normierter-Kraftstoffverbrauch = zu hoch   (2)
Bewertungsschema: (-3 -1 1 3)
Bewertungsskala: (erheblich zu niedrig) (zu niedrig) (in ordnung)
                 (zu hoch) (erheblich zu hoch)
normierter-Kraftstoffverbrauch
Wert von  difference Verbrauch/100km Soll-Verbrauch-Kraftstoff
        Weil  Soll-Verbrauch-Kraftstoff Verbrauch/100km  existiert

Soll-Verbrauch-Kraftstoff                9

Begruendung von Soll-Verbrauch-Kraftstoff = 9
Soll-Verbrauch-Kraftstoff
9         Weil  Kraftstoffaufbereitung = Vergaser

*************************************************************************
Questionset Fahreigenschaften                            true

Fahreigenschaften                        beanstandet
Fahrverhalten                            Kaltlauf
                                         Warmlauf
Kaltlauf                                 Motor schuettelt
Warmlauf                                 verminderte Motorleistung
```

```
************************** Uebersicht der Ergebnisse **************************
Luftfilter_Typ-V
Zuendanlage_Benzin
        --> Zuendkerzen
        --> Verdacht_auf_Zuendeinstellung
          --> Verdacht_auf_Spaetzuendung
******************************************************************************
              Vorschlaege zur Behandlung der Enddiagnosen:


p514000:  Zuendkerzen
Ueberpruefen Sie die Zuendkerzen!
p510012:  Verdacht_auf_Spaetzuendung
Ueberpruefen Sie die Zuendeinstellung!
p119000:  Luftfilter_Typ-V
Ueberpruefen Sie den Luftfiltereinsatz
Luftfiltereinsatz - Ersatzteilnr. : LFE-004
******************************************************************************




Etablierte Explanationsets:

X-Fahreigenschaften
p6  (80)  Weil  Fahrverhalten = Kaltlauf oder Warmlauf


X-Kraftstoffverbrauch
p5  (40)  Weil  normierter-Kraftstoffverbrauch = zu hoch
p2  (5)   Weil  Kraftstoffverbrauch = zu hoch


Erklaerung der etablierten Explanationsets:
X-Fahreigenschaften kann erklaert werden durch:
-->Zuendanlage_Benzin
---->Zuendkerzen
---->Verdacht_auf_Zuendeinstellung
------>Verdacht_auf_Spaetzuendung
X-Kraftstoffverbrauch kann erklaert werden durch:
-->Zuendanlage_Benzin
---->Zuendkerzen
---->Verdacht_auf_Zuendeinstellung
------>Verdacht_auf_Spaetzuendung
-->Luftfilter_Typ-V

Keine unerklaerten Explanationsets
```

```
*************************   Begruendungen   ****************************

*********************************************************************************
Luftfilter_Typ-V                              Strength : 999

Bewertung von Luftfilter_Typ-V : etabliert (999)
Notwendige Bedingung     :  -
Hinreichende Bedingung :  erfuellt
Ausschluss               :  -
Pro                      : neutral (0)
Kontra                   : neutral (0)
Erklaerungsfaktor        : alle Symptome erklaert (95 %)
Praedisposition          :  -
Differentialdiagnostik :  -

Begruendung von Hinreichende Bedingung:  erfuellt
p7          Weil  Vergaser-Anlage ist etabliert
            und   normierter-Kraftstoffverbrauch = zu hoch
ausser      Wenn  Luftfilterwechsel = weniger als 10000 km oder
                  10000-20000 km oder 20000-30000 km
ausser      Wenn  Inspektionen = regelmaessig durchgefuehrt


Begruendung fuer Erklaerungsfaktor: alle Symptome erklaert (95 %)
17 %  der Explanationsets werden durch Luftfilter_Typ-V erklaert.
81 %  der Explanationsets werden durch andere Pathokonzepte erklaert.
Luftfilter_Typ-V  kann erklaeren:
-->X-Kraftstoffverbrauch

*********************************************************************************
Zuendanlage_Benzin                            Strength : 999

Bewertung von Zuendanlage_Benzin : etabliert (999)
Notwendige Bedingung     :  -
Hinreichende Bedingung :  erfuellt
Ausschluss               :  -
Pro                      : neutral (0)
Kontra                   : neutral (0)
Erklaerungsfaktor        : alle Symptome erklaert (99 %)
Praedisposition          :  -
Differentialdiagnostik :  -

Begruendung von Hinreichende Bedingung:  erfuellt
p7          Weil  Kraftstoffaufbereitung = Vergaser
            und   Kraftstoffverbrauch = zu hoch
p7          Weil  Kraftstoffaufbereitung = Vergaser
            und   Fahrverhalten = Warmlauf


Begruendung fuer Erklaerungsfaktor: alle Symptome erklaert (99 %)
81 %  der Explanationsets werden durch Zuendanlage_Benzin erklaert.
17 %  der Explanationsets werden durch andere Pathokonzepte erklaert.


Zuendanlage_Benzin ist selbst erklaerungsbeduerftig.
Zuendanlage_Benzin  kann erklaeren:
-->X-Fahreigenschaften
-->X-Kraftstoffverbrauch
```

```
*************************************************************************
Verdacht_auf_Zuendeinstellung               Strength : 999

Bewertung von Verdacht_auf_Zuendeinstellung : etabliert (999)
Notwendige Bedingung    :  -
Hinreichende Bedingung :  erfuellt
Ausschluss              :  -
Pro                     : neutral (0)
Kontra                  : neutral (0)
Erklaerungsfaktor       : alle Symptome erklaert (98 %)
Praedisposition         :  -
Differentialdiagnostik :  -

Begruendung von Hinreichende Bedingung:  erfuellt
p7         Weil  Zuendanlage_Benzin ist etabliert
           und   Warmlauf = verminderte Motorleistung


Begruendung fuer Erklaerungsfaktor: alle Symptome erklaert (98 %)
40 %  der Explanationsets werden durch Verdacht_auf_Zuendeinstellung erklaert.
58 %  der Explanationsets werden durch andere Pathokonzepte erklaert.
Verdacht_auf_Zuendeinstellung ist selbst erklaerungsbeduerftig.
Verdacht_auf_Zuendeinstellung  kann erklaeren:
-->Zuendanlage_Benzin
---->X-Fahreigenschaften
---->X-Kraftstoffverbrauch

*************************************************************************
Verdacht_auf_Spaetzuendung               Strength : 80

Bewertung von Verdacht_auf_Spaetzuendung : etabliert (80)
Notwendige Bedingung    :  -
Hinreichende Bedingung :  -
Ausschluss              :  -
Pro                     : sehrwahrscheinlich (80)
Kontra                  : neutral (0)
Erklaerungsfaktor       : alle Symptome erklaert (98 %)
Praedisposition         :  -
Differentialdiagnostik :  positiv

Begruendung von Pro: sehrwahrscheinlich (80)
p6 (80)  Weil  Verdacht_auf_Zuendeinstellung ist etabliert
           und   Warmlauf = verminderte Motorleistung


Begruendung von Differentialdiagnostik:  positiv
Verdacht_auf_Fruehzuendung               Strength : 0          Known : excluded

Begruendung fuer Erklaerungsfaktor: alle Symptome erklaert (98 %)
40 %  der Explanationsets werden durch Verdacht_auf_Spaetzuendung erklaert.
58 %  der Explanationsets werden durch andere Pathokonzepte erklaert.


Verdacht_auf_Spaetzuendung  kann erklaeren:
-->Verdacht_auf_Zuendeinstellung
---->Zuendanlage_Benzin
------>X-Fahreigenschaften
------>X-Kraftstoffverbrauch
```

```
******************************************************************************
Zuendkerzen                                          Strength : 44

Bewertung von Zuendkerzen : etabliert (44)
Notwendige Bedingung   :  -
Hinreichende Bedingung :  -
Ausschluss             :  -
Pro                      : wahrscheinlich (40)
Kontra                   : neutral (0)
Erklaerungsfaktor        : alle Symptome erklaert (98 %)
Praedisposition          : relativ haeufig
Differentialdiagnostik :  -

Begruendung von Pro: wahrscheinlich (40)
p4  (20)  Weil  Zuendanlage_Benzin ist etabliert
          und   Kaltlauf = Motor schuettelt
p4  (20)  Weil  Warmlauf = verminderte Motorleistung


Begruendung von Praedisposition:relativ haeufig
Das Pathokonzept hat als apriori relativ haeufig


Begruendung fuer Erklaerungsfaktor: alle Symptome erklaert (98 %)
40 %  der Explanationsets werden durch Zuendkerzen erklaert.
58 %  der Explanationsets werden durch andere Pathokonzepte erklaert.
Zuendkerzen  kann erklaeren:
-->Zuendanlage_Benzin
---->X-Fahreigenschaften
---->X-Kraftstoffverbrauch
```

```
Script started on Thu May  1 11:18:25 1986

Wir beginnen mit den Ergebnissen von der ersten Sitzung und zeigen
jetzt den Dialog fuer die zweite Sitzung. Anschliessend werden die
Begruendungen der Diagnosen der ersten und zweiten Sitzung in der
Erklaerungskomponente abgefragt.


************************** Uebersicht der Ergebnisse **************************
Luftfilter_Typ-V
Zuendanlage_Benzin
       --> Zuendkerzen
       --> Verdacht_auf_Zuendeinstellung
           --> Verdacht_auf_Spaetzuendung
******************************************************************************

+ss_quest:  fortsetzung_der_sitzung
1   beenden
2   weitermachen
3   verbessern
4   neue Sitzung eingeben
? 4


Bitte Dauer seit letzter Sitzung angeben!
? 2 w  [2 Wochen]


Durchgefuehrte Therapien angeben!
1  Tp-Motor (qp10)                 2  Tp-Vergaseranlage (qp11)
3  Tp-Einspritzanlage (qp12)       4  Tp-Kraftstoffanlage (qp21)
5  Tp-Auspuffanlage (qp22)         6  Tp-Kuehlanlage (qp23)
7  Tp-Zuendanlage (qp51)           8  Tp-Starteranlage (qp53)
? 2 7

qp11:  Tp-Vergaseranlage
Haben Sie eine Reparatur an der Vergaseranlage durchgefuehrt?
1   Reparatur durchgefuehrt
? 1


mp11:  Therapie:_Vergaser
Geben Sie die durchgefuehrte Reparatur an!
1   Vergaseranlage neu eingestellt
2   Luftfiltereinsatz erneuert
3   Bauteile ausgetauscht
? 2

qp51:  Tp-Zuendanlage
Haben Sie eine Reparatur an der Zuendanlage durchgefuehrt?
1   Reparatur durchgefuehrt
? 1


mp51:  Therapie:_Zuendung
Welche Reparatur haben Sie durchgefuehrt?
1   Zuendung eingestellt
2   Zuendverteiler gewechselt
3   Zuendkabel gewechselt
4   Zuendkerzen gewechselt

? 1


Sind die Beschwerden
1 = verschwunden?
2 = unveraendert?
3 = veraendert?
? 3
```

Geaenderte Symptomatik angeben!
1   Uebersichtsfragen (qu)
2   Verbrauch (qv)
3   Fahreigenschaften (ql)
? 2 3

Aenderung spezifizieren!
1 Verbrauch   beanstandet
2 Verbrauchsbeanstandung   Kraftstoffverbrauch
3 Kraftstoffverbrauch   zu hoch
4 Verbrauchsmessung   ja
5 Verbrauch/100km   11
? 3

mvl: Kraftstoffverbrauch
Was koennen Sie ueber den Kraftstoffverbrauch Ihres Fahrzeugs sagen? Der
Kraftstoffverbrauch ist:
1   normal
2   (erheblich) schwankend
3   zu hoch
Die alte Antwort war.. (zu hoch)
? 1

Aenderung Spezifizieren!
1 Fahreigenschaften   beanstandet
2 Fahrverhalten   Kaltlauf
                                      Warmlauf
3 Kaltlauf   Motor schuettelt
4 Warmlauf   verminderte Motorleistung
? 2 4

+ml0:   Fahrverhalten
Koennen Sie die Beanstandung bzgl. des Fahrverhaltens eingrenzen auf:
1   Anfahrverhalten
2   Kaltlauf
3   Warmlauf
4   Beschleunigung
5   Bremsverhalten
6   Schaltvorgaenge
Die alte Antwort war.. Kaltlauf Warmlauf
? 3

+ml3:   Warmlauf
Wie aeussern sich die Beanstandungen im Warmlauf?
1   ungleichmaessiger Motorlauf
2   Motor schuettelt
3   Motorleerlauf ist zu hoch
4   Motor erreicht nicht Hoechstgeschwindigkeit
5   verminderte Motorleistung
6   Zuendaussetzer
Die alte Antwort war.. (verminderte Motorleistung)
? 6

+ml36:   Zuendaussetzer
Wann treten die die Fahrfehler / Zuendaussetzer auf?
1   beim Beschleunigen
2   bei konstanter Geschwindigkeit
3   beim Wechsel Gasgeben / Gaswegnehmen
4   beim Bremsen
Die alte Antwort war.. excluded
? 3

```
************************* Uebersicht der Ergebnisse *************************
Zuendanlage_Benzin
        --> Zuendkabel
        --> Zuendverteiler
            --> Unterdruckregler
****************************************************************************

+ss_quest:  fortsetzung_der_sitzung
1   beenden
2   weitermachen
3   verbessern
4   neue Sitzung eingeben
? w

ERKLAERUNGSKOMPONENTE ZU MED2
N : Zuendanlage_Benzin sco scb


Bewertung von Zuendanlage_Benzin : etabliert (999)
Notwendige Bedingung    :  -
Hinreichende Bedingung  :  erfuellt
Ausschluss              :  -
Pro                     :  sehrwahrscheinlich (80)
Kontra                  :  neutral (0)
Erklaerungsfaktor       :  alle Symptome erklaert (100 %)
Praedisposition         :  -
Differentialdiagnostik  :  -

Begruendung von Zuendanlage_Benzin : etabliert (999)
Begruendung von Hinreichende Bedingung:  erfuellt
p7        Weil   Kraftstoffaufbereitung = Vergaser
          und    Fahrverhalten = Warmlauf
N : Zuend

Sie haben folgende Moeglichkeiten:
1  : Zuendkerzenabnutzung (Symptome)
2  : Zuendkerzenbild= (Symptome)
3  : Zuendkerzengesicht (Symptome)
4  : Zuendkerzenwechsel (Symptome)
5  : Zuendkerzenwechsel_durch (Symptome)
6  : Zuendkabel (Diagnosen)

7  : Zuendkerzen (Diagnosen)
8  : Zuendkerzengewinde (Diagnosen)
 - : keine der Alternativen
Auswahl: 6 sco scb

Bewertung von Zuendkabel : etabliert (48)
Notwendige Bedingung    :  -
Hinreichende Bedingung  :  -
Ausschluss              :  -
Pro                     :  wahrscheinlich (40)
Kontra                  :  neutral (0)
Erklaerungsfaktor       :  alle Symptome erklaert (100 %)
Praedisposition         :  haeufig
Differentialdiagnostik  :  -

Begruendung von Zuendkabel : etabliert (48)
Begruendung von Pro: wahrscheinlich (40)
p5 (40) Weil   Zuendanlage_Benzin ist etabliert
        und    Warmlauf = Zuendaussetzer
Begruendung von Praedisposition:haeufig
p3        Weil   Km-Stand ist groesser oder gleich  100000
```

N : <u>Unterdruckregler sco scb</u>

Bewertung von Unterdruckregler : etabliert (80)
Notwendige Bedingung   : -
Hinreichende Bedingung : -
Ausschluss   : -
Pro   : sehrwahrscheinlich (80)
Kontra   : neutral (0)
Erklaerungsfaktor   : alle Symptome erklaert (100 %)
Praedisposition   : -
Differentialdiagnostik : -

Begruendung von Unterdruckregler : etabliert (80)
Begruendung von Pro: sehrwahrscheinlich (80)
p6 (80) Weil Zuendverteiler ist etabliert
          und   Zuendaussetzer = beim Wechsel Gasgeben / Gaswegnehmen

N : <u>Zuendverteiler sco scb</u>

Bewertung von Zuendverteiler : etabliert (999)
Notwendige Bedingung   : -
Hinreichende Bedingung : erfuellt
Ausschluss   : -
Pro   : neutral (0)
Kontra   : neutral (0)
Erklaerungsfaktor   : alle Symptome erklaert (100 %)
Praedisposition   : -
Differentialdiagnostik : -

Begruendung von Zuendverteiler : etabliert (999)
Begruendung von Hinreichende Bedingung: erfuellt
p7   Weil Zuendanlage_Benzin ist etabliert
          und   Zuendaussetzer = beim Wechsel Gasgeben / Gaswegnehmen

N : <u>Zuendkerzen sco scb</u>

Bewertung von Zuendkerzen : unklar (22)
Notwendige Bedingung   : -
Hinreichende Bedingung : -
Ausschluss   : -
Pro   : moeglich (20)
Kontra   : neutral (0)
Erklaerungsfaktor   : -
Praedisposition   : relativ haeufig
Differentialdiagnostik : -

Begruendung von Zuendkerzen : unklar (22)
Begruendung von Pro: moeglich (20)
p4 (20) Weil Warmlauf = Zuendaussetzer
Begruendung von Praedisposition:relativ haeufig
Das Pathokonzept hat als apriori relativ haeufig

N : <u>scn</u>

Begruendung der positiven nicht-gefeuerten Regeln von Zuendkerzen
p4 (20) Wenn Zuendanlage_Benzin ist etabliert
          und   Kaltlauf = ungleichmaessiger Motorlauf oder Motor
                schuettelt
Grund: Kaltlauf ist nein/sonstiges

```
p5  (40)  Wenn   Zuendanlage_Benzin ist etabliert
          und    Beschleunigung = ungleichmaessig / ruckeln oder
                 verzoegert
Grund: Beschleunigung ist nein/sonstiges

p5  (40)  Wenn   Zuendanlage_Benzin ist etabliert
          und    Anfahrverhalten = Motor ruckelt beim Anfahren oder
                 Beschleunigungsloch beim Anfahren oder Der Wagen bockt
                 beim Anfahren
Grund: Anfahrverhalten ist nein/sonstiges
```

N : Verdacht_auf_S

N : sco

```
Bewertung von Verdacht_auf_Spaetzuendung : unklar   (0)
Notwendige Bedingung    :  -
Hinreichende Bedingung  :  -
Ausschluss              :  -
Pro                     : neutral (0)
Kontra                  : neutral (0)
Erklaerungsfaktor       :  -
Praedisposition         :  -
Differentialdiagnostik  :  -
```

N : scn

```
Begruendung der positiven nicht-gefeuerten Regeln von Verdacht_auf_Spaetzuendung
p6  (80)  Wenn   Verdacht_auf_Zuendeinstellung ist etabliert
          und    Warmlauf = Motor schuettelt

Grund: Verdacht_auf_Zuendeinstellung ist excluded

p6  (80)  Wenn   Verdacht_auf_Zuendeinstellung ist etabliert
          und    Warmlauf = Motor erreicht nicht Hoechstgeschwindigkeit
                 oder verminderte Motorleistung
Grund: Verdacht_auf_Zuendeinstellung ist excluded
```

N : Verdacht_auf_Z sco

```
Bewertung von Verdacht_auf_Zuendeinstellung : excluded (-999)
Notwendige Bedingung    :  -
Hinreichende Bedingung  : erfuellt
Ausschluss              : erfuellt
Pro                     : neutral (0)
Kontra                  : neutral (0)
Erklaerungsfaktor       :  -
Praedisposition         :  -
Differentialdiagnostik  :  -
```
N : sco

```
Bewertung von Verdacht_auf_Zuendeinstellung : excluded (-999)
Notwendige Bedingung    :  -
Hinreichende Bedingung  : erfuellt
Ausschluss              : erfuellt
Pro                     : neutral (0)
Kontra                  : neutral (0)
Erklaerungsfaktor       :  -
Praedisposition         :  -
Differentialdiagnostik  :  -
```
N : scb

```
Begruendung von Verdacht_auf_Zuendeinstellung : excluded (-999)
Begruendung von Ausschluss:  erfuellt
n7          Weil  Therapie:_Zuendung = Zuendung eingestellt
```

```
N : Luftfilter

Sie haben folgende Moeglichkeiten:
1  : Luftfilterwechsel (Symptome)
2  : Luftfilter_Typ-E (Diagnosen)
3  : Luftfilter_Typ-V (Diagnosen)
4  : Luftfiltereinsatz (Diagnosen)
 -  : keine der Alternativen
Auswahl: 3

N : sco

Bewertung von Luftfilter_Typ-V : excluded (-999)
Notwendige Bedingung    :  -
Hinreichende Bedingung :  -
Ausschluss             : erfuellt
Pro                    : neutral (0)
Kontra                 : neutral (0)
Erklaerungsfaktor      :  -
Praedisposition        :  -
Differentialdiagnostik :  -




N : scb

Begruendung von Luftfilter_Typ-V : excluded (-999)
Begruendung von Ausschluss: erfuellt
n7          Weil Therapie:_Vergaser = Luftfiltereinsatz erneuert

N : e

Ende der Erklaerung                      [Beendigung der Erklärungskomponente]
+ss_quest: fortsetzung_der_sitzung
1   beenden
2   weitermachen
3   verbessern
4   neue Sitzung eingeben
? 1

*********************** Uebersicht der Ergebnisse **************************
Zuendanlage_Benzin
      --> Zuendkabel
      --> Zuendverteiler
            --> Unterdruckregler
***************************************************************************

              Vorschlaege zur Behandlung der Enddiagnosen:

p513000: Zuendkabel     -
p113800: Unterdruckregler    -
***************************************************************************

wollen sie die ergebnisse ausdrucken? (<dateiname>/nein)
(w = Erklaerungen)
? n
wollen sie den fall abspeichern? (<dateiname>/nein) (r = wdh. sitzung)
? n
danke
%
script done on Thu May  1 11:35:14 1986
```

Anhang B: Beispielsitzung aus der Cholestase-Wissensbasis

Die medizinische Wissensbasis, die diesem Beispiel zugrundeliegt,
wurde von Dr. med. Bernhard Puppe entwickelt und umfaßt vor
allem die Diagnostik der Cholestase (Gallenstau-Syndrom). Sie ist
in englischer Sprache geschrieben. Zunächst geben wir eine
verbale Beschreibung des zu diagnostizierenden Falles:

Ein 45-jähriger Mann wird ins Krankenhaus eingeliefert, nachdem
er eine größere Menge Blut erbrochen hatte und daraufhin
kollabierte.

Bei der Aufnahme fiel ein Sklerenikterus (Gelbverfärbung der
Bindehäute der Augen) auf, der nach Angaben des Patienten schon
seit einem halben Jahr bestand, sowie ein Palmaerytem
(Rotverfärbung der Innenhand), Gynekomastie (abnorme Brustdrüsen-
entwicklung beim Mann) und zahlreiche Spidernävi (spinnenförmige
Hautflecken). Die Leber war handbreit unter dem rechten
Rippenbogen tastbar und von harter Konsistenz. Der Leberunterrand
war abgerundet, die Oberfläche nodulär. Der Bauch war insgesamt
aufgetrieben mit ausladenden Flanken, über denen gedämpfter
Klopfschall perkutiert wurde. Im Anschluß an Anamnese und
körperliche Untersuchung wurden folgende Laboruntersuchungen
durchgeführt:

```
Urinanalyse:          Bilirubinnachweis
Blutbild:             Erythrozyten: 3.8 Mio / ml
                      Leukozyten:   6800      / ml
Bilirubin:            Gesamt: 4.5 mg %
                      Direkt: 3.8 mg %
Quick:                65 % (auch nach parenteraler Vitamin K Gabe
                            keine Verbesserung)
GOT:                  250
Alk. Phosphatase:     150
Plasmaproteine:       Gesamt:        5.5 g %
                      Albumin:       3.3 g %
                      Globulin:      2.2 g %
                      Elektrophorese: Gesamt-Globulin: 40 %
```

Die nach den Leberuntersuchungen durchgeführte abdominale
Sonographie bestätigte die palpatorisch festgestellte Lebervergrößerung sowie einen beträchtlichen Aszites. Zusätzlich
stellte sich die Milz als vergrößert dar.

Daraufhin wurde mit dem Verdacht auf Leberzirrhose eine Leber-
biopsie vorgenommen, die eine zerstörte Leberläppchenarchitektur
mit diffusen Nekrosen und Regeneratsknoten zeigte.

Für therapeutische Zwecke wurde schließlich der intrasplenale
Druck bestimmt und als stark erhöht gemessen.

Diagnostiziert wurde eine Ösophagusvarizenblutung (Blutung aus
Krampfadern in der Speiseröhre), verursacht durch Leberzirrhose.

Von der mit MED2 durchgeführten diagnostischen Aufarbeitung des
Falles zeigen wir nur das Ergebnisprotokoll, aus dem die
diagnostische Vorgehensweise (Sequenz von Problemlösungs-
schritten) nicht hervorgeht.

```
*******************************   Symptoms   *********************************
```

```
*********************   Survey of questionsets   ***************************
```

```
gi_bleeding                                              Known : true
jaundice                                                 Known : true
abdo_exam                                                Known : true
ultrasound_abdomen                                       Known : true
urinalysis                                               Known : true
erythrocyte_sedimentation_rate                           Known : false
complete_blood_count                                     Known : true
Bilirubin_serum                                          Known : true
coagulation_screening_tests                              Known : true
Transaminase_serum                                       Known : true
Phosphatase_alkaline_serum                               Known : true
Proteins_serum                                           Known : true
miscellaneous_findings                                   Known : true
endoscopic_retrograde_cholangiography                    Known : false
liver_biopsy                                             Known : true
portal_venous_pressure_measurement                       Known : true
```

```
****************************************************************************
Questionset gi_bleeding                                  true

gi_bleeding                        yes
gi_bleeding_type                   hematemesis
gi_bleeding_preceded_by            false
gi_bleeding_temp_category          ac first time
gi_bleeding_intensity              severe
gi_bleeding_associated_with        faintness when standing
gi_bleeding_frequency              unknown
gi_bleeding_first_time             (1 d)
gi_bleeding_last_time              unknown
gi_bleeding_accomp_symptoms        jaundice
gi_bleeding_pharma_causes          unknown
gi_bleeding_contributing_PMHx      unknown
gi_bleeding_relevant_PDT           unknown
gi_bleeding_FHx                    unknown
gi_bleeding_color_vomited_blood    red
```

```
****************************************************************************
Questionset jaundice                                     true

jaundice                           yes
jaundice_start                     (4 mo)
jaundice_temp_category             chronic
jaundice_mode_of_onset             slow
jaundice_trend                     variable
jaundice_intensity                 mild
jaundice_color                     false
jaundice_color_of_urine            brown
jaundice_color_of_stools           brown

jaundice_preceded_by               false
jaundice_hepatitis_exposure        false
jaundice_accomp_symptoms           discoloration of urine
                                   nausea/vomiting
jaundice_pharma_causes             false
jaundice_environmentals            alcohol abuse
jaundice_contributing_PMHx         unknown
jaundice_relevant_PDT              unknown
jaundice_contributing_FHx          unknown
```

```
*********************************************************************************
Questionset abdo_exam                                              true

abdo_exam                                        yes
abdo_exam_time                                   (now)
abdo_type_of_abnormality                         organomegaly/pathology
                                                 inspection
abdo_organomegaly                                liver
abdo_inspection                                  distention
abdo_distention_cause                            false
abdo_distention_location                         (abdomen)
abdo_distention_start                            (3 mo)
abdo_distention_trend                            increasing
abdo_distention_shape                            bulging flanks
abdo_distention_percussion                       dullness both flanks
                                                 shifting dullness
liver_size                                       enlarged gross
liver_vertical_extension                         unknown
liver_miscellaneous                              consistency hard
                                                 edge blunt
                                                 surface nodular
liver_auscultation                               unknown


            Simple symptominterpretations:

ascites_clinical                          possibly existant

justification of ascites_clinical = possibly existant   (65)
Evalscheme: (20 45)
Evalnames:        (non existant) (possibly existant) existant
ascites_clinical
p5  (40)   bec    abdo_distention_percussion is shifting dullness
p4  (20)   bec    abdo_distention_shape is bulging flanks
p3  (10)   bec    abdo_distention_percussion is dullness both flanks
n2  (-5)   bec    not   abdo_distention_percussion is

hepatomegaly_benign_palpat                 non-existant

justification of hepatomegaly_benign_palpat = non-existant (-30)
Evalscheme: (50 70)
Evalnames:         non-existant poss-existant existant
hepatomegaly_benign_palpat
-10        bec    liver_miscellaneous is consistency hard
-10        bec    liver_miscellaneous is edge blunt
-10        bec    liver_miscellaneous is surface nodular



hepatomegaly_tumorous_palpat               non-existant

justification of hepatomegaly_tumorous_palpat = non-existant (10)
Evalscheme: (25 35)
Evalnames:         non-existant poss-existant existant
hepatomegaly_tumorous_palpat
10         bec    liver_miscellaneous is consistency hard

hepatomegaly_cirrhotic_palpat              existant

justification of hepatomegaly_cirrhotic_palpat = existant (60)
Evalscheme: (10 50)
Evalnames:         non-existant poss-existant existant
hepatomegaly_cirrhotic_palpat
20         bec    liver_miscellaneous is consistency hard
20         bec    liver_miscellaneous is edge blunt
20         bec    liver_miscellaneous is surface nodular
```

```
hepatomegaly_palpat                       existant

justification of hepatomegaly_palpat = existant (40)
Evalscheme: (0 30)
Evalnames:          non-existant poss-existant existant
hepatomegaly_palpat
40         bec   liver_size is enlarged gross

**********************************************************************************
Questionset ultrasound_abdomen                           true

ultrasound_abdomen                        yes
ultrasound_abdo_survey                    ascites
                                          liver abn
                                          spleen abn
ultrasound_ascites_details                large amount
                                          generalized
ultrasound_bile_ducts_details             undetermined
ultrasound_gallbladder_details            unknown
ultrasound_liver_details                  grossly enlarged
ultrasound_spleen_details                 mild/mod enlarged
ultrasound_pancreas_details               unknown

**********************************************************************************
Questionset urinalysis                                   true

urinalysis                                yes
urine_appearance                          unknown
urin_osmolality_val                       unknown
urin_pH_val                               unknown
urin_sediment_exam                        unknown
dipstick_urinalysis                       bile
urin_specific_gravity_val                 unknown
dipstick_UA_bile                          ++

**********************************************************************************
Questionset erythrocyte_sedimentation_rate               false


erythrocyte_sedimentation_rate            false

**********************************************************************************
Questionset complete_blood_count                         true

complete_blood_count                      yes
Hematocrit_val                            35
MCV_Mean_Corpusc_Vol_val                  unknown
MCHC_Mean_Corpusc_Hemogl_Concent_val      unknown
Hemoglobin_blood_val                      12
Erythrocyte_blood_count_val               3.8
Leukocyte_blood_count_val                 6800
MCH_Mean_Corpusc_Hemogl_val               unknown


          Simple symptominterpretations:

Leukocyte_blood_count_eval                WNL

justification of Leukocyte_blood_count_eval = WNL (6800)
Evalscheme: (1300 2500 5000 10000 20000 40000)
Evalnames:         (--- reduced) (-- reduced) (- reduced) WNL (+ elevated)
               (++ elevated) (+++ elevated)
Leukocyte_blood_count_eval
value of  Leukocyte_blood_count_val (6800)
          bec   Leukocyte_blood_count_val  exists
```

```
***************************************************************************
Questionset Bilirubin_serum                                    true

Bilirubin_serum                        yes
Bilirubin_direct_serum_val             3.8
Bilirubin_total_s_val                  4.5


          Simple symptominterpretations:

Bilirubin_indirect_s_val                   0.7

justification of Bilirubin_indirect_s_val = 0.7
Bilirubin_indirect_s_val
value of  difference Bilirubin_total_s_val Bilirubin_direct_serum_val
          bec   Bilirubin_direct_serum_val Bilirubin_total_s_val  exists

Bilirubin_total_s_eval                     ++ elevated

justification of Bilirubin_total_s_eval = ++ elevated   (4.5)
Evalscheme: (0.3 1.1 3 9)
Evalnames:        (- reduced) WNL (+ elevated) (++ elevated) (+++ elevated)
Bilirubin_total_s_eval
value of  Bilirubin_total_s_val (4.5)
          bec   Bilirubin_total_s_val  exists

Bilirubin_indirect_s_eval                    + elevated


 justification of Bilirubin_indirect_s_eval = + elevated   (0.7)
 Evalscheme: (0.2 0.7 3 9)
 Evalnames:        (- reduced) WNL (+ elevated) (++ elevated) (+++ elevated)
 Bilirubin_indirect_s_eval
 value of  Bilirubin_indirect_s_val (0.7)
           bec   Bilirubin_indirect_s_val  exists

Bilirubin_direct_serum_eval                  ++ elevated

justification of Bilirubin_direct_serum_eval = ++ elevated   (3.8)
Evalscheme: (0.1 0.4 3 9)
Evalnames:        (- reduced) WNL (+ elevated) (++ elevated) (+++ elevated)
Bilirubin_direct_serum_eval
value of  Bilirubin_direct_serum_val (3.8)
          bec   Bilirubin_direct_serum_val  exists

***************************************************************************
Questionset coagulation_screening_tests                        true

coagulation_screening_tests            yes
bleeding_time_val                      unknown
coagulation_time_val                   unknown
Prothrombin_time_val                   65
PTT_Partial_Thrombopl_Time_val         unknown


          Simple symptominterpretations:

Prothrombin_time_eval                      - reduced

justification of Prothrombin_time_eval = - reduced   (65)
Evalscheme: (5 15 70 120)
Evalnames:        (--- reduced) (-- reduced) (- reduced) WNL (+ elevated)
Prothrombin_time_eval
value of  Prothrombin_time_val (65)
          bec   Prothrombin_time_val  exists
```

```
******************************************************************************
Questionset Transaminase_serum                                        true

Transaminase_serum                      yes
SGOT_s_val                              250
SGPT_s_val                              unknown


         Simple symptominterpretations:

Transaminase_eval                        marked elevation

justification of Transaminase_eval = marked elevation   (10)
Evalscheme: (-1 1)
Evalnames:        WNL (mild elevation) (marked elevation)
Transaminase_eval
10          bec   SGOT_s_eval is ++ elevated

SGOT_s_eval                                  ++ elevated


justification of SGOT_s_eval = ++ elevated   (250)
Evalscheme: (40 100 400)
Evalnames:        WNL (+ elevated) (++ elevated) (+++ elevated)
SGOT_s_eval
value of  SGOT_s_val (250)
          bec   SGOT_s_val  exists

******************************************************************************
Questionset Phosphatase_alkaline_serum                                true

Phosphatase_alkaline_serum              yes
Alk_Phos_s_val                          150


          Simple symptominterpretations:

Alk_Phos_s_eval                          WNL

justification of Alk_Phos_s_eval = WNL (150)
Evalscheme: (60 200 400 800)
Evalnames:        (- reduced) WNL (+ elevated) (++ elevated) (+++ elevated)
Alk_Phos_s_eval
value of  Alk_Phos_s_val (150)
          bec   Alk_Phos_s_val  exists

******************************************************************************
Questionset Proteins_serum                                            true

Proteins_serum                          yes
Protein_total_s_val                     5.5
Albumin_s_val                           3.3
Globulin_s_val                          2.2
Protein_electrophoresis_s               abnormal
Albu_Prot_e_phoresis_s_val              unknown
Globu_Prot_e_phoresis_s_val             unknown
Alpha1_Prot_e_phoresis_s_val            unknown
Alpha2_Prot_e_phoresis_s_val            unknown
Beta_Prot_e_phoresis_s_val              unknown
Gamma_Prot_e_phoresis_s_val             40
```

```
        Simple symptominterpretations:

Globulin_s_eval                            - reduced

justification of Globulin_s_eval = - reduced   (2.2)
Evalscheme: (0.5 1.5 2.5 3.5 4.5 5.5)
Evalnames:        (--- reduced) (-- reduced) (- reduced) WNL (+ elevated)
                  (++ elevated) (+++ elevated)
Globulin_s_eval
value of  Globulin_s_val (2.2)
          bec   Globulin_s_val  exists

Albumin_s_eval                             - reduced


justification of Albumin_s_eval = - reduced   (3.3)
Evalscheme: (1.5 3.5 5.5 7.5)
Evalnames:        (-- reduced) (- reduced) WNL (+ elevated) (++ elevated)
Albumin_s_eval
value of  Albumin_s_val (3.3)
          bec   Albumin_s_val  exists

Protein_total_s_eval                       - reduced

justification of Protein_total_s_eval = - reduced   (5.5)
Evalscheme: (2.0 4.0 6.0 8.0 10.0)
Evalnames:        (--- reduced) (-- reduced) (- reduced) WNL (+ elevated)
                  (++ elevated)
Protein_total_s_eval
value of  Protein_total_s_val (5.5)
          bec   Protein_total_s_val  exists

Gamma_Prot_e_phoresis_s_eval               ++ elevated

justification of Gamma_Prot_e_phoresis_s_eval = ++ elevated   (40)
Evalscheme: (7 12 23 33)
Evalnames:        (-- reduced) (- reduced) WNL (+ elevated) (++ elevated)
Gamma_Prot_e_phoresis_s_eval
value of  Gamma_Prot_e_phoresis_s_val (40)
          bec   Gamma_Prot_e_phoresis_s_val  exists

*********************************************************************************
Questionset miscellaneous_findings                         true

miscellaneous_findings                     yes
miscellaneousI                             no Quick improvement by Vit K
cutan/endoc_findings                       spider nevi multiple
                                           palmar erythema
                                           gyneconastia


        Simple symptominterpretations:

cirrhotic_habitus                          non-existant

justification of cirrhotic_habitus = non-existant (-1)
Evalscheme: (0)
Evalnames:        non-existant existant
cirrhotic_habitus
-1        bec   not   miscellaneousI is protuberant belly or wasted
                      extremities

cutan/endoc_cirrhosis_indic                high
```

```
justification of cutan/endoc_cirrhosis_indic = high (4)
Evalscheme: (0 2)
Evalnames:      low medium high
cutan/endoc_cirrhosis_indic
2         bec    cutan/endoc_findings is spider nevi multiple
1         bec    cutan/endoc_findings is palmar erythema
1         bec    cutan/endoc_findings is gyneconastia



*************************************************************************************
Questionset endoscopic_retrograde_cholangiography              false

endoscopic_retrograde_cholangiography    false

*************************************************************************************
Questionset liver_biopsy                                      true

liver_biopsy                             done
liver_biopsy_result                      necrosis
                                         fibrosis
                                         nodule formation
                                         destroyed architecture
liver_biopsy_necrosis                    diffuse
liver_biopsy_fibrosis                    diffuse
                                         marked
                                         interlobular bridging
liver_biopsy_destr_archit                diffuse
                                         marked


        Simple symptominterpretations:

liver_biopsy_cirrhosis                   severe

justification of liver_biopsy_cirrhosis = severe (20)
Evalscheme: (-1 1)
Evalnames:        non-existant mild/mod severe
liver_biopsy_cirrhosis
10        bec    liver_biopsy_destr_archit is diffuse and marked
10        bec    liver_biopsy_fibrosis is diffuse and marked and
                 interlobular bridging

*************************************************************************************
Questionset portal_venous_pressure_measurement               true

portal_venous_pressure_measurement       yes
intrasplenic_pressure                    grossly elevated
wedged_hepatic_vein_pressure             false


        Simple symptominterpretations:

portal_venous_pressure_elevation         existant

justification of portal_venous_pressure_elevation = existant (10)
Evalscheme: (-1 1)
Evalnames:        non-existant poss-existant existant
portal_venous_pressure_elevation
10        bec    intrasplenic_pressure is grossly elevated
```

```
*************************     Survey  of  Results     *************************
jaundice
      --> chronic_jaundice
            --> chronic_liver_disease
                  --> cirrhosis
      --> hyperbili_predom_conjugated
hepatomegaly
      --> chronic_liver_disease
            --> cirrhosis
splenomegaly
      --> chronic_liver_disease
            --> cirrhosis
ascites
      --> chronic_liver_disease
            --> cirrhosis
bilirubinuria
      --> hyperbili_predom_conjugated
hepato-parenchymal_insuff
      --> chronic_liver_disease
            --> cirrhosis
biochem_hepatocell_damage
esophageal_varices
      --> porto-caval_collateralization
            --> portal_hypertension
                  --> cirrhosis
*******************************************************************************
                  Treatment-suggestions of final diagnoses:

p119:   hyperbili_predom_conjugated    -
p148:   biochem_hepatocell_damage      -
p145:   cirrhosis       -
*******************************************************************************
```

```
****************************  Justifications  ****************************


***********************************************************************
jaundice                                    Strength : 999

        evaluation of jaundice : established (999)
        necessary condition    :  -
        sufficient condition   :  fullfilled
        exclusion              :  -
        pro                    : very probable (80)
        contra                 : neutral (0)
        predisposition         :  -
        differential-diagnosis :  -


justification of sufficient condition:  fullfilled
p7        bec    Bilirubin_total_s_eval is ++ elevated


***********************************************************************
chronic_jaundice                            Strength : 80

        evaluation of chronic_jaundice : established (80)
        necessary condition    :  fullfilled
        sufficient condition   :  -
        exclusion              :  -
        pro                    : very probable (80)
        contra                 : neutral (0)
        predisposition         :  -
        differential-diagnosis :  positive


justification of necessary condition:  fullfilled
pp        bec    jaundice is established

justification of pro: very probable (80)
p6  (80)  bec    jaundice_temp_category is chronic
          and    jaundice_mode_of_onset is slow


justification of Differential-diagnosis:  positive
acute_jaundice                              Strength : -80      Known : excluded


***********************************************************************
hyperbili_predom_conjugated                 Strength : 100

        evaluation of hyperbili_predom_conjugated : established (100)
        necessary condition    :  fullfilled
        sufficient condition   :  -
        exclusion              :  -
        pro                    : very probable (120)
        contra                 : relatively unprobable (-20)
        predisposition         :  -
        differential-diagnosis :  positive


justification of necessary condition:  fullfilled
pp        bec    jaundice is established
```

```
justification of pro: very probable (120)
p6  (80)  bec    greaterp Bilirubin_direct_serum_val
                 (plus 0.5 Bilirubin_indirect_s_val)
          and    Bilirubin_total_s_eval is ++ elevated
p4  (20)  bec    bilirubinuria is established
p4  (20)  bec    hepatomegaly_palpat is existant

justification of contra: relatively unprobable (-20)
n4  (-20) bec    jaundice_color_of_stools is brown

justification of Differential-diagnosis:  positive
hyperbili_predom_unconjugated                Strength : -100      Known : excluded


*******************************************************************************
hepatomegaly                              Strength : 999

         evaluation of hepatomegaly : established (999)
         necessary condition    :  -
         sufficient condition   :  fullfilled
         exclusion              :  -
         pro                    : very probable (80)
         contra                 : neutral (0)
         predisposition         :  -
         differential-diagnosis :  -


justification of sufficient condition:  fullfilled
p7        bec   ultrasound_liver_details is grossly enlarged


*******************************************************************************
splenomegaly                              Strength : 80

         evaluation of splenomegaly : established (80)
         necessary condition    :  -
         sufficient condition   :  -
         exclusion              :  -
         pro                    : very probable (80)
         contra                 : neutral (0)
         predisposition         :  -
         differential-diagnosis :  -


justification of pro: very probable (80)
p6  (80)  bec   ultrasound_spleen_details is mild/mod enlarged

*******************************************************************************
ascites                                   Strength : 80

         evaluation of ascites : established (80)
         necessary condition    :  -
         sufficient condition   :  -
         exclusion              :  -
         pro                    : very probable (100)
         contra                 : neutral (0)
         predisposition         :  -
         differential-diagnosis :  -


justification of pro: very probable (100)
p6  (80)  bec   ultrasound_abdo_survey is ascites
p4  (20)  bec   ascites_clinical is possibly existant
```

```
****************************************************************************
bilirubinuria                              Strength : 999

        evaluation of bilirubinuria : established (999)
        necessary condition    :  -
        sufficient condition   :  fullfilled
        exclusion              :  -
        pro                    : probable (40)
        contra                 : neutral (0)
        predisposition         :  -
        differential-diagnosis :  -


justification of sufficient condition:  fullfilled
p7          bec   dipstick_UA_bile is ++



****************************************************************************
chronic_liver_disease                      Strength : 999

        evaluation of chronic_liver_disease : established (999)
        necessary condition    :  -
        sufficient condition   :  fullfilled
        exclusion              :  -
        pro                    : very probable (120)
        contra                 : neutral (0)
        predisposition         :  -
        differential-diagnosis :  positive


justification of sufficient condition:  fullfilled


p7          bec   cirrhosis is established

justification of Differential-diagnosis:  positive
acute_hepatitis                       Strength : 95        Known : excluded


****************************************************************************
porto-caval_collateralization              Strength : 80

        evaluation of porto-caval_collateralization : established (80)
        necessary condition    :  -
        sufficient condition   :  -
        exclusion              :  -
        pro                    : very probable (80)
        contra                 : neutral (0)
        predisposition         :  -
        differential-diagnosis :  -


justification of pro: very probable (80)
p6  (80) bec   esophageal_varices is established
```

```
********************************************************************************
portal_hypertension                        Strength : 999

        evaluation of portal_hypertension : established (999)
        necessary condition    :  -
        sufficient condition   :  fullfilled
        exclusion              :  -
        pro                    : probable (30)
        contra                 : neutral (0)
        predisposition         :  -
        differential-diagnosis :  -


justification of sufficient condition:  fullfilled
p7          bec   portal_venous_pressure_elevation is existant



********************************************************************************
cirrhosis                                  Strength : 999

        evaluation of cirrhosis : established (999)
        necessary condition    :  -
        sufficient condition   :  fullfilled
        exclusion              :  -
        pro                    : very probable (80)
        contra                 : neutral (-5)
        predisposition         :  -
        differential-diagnosis :  positive


justification of sufficient condition:  fullfilled
p7          bec   liver_biopsy_cirrhosis is severe

justification of Differential-diagnosis:  positive
fatty_liver                                Strength : 0        Known : excluded


********************************************************************************
hepato-parenchymal_insuff                  Strength : 80

        evaluation of hepato-parenchymal_insuff : established (80)
        necessary condition    :  -
        sufficient condition   :  -
        exclusion              :  -
        pro                    : very probable (100)
        contra                 : neutral (0)
        predisposition         :  -
        differential-diagnosis :  -


justification of pro: very probable (100)
p5  (40)   bec   miscellaneousI is no Quick improvement by Vit K
p4  (20)   bec   Prothrombin_time_eval is - reduced
p4  (20)   bec   Albumin_s_eval is - reduced
           and   Gamma_Prot_e_phoresis_s_eval is ++ elevated
p3  (10)   bec   Albumin_s_eval is - reduced
p3  (10)   bec   Gamma_Prot_e_phoresis_s_eval is ++ elevated
```

```
***************************************************************************
biochem_hepatocell_damage                    Strength : 80

        evaluation of biochem_hepatocell_damage : established (80)
        necessary condition    :  -
        sufficient condition   :  -
        exclusion              :  -
        pro                    : very probable (100)
        contra                 : neutral (0)
        predisposition         :  -
        differential-diagnosis :  -


justification of pro: very probable (100)
p6  (80)  bec   Transaminase_eval is marked elevation
p4  (20)  bec   hyperbili_predom_conjugated is established




***************************************************************************
esophageal_varices                           Strength : 120

        evaluation of esophageal_varices : established (120)
        necessary condition    :  -
        sufficient condition   :  -
        exclusion              :  -
        pro                    : very probable (120)
        contra                 : neutral (0)
        predisposition         :  -
        differential-diagnosis :  -


justification of pro: very probable (120)
p6  (80)  bec   gi_bleeding_type is hematemesis
          and   cirrhosis is established
p5  (40)  bec   gi_bleeding_type is hematemesis
          and   chronic_liver_disease is established
```

Anhang C: **Eingabedatei der Beispielwissensbasis**

FÜr die in Kap. 4.3.1 entwickelte Beispielwissensbasis zeigen
wir die vollständige Eingabedatei.

Ein Objekt oder einer Regel wird durch die Nummer, bei der der
Anfangsbuchstabe den Objekttyp kennzeichnet und die restlichen
Buchstaben oder Ziffern frei wählbar sind, durch die einzelnen
Attribute mit Schlüsselwort und Inhalt und schließlich durch das
Ende-Zeichen 'e' eingegeben. Syntax und Semantik der Attribute
sind in Kap. 4.3.3 ausführlich beschrieben. Die Eingabedatei ist
wie folgt gegliedert:

- Questionsets und erfragte Manifestationen
- Abgeleitete Manifestationen
- Pathokonzepte
- Regeln vom TYP 'contra'
- Regeln vom TYP 'ask'
- Regeln vom TYP 'dq'
- Regeln vom TYP 'add'
- Regeln vom TYP 'fb' und 'b'
- Eine Variante
- Explanationsets
- Regeln vom TYP 'd'

;;; Kommentare sind durch drei vorangestellte Semikola gekenn-
;;; zeichnet.

```
qgd                             ;;; Definition eines Questionsets mit der Num-
name Allgemeine_Fragen          ;;; mer 'qgd', dem Namen 'Allgemeine_Fragen',
typ gd                          ;;; dem Typ 'gd' (general data) und der An-
initsequence mgd1               ;;; fangsfragesequenz von einer Frage (mgd1).
e


mgd1                                      ;;; Definition einer Manifestation
name Problemcharakterisierung
infotyp basic                             ;;; Sie wird erfragt
answertyp mc                              ;;; als Multiple-Choice-Frage
prompt (Charakterisieren Sie Ihren Anwendungsbereich!) ;;; Fragetext
range (Wiedererkennen bekannter Muster)            ;;; Antwortalternativen
      (Fehlersuche in technischem oder biologischem System)
      (Entwurf eines |Objektes,| das bestimmten Anforderungen genuegt)
      (Bestimmung einer Sequenz von Aktionen zum Erreichen eines
      Zielzustandes)
qmember qgd                     ;;; Sie gehoert zu obigem Questionset 'qgd'
e


mgd11
name Generierbarkeit_der_Muster
infotyp basic
answertyp oc        ;;; One-Choice-Frage
xprompt (wie z.B. bei Molekuelstrukturen oder Computerkonfigurationen)
                    ;;; Erklaerung zum Fragetext
range ja            ;;; die Antwortalternativen 'nein/sonstiges' und 'un-
qmember qgd         ;;; bekannt' sind implizit immer vorhanden.
e


mgd12
name Einsatzgebiet
infotyp basic
answertyp oc
prompt (Charakterisieren Sie das Einsatzgebiet genauer!)
range (Innere Medizin)
      KFZ-Diagnostik
qmember qgd
e


qdi                                       ;;; Zweiter Questionset
name Spezielle_Fragen
typ gd
initsequence mdi1 mdi2 mdi5 mdi3 mdi4 mdi6       ;;; mit mehr Fragen
e


mdi1
name Gebiet
infotyp basic
answertyp oc
prompt (Wie umfangreich ist das Wissen in Ihrem geplanten
       Anwendungsgebiet?)
range (gegenueber Allgemeinwissen nicht abgrenzbar)
      (relativ gross und abgrenzbar)
      (eng begrenzt und abgrenzbar)
      (sehr klein)
qmember qdi


e
```

```
mdi2
name Art_des_Wissens
infotyp basic
answertyp mc
prompt (Charakterisieren Sie die Art des zur Verfuegung stehenden Wissens?)
range Erfahrungswissen
        (strukturelles Wissen)
xrange (1 (empirische Assoziationen)) (2 (kausale Modelle))
                            ;;; Erklaerung zu den Antwortalternativen
qmember qdi
e


mdi5
name Wissensquellen
infotyp basic
answertyp mc
prompt (Wo ist das Wissen vorhanden?)
range (ein Experte)
        (verteilt auf mehrere Experten)
        Literatur
        Software
xrange (2 (kein Experte verfuegt ueber das gesamte Wissen))
qmember qdi
e


mdi51
name Mitarbeit_der_Experten
infotyp basic
answertyp oc
prompt (Wie gut ist voraussichtlich die Mitarbeit von Experten?)
range (kooperativ und viel Zeit)
        (kooperativ aber wenig Zeit)
        (wenig kooperativ)
        (keine Beteiligung)
qmember qdi
e



mdi3
name Wissensfluktuation
infotyp basic
answertyp oc
prompt (Wie schnell aendert sich das Wissen?)
range schnell mittel langsam
xrange (1 (Wissen veraltet in etwa ein bis drei Jahren.))
        (2 (Wissen veraltet in etwa vier bis zehn Jahren.))
        (3 (Wissen bleibt laenger als zehn Jahre gueltig.);
qmember qdi
e


mdi4
name Symptomerfassung
infotyp basic
answertyp mc
prompt (Wodurch sollen die Symptome im geplanten Expertensystem erfasst
        werden?)
range Fachpersonal
        (ungeschultes Personal)
        (nichtnumerische Messverfahren)
        (numerische Messverfahren)
xrange (3 (z.B. in der Medizin EKG oder Roentgen; in der Technik
                        Geraeuschanalyse))
qmember qdi
e
```

```
mdi41
name Schwierigkeit_der_Symptomerfassung
infotyp basic
answertyp oc
prompt (Wie gross ist die Schwierigkeit des Symptomerkennens im
        Vergleich zur Symptominterpretation?)
range gross
      gering
qmember qdi
e


mdi42
name Vorverarbeitung_der_nichtnumerischen_Daten
infotyp basic
answertyp oc
prompt (Existiert ein Programm zur Vorverarbeitung der Daten?)
range ja geplant nein
qmember qdi
e


mdi6
name Problemloesbarkeit
infotyp basic
answertyp mc
prompt (Wie sind Probleme im Anwendungsbereich ohne Expertensysteme
        loesbar?)
range unbefriedigend
      (durch konventionelle Programme)
      (durch Experten)
qmember qdi
e



mdi9                                        ;;; Jetzt werden einfache
name Voraussetzungen_fuer_Wissenserwerb      ;;; Symptominterpretationen
infotyp derived                             ;;; definiert, die mit Re-
answertyp oc                                ;;; geln aus den Fragen
range schlecht mittel gut                   ;;; abgeleitet werden.
eval -1 1                                   ;;; Waehrend bei Regeln
qmember qdi                                 ;;; vom Typ 'dq' ein EVAL-
e                                           ;;; Schema zur Interpreta-
                                            ;;; tion ihrer Punktzahlen
mdi91                                       ;;; erforderlich ist, ist
name Bewertung_Wissenserwerb                ;;; dies bei Regeln vom
infotyp derived                             ;;; TYP 'add' nicht er-

answertyp oc                                ;;; forderlich, mit de-
range schlecht mittel gut                   ;;; nen mdi91 bewertet
qmember qdi                                 ;;; wird.
e


pk1                                         ;;; Definition von Patho-
name Eignung_fuer_Expertensystem            ;;; konzepten
children pk7                                ;;; Nachfolgediagnosen
e


pk2
name Diagnostik
children pk3 pk4
canddiffs pk5 pk6                           ;;; Differentialdiagnosen
e


pk3
name assoziative_Diagnostik
children pk7
e
```

```
pk4
name Modell-basierte_Diagnostik
e

pk5
name Design
e

pk6
name Planung
e

pk7
name Eignung_fuer_MED2
defaultvariant v1                         ;;; Variante fuer Therapievorschlag
e

pk8
name MED2_Wissensbasis_vorhanden
children pk7
e
                                          ;;; Beginn der Regeleingabe
rcon1
typ contra                                ;;; Wenn die CONDITION zu-
condition ($= mdi6 3) (non $or mdi5 1 2)  ;;; trifft, liegt eine In-
e                                         ;;; konsistenz vor.

rcon2
typ contra
condition ($= mdi6 2) (non $= mdi5 4)
e

ra1
typ ask                                   ;;; Regeln zum Aufbau der
condition ($= mdi4 1)                      ;;; Fragehierarchie
action (mdi41)
e

ra2
typ ask
condition ($= mdi4 3)
action (mdi42)
e

ra3
typ ask
condition ($or mdi5 1 2)
action (mdi51)
e

ra4
typ ask
condition ($= mgd1 1)
action (mgd11)
e

ra5
typ ask
condition ($= mgd1 2)
action (mgd12)
e

rdq1                                      ;;; Regeln fuer das Database-
typ dq                                    ;;; Reasoning. Die Regeln vom
condition ($= mdi1 1)                      ;;; Typ 'dq' addieren nur Punkte,
action (mdi9 -20)                          ;;; deren Bedeutung in dem EVAL-
e                                         ;;; Schema der Manifestationen im
                                          ;;; im ACTION-Teil enthalten ist.
```

```
rdq2
typ dq
condition ($= mdi1 2)
action (mdi9 -10)
e


rr1                                    ;;; Ausnahme zur zuletzt defi-
typ ret                                ;;; nierten Regel.
condition ($pc pk3)
action (rdq2)
e



rdq3
typ dq
condition ($or mdi1 3 4)
action (mdi9 3)
e


rdq4
typ dq
condition ($= mdi3 1)
action (mdi9 -6)
e


rdq5
typ dq
condition ($= mdi3 2)
action (mdi9 0)
e


rdq6
typ dq
condition ($= mdi3 3)
action (mdi9 1)
e


rdq7
typ dq
condition ($= mdi5 1)
action (mdi9 1)
e


rdq8
typ dq
condition ($= mdi5 2)
action (mdi9 -2)
comment (wegen Koordinationsproblemen) ;;; Kommentar zur Regelbegruendung
e


rdq9
typ dq
condition ($= mdi5 3)
action (mdi9 1)
e


rdq10
typ dq
condition ($= mdi5 4)
action (mdi9 1)
e
```

```
radd1
typ add
condition ($= mdi9 1)
action (mdi91 1)
e

radd2
typ add
condition ($= mdi51 4)
action (mdi91 1)
e

radd3
typ add
condition ($= mdi9 3)
action (mdi91 3)
 e

 rr4
 typ ret
 condition ($= mdi51 4)
 action (radd3)
 e

radd4
typ add
condition ($= mdi51 1)
action (mdi91 3)
e

 rr5
 typ ret
 condition ($= mdi9 1)
 action (radd4)
 e

radd5
typ add
condition ($= mdi9 2)  ($= mdi51 2)  ($= mdi5 3)
action (mdi91 3)
e

radd6
typ add
condition ($= mdi9 2)  ($= mdi51 3)  ($= mdi5 3)
action (mdi91 2)
e

radd7
typ add
condition ($= mdi9 2)  ($= mdi51 2)  (non $= mdi5 3)
action (mdi91 2)
e

radd8
typ add
condition ($= mdi9 2)  ($= mdi51 3)  (non $= mdi5 3)
action (mdi91 1)
e
```

```
;;; direkte Database-
;;; Reasoning-Regeln
;;; vom TYP 'add'
```

```
rfb1
typ b
condition ($= mdi91 1)
action (pk1 n7)
e

rfb2
typ b
condition ($= mdi41 1)
action (pk1 n7)
e


 rfb3
 typ b
 condition ($= mdi42 3)
 action (pk1 n7)
 e

 rfb4
 typ b
 condition ($= mdi6 1)
 action (pk1 n7)
 e

 rfb5
 typ b
 condition ($= mdi6 2)
 action (pk1 n7)
 e

 rfb6
 typ b
 condition (non $= mdi2 1)
 action (pk1 n7)
 e

 rfb7
 typ fb
 condition (non $= mdi91 1)
          (non $= mdi41 1)
          (non $= mdi42 3)
          (non $or mdi6 1 2)
          ($= mdi2 1)
 action (pk1 p5)
 e

 rfb8
 typ fb
 condition ($= mdi91 3)
 action (pk1 p5)
 e

 rfb9
 typ b
 condition ($= mdi91 2)
 action (pk1 n3)
 e

 rfb10
 typ fb
 condition ($or mdi4 1 2) ($or mdi4 3 4)
 action (pk1 p3)
 e
```

```
;;; Regeln fuer Pathokonzepte
;;; Regeln mit negativer Evi-
;;; denz haben den TYP 'b',
;;; da sie nur zielgerichtet
;;; aktiviert werden sollen.
```

```
rfb11
typ fb
condition ($or mdi4 3 4) (non $or mdi4 1 2)
action (pk1 p4)
e

rr2
typ ret
condition ($or mdi42 2 3)
action (rfb10 rfb11)
e

rfb12
typ fb
condition ($= mgd1 2)
action (pk2 p7)
e

rfb13
typ fb
condition ($= mgd1 1) ($= mgd11 2)
action (pk3 p7)
e

rfb14
typ fb
condition ($pc pk2) ($= mdi2 1)
action (pk3 p7)
e

rfb15
typ fb
condition ($pc pk2) ($= mdi2 2)
action (pk4 p7)
e

rfb16
typ fb
condition ($= mgd1 3)
action (pk5 p7)
e

rfb17
typ fb
condition ($= mgd1 1) ($= mgd11 1)
action (pk5 p7)
e

rfb18
typ fb
condition ($= mgd1 4)
action (pk6 p7)
e

rfb19
typ fb
condition ($pc pk1) ($pc pk3)
action (pk7 p7)
e
```

```
rr3
typ ret
condition ($= mdi1 4)
action (rfb19)
e

rfb20
typ fb
condition ($or mgd12 1 2)
action (pk8 p7)
e

rfb21
typ fb
condition ($pc pk8)
action (pk7 p7)
e

rfb22
typ fb
condition ($pc pk7)
action (pk1 p7)
e

rfb23
typ fb
condition ($pc pk7)
action (pk3 p7)
e

rfb24
typ fb
condition ($= mdi6 3)
action (pk1 pp)
e

dx1                                    ;;; Definition eines Expla-
name empirisches_Wissen                ;;; nationsets (Derivative
typ xset                               ;;; vom TYP 'xset'). Er
qmemberof qdi                          ;;; bezieht sich auf den
explainableby pk1 pk3                  ;;; Questionset qdi und
e                                      ;;; kann durch die Patho-
                                       ;;; konzepte pk1 und pk3
dx2                                    ;;; erklaert werden.
name kausales_Wissen
typ xset
qmemberof qdi
explainableby pk4
e


rd1                                    ;;; Regeln zur Herleitung
typ d                                  ;;; der Explanationsets
condition ($= mdi2 1)
action (dx1 p4)
e
```

```
rd2
typ d
condition ($= mdi2 2)
action (dx2 p4)
e

rd3                                     ;;; Regel zur Herleitung der
typ prae                                ;;; Praedisposition
condition ($pc pk3)
action (pk1 p3)
e
                                        ;;; Definition einer Variante
v1                                      ;;; Ausdrucken des Therapievor-
name Aufbau_von_MED2_Wissensbasis       ;;; schlages mit der LISP-Funk-
                                        ;;; tion 'bp-liste'.
gentherapy (bp-liste '(Sie koennen das Diagnostik-Expertensystem-Shell
                        MED2 zum Aufbau einer
            Wissensbasis in ihrem Anwendungsgebiet benutzen!
            ))
e
```

Anhang D: **Tuning der Wissensbasis**

In diesem Abschnitt führen wir den Beispiel-Dialog aus Kap. 4.1 für den Hardware-Diagnostik-Fall fort. Eine Schwäche der Wissensbasis besteht darin, daß sie den Knowledge-Engineer nicht berücksichtigt, von dessen Fähigkeiten der Erfolg eines Expertensystems wesentlich abhängt. Wir erweitern daher die Wissensbasis um eine Frage nach den Vorkenntnissen des Knowledge-Engineers im Anwendungsgebiet und nach seiner Vertrautheit mit dem Shell. Diese Frage wird mit einer abgeleiteten Manifestation (Eignung_für_Knowledge-Engineer) bewertet und geht in die "Voraussetzungen_für_den_Wissenserwerb" ein.

Nach Durchführung dieser Änderungen in der Wissensbasis prüfen wir ihre Auswirkungen auf den Beispiel-Dialog.

Benutzereingaben sind unterstrichen.

```
Script started on Thu May  1 14:19:09 1986
8.(ss-startd 'fp_beispiel)

Diagnostik-Expertensystem-Shell MED2

[load case fp beispiel]
************************** Uebersicht der Ergebnisse **************************
Eignung_fuer_Expertensystem
      --> Eignung_fuer_MED2
Diagnostik
      --> assoziative_Diagnostik
          --> Eignung_fuer_MED2
      --> Modell-basierte_Diagnostik
*****************************************************************************


+ss_quest:  fortsetzung_der_sitzung
1    beenden
2    weitermachen
3    verbessern
4    neue Sitzung eingeben
? w
```
[Aufruf der Erklärungskomponente]

```
ERKLAERUNGSKOMPONENTE ZU MED2
N : ka
```
[Aufruf der Wissenserwerbskomponente]

```
   Die Wissensbasis enthaelt

           2   Questionsets
          14   Manifestationen
           3   Derivatives
           8   Pathokonzepte
           1   Varianten
           0   Lokalisationen
          57   Regeln

   Falls die Eingabe ueber Datei erfolgen soll,
   geben Sie den Dateinamen ein, ansonsten '-'.

   Dateiname: -

   Sie koennen jederzeit mehrere Befehle hintereinander eingeben,
   wobei das System erst wieder nach Ausfuehrung des letzten Befehls antwortet.

   Sie haben folgende Optionen:

   ----> Eingeben eines Objektes
   loc = Schluesselwort zum Eingeben einer Lokalisation
   k   = Ausgabe der Nummern von bekannten Objekten
   u   = Ausgabe der zu definierenden Objekte
   cl  = Aendern der Sprache
   cx  = Aendern des Erklaerungsmodus
   l   = Listing
   s   = Sichern der Daten
   e   = Verlassen der Wissenserwerbskomponente


$ mdi7

   name:       Knowledge-Engineer

   infotyp:    basic

   qmember:    (qdi)

   answertyp:  mc
```

```
range:

Geben Sie die einzelnen Aussagen ein,
und beenden Sie Ihre Eingabe durch '-'.

                1   (Experte im Anwendungsgebiet)
                2   (gute Kenntnisse im Anwendungsgebiet)
                3   (wenig oder keine Kenntnisse im Anwendungsgebiet)
                4   (vertraut mit dem Entwicklungswerkzeug)
                5   (nicht vertraut mit dem Entwicklungswerkzeug)
                6   -

xrange:

Geben Sie die einzelnen Aussagen ein,
und beenden Sie Ihre Eingabe durch '-'.

                1   -

temptyp:            -

prompt:             (welche Vorkenntnisse hat der Knowledge-Engineer?)

xprompt:            -

comment:            -



mdi7      Knowledge-Engineer                                    qdi

welche Vorkenntnisse hat der Knowledge-Engineer?

     1   Experte im Anwendungsgebiet
     2   gute Kenntnisse im Anwendungsgebiet
     3   wenig oder keine Kenntnisse im Anwendungsgebiet
     4   vertraut mit dem Entwicklungswerkzeug
     5   nicht vertraut mit dem Entwicklungswerkzeug

answertyp: mc      infotyp: basic      eval: nil



     c = Aendern von Property-Werten
     e = Objekt ist korrekt eingegeben


$ e

     Sie haben folgende Optionen:

     ----> Eingeben eines Objektes
     loc = Schluesselwort zum Eingeben einer Lokalisation
     k   = Ausgabe der Nummern von bekannten Objekten
     u   = Ausgabe der zu definierenden Objekte
     cl  = Aendern der Sprache
     cx  = Aendern des Erklaerungsmodus
     l   = Listing
     s   = Sichern der Daten
     e   = Verlassen der Wissenserwerbskomponente
```

```
$ mdi90

   name:              Eignung_Knowledge-Engineer

   infotyp:           derived

   qmember:           (qdi)

   answertyp:         oc

   range:

   Geben Sie die einzelnen Aussagen ein,
   und beenden Sie Ihre Eingabe durch '-'.

               1    (sehr gut)
               2    gut
               3    mittel
               4    schlecht
               5    -

   xrange:

   Geben Sie die einzelnen Aussagen ein,
   und beenden Sie Ihre Eingabe durch '-'.

               1    -

   temptyp:           -

   prompt:            -

   xprompt:           -

   eval:              -

   comment:           -


   mdi90     Eignung_Knowledge-Engineer                              qdi

       1   sehr gut
       2   gut
       3   mittel
       4   schlecht

   answertyp: oc      infotyp: derived      eval: nil


   c = Aendern von Property-Werten
   e = Objekt ist korrekt eingegeben

$ e radd9

   typ:               add

   condition:

   Geben Sie die einzelnen Aussagen ein,
   und beenden Sie Ihre Eingabe durch '-'.

               1    ($and mdi7 1 4)
               2    -
```

```
action:             (mdi90 1)

activation:         -

comment:            -
```

```
radd9               Typ: add  Condition: ($and mdi7 1 4)  Action:
                    (mdi90 1)
Wenn                Knowledge-Engineer = Experte im Anwendungsgebiet und
                    vertraut mit dem Entwicklungswerkzeug
Dann                selektiere bei mdi90 = Eignung_Knowledge-Engineer (sehr gut)
```

```
c = Aendern von Property-Werten
e = Objekt ist korrekt eingegeben
```

$ e radd10

```
typ:                add

condition:

Geben Sie die einzelnen Aussagen ein,
und beenden Sie Ihre Eingabe durch '-'.

        1   ($and mdi7 1 5) -

action:             (mdi90 2) - -
```

```
radd10              Typ: add  Condition: ($and mdi7 1 5)  Action:
                    (mdi90 2)
Wenn                Knowledge-Engineer = Experte im Anwendungsgebiet und
                    nicht vertraut mit dem Entwicklungswerkzeug
Dann                selektiere bei mdi90 = Eignung_Knowledge-Engineer gut
```

```
c = Aendern von Property-Werten
e = Objekt ist korrekt eingegeben
```

$ e radd11

```
typ:                add

condition:

Geben Sie die einzelnen Aussagen ein,
und beenden Sie Ihre Eingabe durch '-'.

        1   ($and mdi7 2 4) -

action:             (mdi90 2) - -
```

```
radd11              Typ: add  Condition: ($and mdi7 2 4)  Action:
                    (mdi90 2)
Wenn                Knowledge-Engineer = gute Kenntnisse im Anwendungsgebiet
                    und vertraut mit dem Entwicklungswerkzeug
Dann                selektiere bei mdi90 = Eignung_Knowledge-Engineer gut
```

```
c = Aendern von Property-Werten
e = Objekt ist korrekt eingegeben
```

$ e radd12

typ: add

condition:

Geben Sie die einzelnen Aussagen ein,
und beenden Sie Ihre Eingabe durch '-'.

                1   ($and mdi7 2 5) -

action: (mdi90 3) - -

radd12   Typ: add Condition: ($and mdi7 2 5) Action:
                    (mdi90 3)
Wenn   Knowledge-Engineer = gute Kenntnisse im Anwendungsgebiet
                    und nicht vertraut mit dem Entwicklungswerkzeug
Dann   selektiere bei mdi90 = Eignung_Knowledge-Engineer mittel


```
c = Aendern von Property-Werten
e = Objekt ist korrekt eingegeben
```

$ e radd13

typ: add

condition:

Geben Sie die einzelnen Aussagen ein,
und beenden Sie Ihre Eingabe durch '-'.

                1   ($and mdi7 3 4) -

action: (mdi90 3)

activation: - -

radd13   Typ: add Condition: ($and mdi7 3 4) Action:
                    (mdi90 3)
Wenn   Knowledge-Engineer = wenig oder keine Kenntnisse im
                    Anwendungsgebiet und vertraut mit dem
                    Entwicklungswerkzeug
Dann   selektiere bei mdi90 = Eignung_Knowledge-Engineer mittel


```
c = Aendern von Property-Werten
e = Objekt ist korrekt eingegeben
```

$ e radd14

typ: add

```
condition:

Geben Sie die einzelnen Aussagen ein,
und beenden Sie Ihre Eingabe durch '-'.

              1    ($and mdi7 3 5)  -

action:            (mdi90 4)  -  -
```

```
raddl4           Typ: add  Condition: ($and mdi7 3 5)  Action:
                 (mdi90 4)

Wenn             Knowledge-Engineer = wenig oder keine Kenntnisse im
                 Anwendungsgebiet und nicht vertraut mit dem
                 Entwicklungswerkzeug
Dann             selektiere bei mdi90 = Eignung_Knowledge-Engineer schlecht
```

```
   c = Aendern von Property-Werten
   e = Objekt ist korrekt eingegeben

$ e rdq11

   typ:            dq

   condition:

Geben Sie die einzelnen Aussagen ein,
und beenden Sie Ihre Eingabe durch '-'.

              1    ($= mdi90 1)  -

action:            (mdi9 4)  -  -
```

```
rdq11            Typ: dq  Condition: ($= mdi90 1)  Action: (mdi9 4)
Wenn             Eignung_Knowledge-Engineer = sehr gut
Dann             addiere 4   auf Voraussetzungen_fuer_Wissenserwerb
```

```
   c = Aendern von Property-Werten
   e = Objekt ist korrekt eingegeben

$ e rdq12

   typ:            dq

   condition:

Geben Sie die einzelnen Aussagen ein,
und beenden Sie Ihre Eingabe durch '-'.

              1    ($= mdi90 3)  -

action:            (mdi9 1)

activation:        -  -
```

```
rdq12              Typ: dq  Condition: ($= mdi90 3)  Action: (mdi9 1)
Wenn               Eignung_Knowledge-Engineer = mittel
Dann               addiere 1  auf Voraussetzungen_fuer_Wissenserwerb
```

    c = Aendern von Property-Werten
    e = Objekt ist korrekt eingegeben

$ e rdq13

    typ: dq

    condition:

    Geben Sie die einzelnen Aussagen ein,
    und beenden Sie Ihre Eingabe durch '-'.

                 1   ($= mdi90 2) -

    action: (mdi9 -1) - -


```
rdq13              Typ: dq  Condition: ($= mdi90 2)  Action: (mdi9 -1)
Wenn               Eignung_Knowledge-Engineer = gut
Dann               addiere -1  auf Voraussetzungen_fuer_Wissenserwerb
```


    c = Aendern von Property-Werten
    e = Objekt ist korrekt eingegeben

$ e rdq14

    typ: dq

    condition:

    Geben Sie die einzelnen Aussagen ein,
    und beenden Sie Ihre Eingabe durch '-'.

                 1   ($= mdi90 4) -

    action: (mdi9 -10)

    activation: - -


```
rdq14              Typ: dq  Condition: ($= mdi90 4)  Action: (mdi9 -10)
Wenn               Eignung_Knowledge-Engineer = schlecht
Dann               addiere -10  auf Voraussetzungen_fuer_Wissenserwerb
```


    c = Aendern von Property-Werten
    e = Objekt ist korrekt eingegeben

```
$ e qdi


    1  name:          Spezielle_Fragen
    2  typ:           gd
    3  initsequence:  mdi1 mdi2 mdi5 mdi3 mdi4 mdi6
    4  range:         nil
    5  prompt:        nil
    6  xprompt:       nil
    7  effects:       nil
    8  variants:      nil
    9  scosts:        nil
   10  dcosts:        nil
   11  below:         nil
   12  comment:       nil


   Optionen:
   p = liste Objektproperties auf
   c = aendere Objektnummer
   d = loesche Objekt
   e = exit
   --> Nummer der zu aendernden Property

$ 3

    1   mdi1                         2    mdi2
    3   mdi5                         4    mdi3
    5   mdi4                         6    mdi6


    <num> = zu aendernde Position fuer das nachfolgende Kommando
      n   = Property wird neu eingelesen
      e   = exit

$ 4

      i   = Hinzufuegen
      c   = Aendern
      d   = Loeschen
      m   = Verschieben
      e   = Exit

$  i mdi7 e e

qdi    Spezielle_Fragen

typ: gd    scosts: nil    dcosts: nil

initsequence:  mdi1 mdi2 mdi5 mdi7 mdi3 mdi4 mdi6



   s = neue Daten sichern
   e   sonst

$ e

   exit

N : e


Ende der Erklaerung
```

[Beendigung der Wissenserwerbskomponente]

[Beendigung der Erklärungskomponente]

```
+ss_quest:  fortsetzung_der_sitzung
1  beenden
2  weitermachen
3  verbessern
4. neue Sitzung eingeben
? redo
```

[Wiederholung des Inferenzprozesses unter Berücksichtigung des neuen Wissens]

```
mdi7:  Knowledge-Engineer
welche Vorkenntnisse hat der Knowledge-Engineer?
1  Experte im Anwendungsgebiet
2  gute Kenntnisse im Anwendungsgebiet
3  wenig oder keine Kenntnisse im Anwendungsgebiet
4  vertraut mit dem Entwicklungswerkzeug
5  nicht vertraut mit dem Entwicklungswerkzeug
? 3 5


************************ Uebersicht der Ergebnisse *************************
Diagnostik
        --> assoziative_Diagnostik
        --> Modell-basierte_Diagnostik
**************************************************************************


+ss_quest:  fortsetzung_der_sitzung
1  beenden
2  weitermachen
3  verbessern
4  neue Sitzung eingeben
? w
```

[Aufruf der Erklärungskomponente]

[sco = Begründung einer Diagnose
scb = detaillierte Begründung einer Diagnose
scn = Begründung für Nicht-Etablierung]

```
ERKLAERUNGSKOMPONENTE ZU MED2
N : Eignung_fuer_Expertensystem sco

Bewertung von Eignung_fuer_Expertensystem : unklar  (0)
Notwendige Bedingung    :  erfuellt
Hinreichende Bedingung  :  -
Ausschluss              :  -
Pro                     : neutral (0)
Kontra                  : neutral (0)
Erklaerungsfaktor       :  -
Praedisposition         :  -
Differentialdiagnostik  :  -


N : scn
Begruendung der positiven nicht-gefeuerten Regeln von Eignung_fuer_Expertensyste
p7        Wenn  Eignung_fuer_MED2 ist etabliert
Grund: Eignung_fuer_MED2 ist unklar

p4  (20)  Wenn  Symptomerfassung = nichtnumerische Messverfahren oder
                numerische Messverfahren
          und   Nicht Symptomerfassung = Fachpersonal oder
                ungeschultes Personal
ausser    Wenn  Vorverarbeitung_der_nichtnumerischen_Daten = geplant
                oder nein
Grund:  Symptomerfassung =  ungeschultes Personal  und nichtnumerische Messverfa

p3  (10)  Wenn  Symptomerfassung = Fachpersonal oder ungeschultes
                Personal
          und   Symptomerfassung = nichtnumerische Messverfahren oder
                numerische Messverfahren
ausser    Wenn  Vorverarbeitung_der_nichtnumerischen_Daten = geplant
                oder nein
Grund: Die Ausnahme trifft zu

p5  (40)  Wenn  Bewertung_Wissenserwerb = gut
Grund:  Bewertung Wissenserwerb =  schlecht
```

```
p5  (40)  Wenn  Nicht Bewertung_Wissenserwerb = schlecht
          und   Nicht Schwierigkeit_der_Symptomerfassung = gross
          und   Nicht Vorverarbeitung_der_nichtnumerischen_Daten = nein
          und   Nicht Problemloesbarkeit = unbefriedigend oder durch
                      konventionelle Programme
          und   Art_des_Wissens = Erfahrungswissen
Grund: Problemloesbarkeit =  durch Experten
       Schwierigkeit_der_Symptomerfassung =  excluded
       Bewertung_Wissenserwerb =  schlecht
       Vorverarbeitung_der_nichtnumerischen_Daten =  geplant
       Art_des_Wissens =  Erfahrungswissen und strukturelles Wissen


N : Voraussetzungen sco

Begruendung von Voraussetzungen_fuer_Wissenserwerb = schlecht (-11)
Bewertungsschema: (-1 1)
Bewertungsskala: schlecht mittel gut
Gefeuerte Regeln von Voraussetzungen_fuer_Wissenserwerb
1          Weil  Wissensquellen = Literatur
0          Weil  Wissensfluktuation = mittel
-2         Weil  Wissensquellen = verteilt auf mehrere Experten
-10        Weil  Eignung_Knowledge-Engineer = schlecht

N : E

Sie haben folgende Moeglichkeiten:
1 : Eignung_Knowledge-Engineer (Symptome)
2 : Einsatzgebiet (Symptome)
3 : Eignung_fuer_Expertensystem (Diagnosen)
4 : Eignung_fuer_MED2 (Diagnosen)
- : keine der Alternativen

Auswahl: 1 sco

Begruendung von Eignung_Knowledge-Engineer = schlecht
Bewertungsmenge: (sehr gut) gut mittel schlecht
Gefeuerte Regeln von Eignung_Knowledge-Engineer
schlecht  Weil  Knowledge-Engineer = wenig oder keine Kenntnisse im
                Anwendungsgebiet und nicht vertraut mit dem
                Entwicklungswerkzeug

N : e

Ende der Erklaerung
1   beenden
2   weitermachen
3   verbessern
4   neue Sitzung eingeben

? 1

************************* Uebersicht der Ergebnisse *************************
Diagnostik
       --> assoziative_Diagnostik
       --> Modell-basierte_Diagnostik
****************************************************************************

              Vorschlaege zur Behandlung der Enddiagnosen:

pk4:  Modell-basierte_Diagnostik    -
pk3:  assoziative_Diagnostik        -
****************************************************************************
%
script done on Thu May  1 14:49:09 1986
```

Literaturverzeichnis

[AI-Journal-84] Special Volume on Qualitative Reasoning about
     Physical Systems, AI-Journal 24, No. 1-3, 1984.
[Ai-Report-83] The AI-Report 1, No. 1, 7-8, 1983.
[Aikins-83] Aikins, J., Kunz, J., Shortliffe, E., and Fallat,
     R.: PUFF: an Expert System for Interpretation of Pulmo-
     nary Function Data, Computers and Biomedical Research 16,
     199-208, 1983.
[Allen 83] Allen, J.: Maintaining Knowledge about Temporal
     Intervals, CACM 26, No. 11, 832-843, 1983.
[Barr-81] Barr, A. and Feigenbaum, E.: The Handbook of Artifi-
     cial Intelligence, William Kaufman, Vol 1-3, 1981.
[Bobrow-83] Bobrow, D. and Stefik, M.: The Loops Manual, Xerox,
     Palo Alto, California, 1983.
[Borrmann-83] Borrmann, H.-P.: MODIS – ein Expertensystem zur
     Erstellung von Reparaturdiagnosen für den Otto-Motor und
     seine Aggregate, Diplomarbeit, MEMO-SEKI-83-05, Kaisers-
     lautern, 1983.
[Brodie-84] Brodie, M., Mylopoulos, J., and Schmidt, J.: On Con-
     ceptual Modelling, Springer, 1984.
[Buchanan-84] Buchanan, B. and Shortliffe, E.: Rule Based Expert
     Systems – the MYCIN Experiments, Addison Wesley, 1984.
[Chandrasekaran-79] Chandrasekaran, B., Gomez, F., Mittal, S.,
     and Smith, J.: An Approach to Medical Diagnosis Based on
     Conceptual Structures, IJCAI-79, 134-142, 1979.
[Chandrasekaran-82] Chandrasekaran, B. and Mittal, S.: Deep
     Versus Compiled Knowledge Approaches to Diagnostic Problem
     Solving, AAAI-82, 349-354, 1982.
[Chandrasekaran-83a] Chandrasekaran, B.: Towards a Taxonomy of
     Problem Solving Types, AI-Magazine 4 (Winter/Spring), 9-17,
     1983.
[Chandrasekaran-83b] Chandrasekaran, B. and Mittal, S.: Concep-
     tual Representation of Medical Knowledge for Diagnosis by
     Computer: MDX and Related Systems, Advances in Computers 22,
     217-293, 1983.
[Charniak-80] Charniak, E., Riesbeck, C., and McDermott, D.:
     Artificial Intelligence Programming, Lawrence Erlbaum, 1980.
[Charniak-85] Charniak, E. and McDermott, D.: Artificial Intelli-
     gence, Addison Wesley, 1985.
[Clancey-83] Clancey, W.: The Epistemology of a Rule-Based Expert
     System – a framework for explanation, AI-Journal 20,
     215-251, 1983.
[Clancey-84] Clancey. W.: Classification Problem Solving,
     AAAI-84, 49-55, 1984.
[Clancey-85] Clancey, W.: Heuristic Classification, AI-Journal
     27, 289-350, 1985.
[Clancey-85b] Clancey, W. and Shortliffe, E. (eds.): Readings
     in Medical Artificial Intelligence: the First Decade,
     Addison Wesley, 1985.
[Clayton-85] Clayton, B.: ART – Programming Primer, Inference
     Corperation, Los Angeles, California, 1985.
[Clocksin-81] Clocksin, W. and Mellish, C.: Programming in PROLOG

Springer, 1981.
[Davis-78] Davis, R. and King, J.: An Overview on Production Systems, Machine Intelligence 8, 300-322, 1978.
[Davis-79] Davis, R.: Interactive Transfer of Expertise; Acquisition of New Inference Rules, AI-Journal 12, 121-157, 1979.
[Davis-82] Davis, R.: Expert Systems: Where Are We? And Where Do We Go from Here?, AI-Magazine 3, 3-22, 1982.
[Davis-84] Davis, R.: Diagnostic Reasoning Based on Structure and Function, in [AI-Journal-84], 1984.
[DeDombal-72] DeDombal, F., Leaper, D., Horrocks, J., Staniland, J., and McCann, A.: Computer-Aided Diagnosis of Acute Abdominal Pain, British Medical Journal 2, 9-13, 1972.
[DeKleer-84] DeKleer, J.: Choices Without Backtracking, AAAI-84, 79-85, 1984.
[DeKleer-86] DeKleer, J.: An Assumption Based TMS, AI-Journal 28, 127-162, 1986.
[Dennis-80] Dennis, J.: Data Flow Supercomputers, IEEE Computer Nov. 1980, 48-56, 1980.
[DiPrimio-85] DiPrimio, F.: BABYLON as a Tool for Building Expert Systems, GI-Kongreß Uber Wissensbasierte Systeme, Informatik Fachberichte 112, Springer, 1985.
[Doyle-79] Doyle, J.: A Truth Maintenance System, AI-Journal 12, 231-272, 1979.
[Doyle-83] Doyle, J.: Methodological Simplicity in Expert System Construction: the Case of Judgements and Reasoned Assumptions, AI-Magazine 4, No. 2, 39-43, 1983.
[Dreyfus-85] Dreyfus, H.: Die Grenzen der Künstlichen Intelligenz ("What Computers Can't Do"), Athenaeum Verlag, 1985.
[Dreyfus-87] Dreyfus, H. und Dreyfus, S.: Künstliche Intelligenz ("Mind over Machines"), Rororo-Taschenbuch, 1987.
[Duda-79] Duda. R.: Application of the PROSPECTOR System to a Geological Exploration Problem, Machine Intelligence 10, 301-323, 1979.
[Elstein-78] Elstein, A., Shulman, L., and Sprafka, S.: Medical Problem Solving, Harvard University Press, 1978.
[Erman-80] Erman, L., Hayes-Roth, F., Lesser, V., and Reddy, D.: The HEARSAY-II Speech Understanding System: Integrating Knowledge to Resolve Uncertainty, Computing Surveys 12, No. 2, 213-253, 1980.
[Fagan-85] Fagan, L., Feigenbaum, E., and Buchanan, B.: Computer-Based Medical Decision Making: from MYCIN to VM, in [Clancey 85b, Chap. 10], 1985.
[Feigenbaum-77] Feigenbaum, E.: The Art fo Artificial Intelligence: I. Themes and Case Studies in Knowledge Engeneering, IJCAI-77, 1014-1029, 1977.
[Feltovich-80] Feltovich, P., Johnson, P., Moller, J., and Swanson, D.: LCS: the Role and Development of Medical Knowledge in Diagnostic Reasoning, in [Clancey-85b, Chap. 12], 1980.
[Finin-83] Finin, T.: Providing Help and Advice in Task Oriented Systems, IJCAI-83, 176-178, 1983.
[Forgy-81] Forgy, C.: OPS5 User's Manual, Carnegie Mellon University, 1985.

[Fox-83] Fox, M., Lowenfeld, S., and Kleinosky, P.: Techniques for Sensor-Based Diagnosis, IJCAI-83, 158-163, 1983.

[Friedland-79] Friedland, P.: Knowledge-Based Experiment Design in Molecular Genetics, Stanford Univ. MEMO HPP-79-29, Dissertation, 1979.

[Fries-72] Fries, J.: Time-Oriented Patient Records and a Computer Databank, Jounal of the Amer. Med. Assoc. 222, 1536-1542, 1972.

[Gaschnig-82] Gaschnig, J.: PROSPECTOR: an Expert System for Mineral Exploration, in Michie, D. (ed.): Introductory Readings in Expert Systems, Gordon and Beach, 1982.

[Gaschnig-83] Gaschnig, J., Klahr, P., Pople, H., Shortliffe, E., and Terry, A.: Evaluation of Expert Systems: Issues and Case Studies, in Hayes-Roth, F., Waterman, D., and Lenat, D. (eds.): Building Expert Systems, 241-282, Addison Wesley, 1983.

[Gerring-82] Gerring, P., Shortliffe, E., and vanMelle, W.: The Interveiuer/Reasoner Modell: an Approach to Improving System Responsiveness in Interactive AI-Systems, AI-Magazine 3, No. 4, 1982.

[Goodwin-82] Goodwin, J.: An Improved Algorithm for Non-monotonic Dependency Net Update, LITH-MAT-R-82-23, Linjoeping University, 1982.

[Gordon-85] Gordon, J. and Shortliffe, E.: A Method for Managing Evidential Reasoning in a Hierarchical Hypothesis Space, AI-Journal 26, No. 3, 323-357, 1985.

[Gorry-73] Gorry, G.: Computer Assisted Clinical Decision Making, in [Clancey 85b, Kap. 2], 1973.

[Haerder-86] Haerder, T., Mattos, N. und Puppe, F.: Zur Kopplung von Datenbanken und Expertensystemen, State of the Art 3, 1987, und GI-Workshop Datenbanken und Expertensysteme, Dortmund, 1986.

[Hart-82] Hart, P.: Direction for AI in the Eighties, SIGART 79, 11-16, 1982.

[Heisig-81] Heisig, N. (ed.): Innere Medizin in der Ärztlichen Praxis, Thieme, 1981.

[Janzen-81] Janzen: Schmerzanalyse als Wegweiser zur Diagnose, Thieme, 1981.

[Kassirer-78] Kassirer, J. and Gorry, A.: Clinical Problem Solving: a Behavioral Analysis, Annals of Int. Med. 89, 245-255, 1978.

[KC-86] Knowledge Craft Overview, Carnegie Group, Pittsburgh, Pensylvania, 1986.

[KEE-86] KEE Software Development User's Manual, Intellicorp, Mountain View, California, 1986.

[Kulikowski-82] Kulikowski, C. and Weiss, S.: Representation of Expert Knowledge for Consultation: the CASNET and EXPERT Projects, in [Szolovits-82], 1982.

[Lesser-83] Lesser, V. and Corkill, D.: The Distributed Vehicle Monitoring Testbed: a Tool for Investigating Distributed Problem Solving Netwerks, AI-Magazine 4, 15-33, Fall 1983.

[Lindsay-80] Lindsay, R., Buchanan, B., Feigenbaum, E., and Lederberg, J.: Application of Artificial Intelligence for Organic Chemestry: the DENDRAL Project, McGraw Hill, 1980.

[Long-86] Long, W., Naimi, S., Criscitiello, M., and Kurzrok, S.: Reasoning about Therapy from a Physiological Model, MEDINFO-86, 1986.

[Mason-56] Mason, S.: Feedback Theory - Further Properties of Signal Graphs, IRE 44, 920-926, 1956.

[Mattern-85] Mattern, F. and Beilken, C.: The Distribute Programming Language CSSA - a Very Short Introduction, Interner Bericht 123-85, Universität Kaiserslautern, 1985.

[McAllister-80] McAllister, D.: An Outlook on Truth Maintenance, AI-MEMO-551, MIT, 1980.

[McDermott-82] McDermott, J.: R1: a Rule-Based Configurer of Computer Systems, AI-Journal 19, No. 1, 39-88, 1982.

[McDermott-84] McDermott, J. and Bachant, J.: R1 Revisited: Four Years in the Trenches, AI-Magazine 5, 21-32, Fall 1984.

[Michalski-80] Michalski, R. and Chilausky, R.: Learning by Being Told and Learning from Examples: an Experimental Comparison of two Methods of Knowledge Acquisition in the Context of Developing an Expert System for Soybean Disease Diagnosis, Policy Anal. and Inf. Systems 4, No. 2, 125-160, 1980.

[Michalski-83] Michalski, R., Carbonell, J., and Mitchell, T.: Maschine Learning, Tiogo, 1983.

[Miller-82] Miller, R., Pople, H., and Myers, J.: INTERNIST1, an Experimental Computer-Based Diagnostic Consultant for General Internal Medicine, New Engl. Jour. of Medicine 307, No. 8, 468-476, 1982.

[Miller-83] Miller, P.: Medical Plan Analysis: the Attending System, IJCAI-83, 239-241, 1983.

[Minsky-75] Minsky, M.: A Framework for Representing Knowledge, in Winston, P. (ed.): the Psychological of Computer Vision, McGraw Hill, 1975.

[Newell-63] Newell, A. and Simon, H.: GPS, a Program that Simulates Human Thought, in Feigenbaum, E. and Feldmann, J.: Computers and Thought, 279-293, 1963.

[Newell-83] Newell, A.: The Knowledge Level, AI-Journal 18, 86-127, 1983.

[Nilsson-80] Nilsson, N.: Principles of Artificial Intelligence, (Tiogo 1980) Springer 1982.

[Patil-81] Patil, R.: Causal Representation of Patient Illness for Electrolyte and Acid-Base Diagnosis, LCS-TR-267, MIT, Dissertation, 1981.

[Patil-82] Patil, R., Szolovits, P., and Schwartz, W.: Modeling Knowledge of the Patient in Acid-Base and Electrolyte Disorders, in [Szolivts-82], 1982.

[Pauker-76] Pauker, S., Gorry, G., Kassirer, J., and Schwartz, W.: Towards the Simulation of Clinical Cognition: Taking the Present Illnes by Computer, Amer. Journal of Med. 60, 981-996, 1976.

[Pereira-82] Pereira, M. and Porto, A.: A PROLOG Implementation of a Large System on a Small Machine, Universidado Nova de Lisboa, Departamento de Informatic, Lisboa, 1982.

[Pople-82] Pople, H.: Heuristic Methods for Imposing Structure on Ill-Structured Problems, in [Szolovits-82], 1982.

[Puppe-83a] Puppe, F.: MED1: ein heuristisches Diagnosesystem mit effizienter Kontrollstruktur, Universität Kaiserslautern, Interner Bericht 71/83, Diplomarbeit, 1983.

[Puppe-83b] Puppe, B., Puppe, F., und Raulefs, P.: Towards a Comprehensive Medical Diagnostics System Operating as a Consilium of Concurrent Specialists, MEDINFO-83, North Holland, 488-491, 1983.

[Puppe-83c] Puppe, F. und Puppe, B.: Overwiew on MED1: a Heuristic Diagnostics System with an Efficient Control Structure, GWAI-83, Informatik-Fachberichte 76, Springer, 11-20, 1983.

[Puppe-84a] Puppe, B.: Die Entwicklung des Comutereinsatzes in der Medizinischen Diagnostik und MED1: ein Expertensystem zur Brustschmerz-Diagnostik, med. Dissertation, Universität Freiburg, 1984.

[Puppe-84b] Puppe, F. und Puppe, B.: Diagnostic Reasoning with a Working Memory, GWAI-84, Informatik-Fachberichte 103, Springer, 30-38, 1984.

[Puppe-84c] Puppe, F., Puppe, B. und Beetz, M.: MED1 – ein Werkzeug für Diagnostik-Expertensysteme, Deutscher Dokumentartag 1984, Saur, 422-434, 1984.

[Puppe-85a] Puppe, B. und Puppe, F.: MED1 – an Intelligent Computer Program for Thoracic Pain Diagnosis, Klinische Wochenschrift 63, 511-517, 1985.

[Puppe-85b] Puppe, F. und Puppe, B., MED2: How Domain Characteristics Induce Expert Systems Features, GWAI-85, Informatik-Fachberichte 118, Springer, 272-285, 1985.

[Puppe-85c] Puppe, F.: Erfahrungen aus drei Anwendungsprojekten mit MED1, GI-Kongreß "Wissensbasierte Systeme", Informatik Fachberichte 112, Springer, 234-245, 1985.

[Puppe-86a] Puppe, B. und Puppe, F.: Simulation internistischer Entscheidungsfindung im Expertensystem MED2, Proc. vom deutschen Kongreß für Innere Medizin, 1986.

[Puppe-86b] Puppe, B. und Puppe, F.: Standardized Forward and Hypothetico-Deductive Reasoning in Medical Diagnosis, MEDINFO-86, 199-203, 1986.

[Puppe-86c] Puppe, B. und Puppe, F.: Knowledge Representation for AI-Based Medical Consultation Systems: How Modularity Facilitates Building Large Knowlegde Bases, submitted to Methods of Information in Medicine, 1986.

[Puppe-86d] Puppe, F.: Expertensysteme, Informatik-Spektrum 9, Heft 1, 1-13, 1986.

[Puppe-86e] Puppe, F. und Voss, H.: Qualitative Modelle in wissensbasierten Systemen, KIFS-86, Springer (in Druck) und SEKI-WP-86-01, Universität Kaiserslautern, 1986.

[Puppe-86f] Puppe, F.: Hybride Diagnosebewertung, GWAI-86, Informatik Fachberichte 124, Springer, 332-342, 1986.

[Reddig-Siekmann-84] Reddig-Siekmann, C., Allgayer, J., Lemke, U. und Nonnengart, A.: Dokumentation der Dialogschnittstelle des Expertensystems IXMO, Universität Kaiserslautern, 1984.

[Reggia-83] Reggia, J., Nau, D., and Wang, P.: A New Inference Method for Frame-Based Expert Systems, AAAI-83, 333-337, 1983.

[Reinfrank-85] Reinfrank, M.: An Introduction to Non-monotonic

Reasoning, MEMO-SEKI-85-02, Univ. Kaiserslautern, 1985.
[Ringle-83] Ringle, M.: Psychological Studies and AI, AI-Magazine 4, No. 1, 1983.
[Roberts-77] Roberts, B. and Goldstein, I.: The FRL-Primer, AI-MEMO 408, MIT, 1977.
[Sherman-81] Sherman, H.: A Comparative Study of Computer-Aided Clinical Diagnosis of Birth Defects, S.M. Thesis, Dept. of El. Eng. and C. Sc., MIT, 1981.
[Shortliffe-75] Shortliffe, E. and Buchanan, B.: A Model of Inexact Reasoning in Medicine, Math. Bioscience 23, 351-379, 1975.
[Shortliffe-76] Shortliffe, E.: Computer-Based Medical Consultations: MYCIN, American Elsevier, 1976.
[Shortliffe-79] Shortliffe, E., Buchanan, B., and Feigenbaum, E.: Knowledge Engeneering for Medical Decision Making: a Review of Computer-Based Clinical Decision Aids, in [Clancey-85b], 1979.
[Shortliffe-85] Shortliffe, E., Scott, C., Bischoff, M., Campell, B., vanMelle, W., and Jacobs, C.: An Expert System for Oncology Protocol Management, in [Buchanan-84], 1984.
[Smith-85] Smith: Large Scale Knowlege Systems, Wissensbasierte Systeme, Informatik Fachberichte 112, Springer, 294-313, 1985.
[Stallman-77] Stallman, R. and Sussman, G.: Forward Reasoning and Dependency Directed Backtracking in a System for Computer-Aided Circuit Analysis, AI-Journal 9, 135-196, 1977.
[Stefik-81] Stefik, M.: Planning with Constraints (MOLGEN: Part 1); Planning and Metaplanning (MOLGEN: Part 2), AI-Journal 16, 111-169, 1981.
[Stefik-82] Stefik, M., Aikins, J., Balzer, R., Benoit, J., Birnbaum, L., Hayes-Roth, F., and Sacerdoti, E.: The Organisation of Expert Systems - a Tutorial, AI-Journal 18, 135-173, 1982.
[Stonebraker-85] Stonebraker, M.: Triggers and Inference in Data Base Systems, IMAG, Grenoble, 1985.
[Stoyan-84] Stoyan, H. und Görz, G.: LISP - eine Einführung in die Programmierung, Springer, 1984.
[Szolovits-78] Szolovits, P. and Pauker, S.: Categorical and Probabilistic Reasoning in Medical Diagnosis, AI-Journal 11, 115-144, 1978.
[Szolovits-82] Szolovits, P. (ed.): Artificial Intelligence in Medicine, AAAS Selected Symposium 51, 1982.
[Szolovits-85] Szolovits, P.: Types of Knowledge as Bases for Reasoning in Medical AI-Programs, Survey Lectures of the 1. Int. Conf. on Art. Int. in Med., Pavia, 1985.
[vanMelle-80] vanMelle, W., Scott, A., Bennett, J., and Peairs, H.: the EMYCIN Manual, Report No. HPP-81-16, Stanford Universtiy, 1980.
[Vassiliou-85] Vassiliou, Y.: Integrating Database Management and Expert Systems, in Proc. von Datenbanksysteme für Büro, Technik und Wissenschaft, Informatik-Fachberichte 94, Springer, 147-160, 1985.
[Voss-85] Voss, H.: Representing and Analyzing Time and Causality in HIQUAL-Models, GWAI-85, Informatik Fachberichte 118,

Springer, 259-271, 1985.
[Wahlster-81] Wahlster, W.: NatÜrlichsprachliche Argumentation in Dialogsystemen, Informatik Fachberichte 48, Springer, 1981.
[Weiss-79] Weiss, S. and Kulikowski, C.: EXPERT: a System for Developing Consultation Models, IJCAI-79, 942-947, 1979.
[Wilensky-84] Wilensky, R., Arens, Y., and Chin, D.: Talking UNIX in English: an Overview of UC, CACM 27, No. 6, 574-593, 1984.
[Winograd-75] Winograd, T.: Frame Representation and the Declarative / Procedural Controversy, in Bobrow, D. and Collins, A. (eds.): Representation and Understanding: Studies in Cognitive Science, Academic Press, 185-210, 1975.
[Yu-79] Yu, V., Buchanan, B., Shortliffe, E., Uraith, E., Davis, S., Scott, R., and Cohen, A.: Evaluating the Performance of a Computer-Based Consultant, Computer Programs in Biomedicine 9, 95-102, 1979.